天 文 之 书　The space book

U0281743

吉姆·贝尔作品

《小行星交会：近地小行星交会任务，舒梅克号在爱神星的探险》

《火星 3D：红色行星的火星车视角》

《火星表面：化学组成、矿物学和物理性质》

《月亮 3D：月球表面》

《来自火星的明信片：红色星球的第一位摄影师》

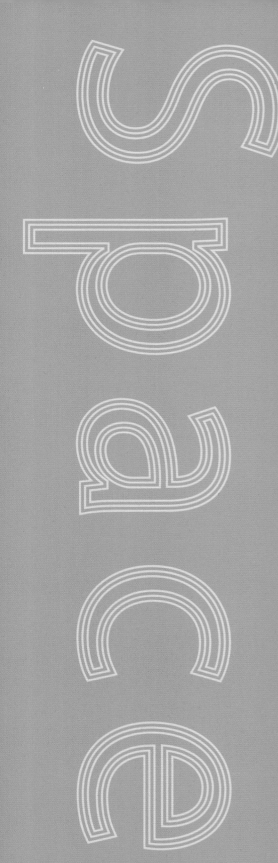

[美] 吉姆·贝尔 著

高爽 译

天文之书

重庆大学出版社

天文之书

The space book

From the Beginning
to the End of Time,
250 Milestones
in the History of Space & Astronomy

从时间的起点到终点
空间探索与天文学史上的
250个里程碑

这个突然击中我内心的小小的、美丽的、蔚蓝色的豌豆，是我们的地球。我伸出一根手指挡在眼前，就可以挡住整个地球。但我并不觉得自己像一个巨人，相反，我感觉自己非常，非常，渺小。

——尼尔·阿姆斯特朗（Neil Armstrong）

很难说有什么事情是不可能的，昨天的梦想是今天的希望和明天的现实。

——罗伯特·戈达德（Robert Goddard）

I
_____

目　录

序　言

吉姆·贝尔

　　仅仅用 250 个里程碑来总结天文学和太空探索的全部历史，是基本不可能的，但我不会让这个困难阻止我做出尝试！我的工作领域有着丰富和激动人心的历史。将这些历史按编年体的方式记录下来是令人心生畏惧的任务。但是，作为太空狂热分子的我足够幸运地以空间科学为职业，在我的视角看来，编写这样的历史令我受宠若惊。最近的 50 年，我们已经亲历了人类探索史上最值得骄傲和最重要的辉煌之一——太空时代。人们离开了行星（一些人此刻赖以为生的行星），十几个人走上了月球。用自动化的探测器和巨型望远镜（一些被送进太空），我们已经能看见和靠近所有传统上已知行星的地外景观，能拜访小行星与彗星，能洞悉宇宙之精妙。

　　所有这一切成为了可能，都要归功于如牛顿所说，我们已经"站在了巨人的肩上"。要赞叹现代天文学和空间探索取得的奇妙发现，就不能不感谢我们祖先对现代科学与实验方法的奠基。其中有些成就需要花费巨大的个人或职业代价，还有一些成就会被埋没几十年甚至几个世纪之后才得到重视。从这些贡献中辨别出特定的个体的贡献是不可能或者不切实际的。我在这本书中已经涵盖了必不可少的关键人物，是他们为未来的成就搭建了重要舞台。例如书中包括了现在依然保存在一些早期人类岩洞中的星图，苏美尔人在 5 000~7 000 年前对宇宙诞生的创想，巨石阵等一系列石器时代先民们建造的依然神秘的古天文台，中国夏商周时期（公元前 2100 年—公元前 256 年）细致的天象编年记录，以及古埃及、古印度、古阿拉伯、古波斯、古玛雅社会兴起的各个数学和天文学的学派深刻影响了现代天文学、天体物理学和宇宙学。

　　当然，在整个科学，或特定的物理学和天文学的学科发展上，我们可以认出那些扮演了关键角色的特殊个体。如果不涉及如毕达哥拉斯、柏拉图、亚里士多德、阿利斯塔克、埃拉托色尼、伊巴谷和托勒密等古代哲学家、数学家和天文学家，以现代天文学发展为代表的科学史将无从谈起。近代科学家，像哥白尼、伽利略、开普勒、牛顿、爱因斯坦、哈勃、霍金和卡尔·萨根等都是家喻户晓的名字，他们因其在现代物理学、天文学和空间科学上做出的杰出创造而著名。我将这些巨人的名字在本书中的多个条目中着重标出，用这样的方式让他们永远闪耀光辉。

但是许多其他的，可能只在教科书中出现的著名学者，也做出了巨大的贡献，他们的工作也代表了关键的科学里程碑。这些卓越的科学家包括：发现土星的"薄如圆盘"光环和土卫六的惠更斯；发现了木星大红斑、土卫八和土星光环本质的卡西尼；与每隔 76 年回归一次的周期彗星同名的哈雷；望远镜发明之前的最后一位天文学巨匠第谷，他的资料使开普勒发现了行星运动定律；著名的彗星猎手梅西叶，他首先记录了超过 100 个天空中最著名的星云；预言在空间中存在特殊的引力平衡点的数学家拉格朗日；发现天王星和它的几颗卫星的赫歇尔；为天文学家测量天体的速度和化学成分提供奠基工作的光谱学先驱夫琅禾费、多普勒、菲索；发现放射性的居里夫妇和他们的同事贝克勒尔；量子力学之父普朗克；最早把握了银河系真实尺寸的天文学家之一沙普利；液态燃料火箭的先驱戈达德；发现宇宙网状结构的天体物理学家盖勒；以及帮助人们认识到陨石坑重要性的行星科学家舒梅克。诸如此类对天文学、天体物理学、行星科学和太空探索做出了重要贡献的人物，他们在公众的心目中可能未曾达到科学界的巅峰地位，但是我试图让他们作为重要的贡献者在本书的条目中占有一席之地。

还有一些被遗忘，或是至少不应当被忽略的人物。他们或是做出了新发现，发展了新理论，改变了基本的研究实验方法，或是埋头苦干大海捞针寻找科学的蛛丝马迹。他们出于各种原因，没有赢得公众的注意或是与他们的贡献相匹配的科学嘉奖。这些不出名的天才包括 6 世纪印度数学家和天文学家阿里亚哈塔；可敬的 8 世纪历法大师比德；10 世纪阿拉伯星图大师阿卜杜勒 - 拉赫曼·苏菲；坚持存在其他世界而被烧死在木柱上的异端布鲁诺；最早精确测量光速的丹麦天文学家罗默尔；预言金星凌日的英格兰天文学家霍洛克斯；正确地指出陨石来自天外的德国物理学家奇洛德尼；最早了解到恒星内部机制的英国天体物理学家爱丁顿，以及 1931 年的一个实验思想导致后来创立了射电天文学的美国无线电工程师央斯基。

未被赞颂的人物也包括一些极富影响力的女天文学家，为了弥补这个男性主导的领域对女性的偏见，她们通常必须比男性同事工作得更努力。这些值得书写的女性包括卡洛琳·赫歇尔——18 世纪末英国著名彗星猎手和星图大师赫歇尔的妹妹；世界上第一位女天文学教授玛莉亚·米切尔；以及 20 世纪初的哈佛女性计算员安妮·坎农和勒维特，坎农改进的经典恒星分类今天仍然广泛应用，勒维特发现的标准烛光恒星可用来估算宇宙中的距离。我试图通过这本书提及许多其他重要的却常被忽视的天文学家、物理学家、哲学家和工程师，即使我亦难以给予他们应得的荣耀。作为一位职业天文学家和行星科学家，我不得不尴尬地承认，在为了写作本书而进行调查研究之前，一些杰出的科学家的名字连我也没有听说过。

调查研究进行过半的时候我注意到，随着时间的推进，科学家单打独斗的现象越来越少见，特别是在 20 世纪 50 年代之后太空时代开始的条目中。在我看来，这个现象反映了天文学和太空探索以及可能所有科学领域的近来趋势。科学和探索活动过去通常是相当个人的事业，通常由富人独自开展，通常在君主或赞助人的指挥下与其他富裕的科学家展开激烈的竞争。当然也有例外，杰出的合作（诸如在第谷与开普勒之间，居里夫妇和贝克勒尔之间）与研究团队（如伊朗 13 世纪马拉盖天文台的图西团队，或 16 世纪印度数学的喀拉拉学派）肯定存在。但总的来说，第二次世界大战以前，我所在领域的大部分科学发现主要由个人做出。

相反，20 世纪下半叶的技术进步，物理学、天文学和太空探索越来越多受到今天所谓"大科学"的影响。大科学是集团作战和研究团队的事业。个人在一个工程中只拥有特定领域的专门知识，但是一个大工程项目涵盖的丰富学科不是一个成员可以完全精通的。与此有关的一个例子是早在 20 世纪 40 年代美国军方发起的曼哈顿计划，这一计划旨在研发第一批原子弹。曼哈顿计划需要工程、材料科学和航空学的专家，军方也需要找到世界上理解极端高温高压状态核反应的学术领袖。当然，许多参与曼哈顿计划的科学家早先几年原本是研究恒星发光机制的天文学家。更多依靠团队贡献天体物理和空间科学知识的大科学项目，还包括军用雷达系统和火箭的研发，尤其是亚轨道飞行的洲际弹道导弹，以及军用和民用的地球同步轨道卫星。

与天文学相关联的民用大科学项目的历史，与创立于 1957 年的美国宇航局（NASA）的成绩是分不开的。这本书里随处可见的是，在载人和机器人的空间科学与探索事业上，美国宇航局那些里程碑式的成就。这些成就极少可以归功于个人的贡献。哈勃空间望远镜，围绕月球、火星、小行星轨道的仪器，火星上的勇气号、机遇号、好奇号探测器，这些我的经验中的美国宇航局的自动化天文学和行星科学任务，加深了我对这一点的领悟：现代天文学和空间探索前沿工作的成功，大部分要求团队协作。今天我们对专业知识要求的范围之广前所未有。例如，一个火星车项目，要求行星科学家（包括物理学家、化学家、数学家、地质学家、天文学家、气象学家甚至生物学家）、计算机科学家和程序员，一个庞大多样化的工程师团队（包括软件、材料、动力推进、电力、热力、通信、电子、系统和其他领域的专家），以及管理、金融和行政支撑人员。类似的专业范围的要求也适用于建造、发射和操作空间望远镜、航天飞机、大型粒子探测器和对撞机，以及国际空间站（据估计，这是人类迄今为止尝试建造的最为昂贵和复杂的项目）。或耗资上亿乃至百亿美元，或穷尽毕生心力，大科学项目往往代价巨大。这类项目成功或失败时不会归结为个人的原因，因为团队的共同努力是通向成功的必需。20 世纪 60—70 年代，苏联在太空探索项目上取得的成功同样是团队主导的结果（虽然更多的是军方运作）。最近，代表 19 个国家的欧洲空间局与加拿大、日本、巴西、韩国、印度和中国，在各自的小型天文学和空间探索项目之外，逐渐在国际天文学大科学项目中扮演更重要的角色。

在天文学和太空探索的历史上，找准关键事件如同识别关键人物一样困难。地球和行星的形成，最早进入太空的宇航员，第一批登上月球的人，这些都容易判断。但更多的事件，在一段时期内从一个人到另一个人连续保持着重要性。有些仅凭猜测的事件发生在史前，有些事件发生在一个较长的时期中，有些事件被预测要发生在不确定的未来，确定这些事件的精确日期并把它们列入编年表中很是困难。但凡遇到这些关键事件的年代不确定，或是持续一段时期，或是既不确定又持续一段时期的情况，我都会在年代之前注明"约"字。

基于史实和现代事件的发生时间通常会很精确。但仍然存在一个巨大的挑战，那就是如何将最近几个世纪特别是最近 50 年间浩如烟海的科学发现、理论、发明和天文学及太空探索任务浓缩在一份简表中。于是，任何妄图取舍那些无与伦比的成就的尝试中，都不可避免地存在偏心。我在此必须承认，在我编写的历史里程碑中存有偏心：我是一个太阳系控。我工作的热情是研究行星、卫星、小行星和彗星，这些天体对于许多其他天文学家来说，充其量是 45 亿—50 亿年前太阳形成时的边角废料。太阳确实占到太阳系总质量的99.86%（其余部分中最大的是木星），但其余的 0.14% 也确实极其有趣——或许是因为生命就进化和繁荣在一片这样的边角料上，或许还曾经存在（可能仍然存在）于另一片上。我的天体物理学和宇宙学朋友时常表达惋惜，因为我仅仅把注意力集中在无关紧要的临近天体上，每当这时，我会用最近发现的太阳系外行星进行反击。这些发现证明太阳系这样的系统可能也稀松平常地围绕在其他恒星周围。我们的太阳系可能只是银河系中的百万分之一，甚至十亿分之一。我们还不知道其他星球是否有如同地球一样庇护的生命。这让我们很特殊，哪怕我们非常渺小。

穿越这部天文学和太空探索的历史，你可能已经察觉了我的偏心。我偏爱有关太阳系——我们在太空中的近邻的发现、理论和探险。太阳系是我们在科学上了解最多的天体，为了理解和欣赏庞大的社区，首先必须认识自己的邻居。因此，在我看来，这样的偏心是善意的。利用望远镜、自动化太空飞船、高速计算机模拟、实验室中的尖端实验和宇航员，借助于物理学、化学、天体力学、地质学、光谱学、工程学和其他所需技术，探索我们这个太阳系的努力，为我们现在或遥远的将来探索临近的恒星乃至银河系、银河系外近邻星系、全宇宙打下了基础。

当一个光点被分辨为一个真正独特的世界，当我们首次拜访这些世界，当我们通过机器的眼睛窥探或是亲眼所见，我认为，这些时刻是最值得称为太空探索里程碑的事件。随着逐步了解围绕我们的世界，我们已经把脚尖踩进了宇宙的大洋，让我们时刻准备着，总有一天将挥师远航。

最后我必须指出的是我对天文学和太空探索的历史里程碑的收集，不够彻底也算不上完整。受本书篇幅所限，区区 250 个条目只能代表那些贯穿整个科学历史进程的伟大人物、伟大发现和研究方法创新的一小部分。每一位作者都会列举自己心目中的里程碑，但所有人都会面临一个同样的困境——如何取舍？在准备本书提纲时，我决定不仅要涉及太空时代的许多非凡成就，同时也要包括美索不达米亚、中国、印度、埃及、欧洲和美洲在内古老帝国的古代科学家们的许多基础性成果。另外，我确信出现在中世纪、文艺复兴、前工业时代到工业革命的大量重要成就也被收入本书。为了平衡时间轴，我尝试缩减了许多有价值的现代人物、发现、事件。为此，我请求读者的理解。如我在开头所写，用 250 个里程碑来总结整个天文学和太空探索的历史，是基本不可能的。但是，这不会阻止我们完成此书的写作与阅读。

致　谢

　　我必须感激我的众多同事和我的导师，他们或有意或无意地，点燃了我对天文学、行星科学和太空探索历史的兴趣。这些人当中对我最具影响的当属卡尔·萨根（Carl Sagan）、吉姆·波拉克（Jim Pollack）和莱奥纳德·马丁（Leonard Martin），他们都是杰出的科学家。我非常感激我的朋友、同事和匿名的捐助者，他们慷慨同意为此书提供漂亮的照片和艺术作品。我要进一步感谢全世界范围为维基百科贡献内容的你们，你们创造了这个无与伦比的研究工具，它成为对历史和现实话题探索的最佳起点。我感谢迪斯特尔和戈德里奇（Dystel & Goderich）代理公司的迈克·布雷（Michael Bourret）以及斯特灵（Sterling）出版社的梅兰妮·麦顿（Melanie Madden），是他们坚强的支持才使此书得以问世。我还要感谢我的天文学同事瑞秋·宾（Rachel Bean）和玛格丽特·盖勒（Margaret Geller），是他们审校了我的专业以外的大量条目。最后，我将最大的感谢与爱献给我的妻子莫林（Maureen），是她为此书进行了大量的图片搜寻工作，在本书漫长的构思期间极富耐心。借用伏尔泰的话说，"我所能做的一切是多么的微不足道，而我应该做的是多么的重要"。

2012 年 8 月 6 日美国宇航局好奇号火星车着陆火星表面的过程中拍摄的这张图片，显示了火星车的绝热罩的内表面。飞船上的火星表面成像设备在 16 米距离处拍摄到的直径 4.5 米的绝热罩。

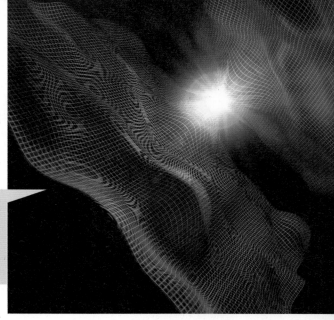

大爆炸

埃德温·哈勃（Edwin Hubble，1889—1953）

用图像来描绘宇宙的开端，与理解这些理论一样不容易。在这里，一位艺术家别出心裁地捕捉到这样的灵感为我们绘出右面的附图：这场大爆炸被另一个三维宇宙的撞击所激发，而今它已经隐藏在了更高的维度里。

哈勃定律（1929 年），核聚变（1939 年），哈勃空间望远镜（1990 年）

要全面地看待天文学的历史，最好是从一个真正的开端着眼——空间与时间两者的双重起点。以**埃德温·哈勃**为代表的 20 世纪天文学家们，观测到我们所见的任何方向上的全部星系都正在彼此远离。诸如这样的大尺度结构，让天文学家们发现了宇宙正在膨胀。这意味着，越是追溯到过去的宇宙，尺度越小。可以想见，在遥远的过去的某一点，一切都发源于一个空间和时间的单个的点，我们称之为"奇点"。在**哈勃空间望远镜**和其他设备年复一年的仔细观测中，一个这样的事实被揭示出来：宇宙诞生于一场猛烈的爆炸，这一切发生在距今 138 亿年前的奇点。

天文学家们在 20 世纪 30 年代将这一学说命名为"大爆炸理论"。利用几十年间的天文观测、实验室试验和数学模型，致力于研究宇宙的起源与演化的宇宙学家和天文学家们，反复严格地检验了大爆炸理论的细节。从这些研究中，我们已经了解到关于我们这个宇宙的早期历史。令人印象深刻的结果是：在宇宙存在的第一秒钟之内，温度从一千万亿度下降至"仅仅"一百亿度；并且由原初的等离子体中形成了宇宙今天储备的全部质子（氢原子）和中子。到宇宙只有 3 分钟大的时候，氦与其他轻元素都已经在核合成的过程中由氢元素形成了。同样的**核合成**过程，今天还在恒星的内部发生着。

空间和时间两者尽在 138 亿年前的一瞬间被创造出来，思考这一问题足够令人脑洞大开。是什么造成的这场大爆炸？大爆炸发生的时间之前存在着什么？宇宙学家告诉我们，这样的问题是没有意义的，因为时间本身就是大爆炸创造的。略显振奋的是，我们意识到我们每个人身体中存在的最丰富的元素——氢——全部产生于宇宙最早的一秒钟里。我们是如此古老的存在！■

约公元前 138 亿年

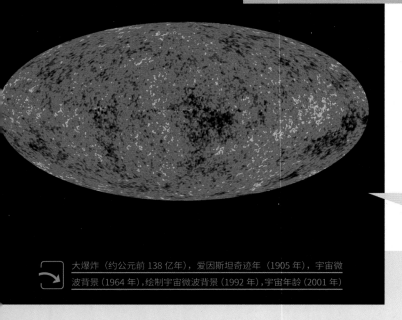

美国宇航局威尔金森韦伯各异向性探测器（WMAP）卫星生成的宇宙早期膨胀之后残损热量的不均匀性分布图。这里见到的小起伏只有1度的亿分之几，却是宇宙中第一代恒星和星系的种子。

大爆炸（约公元前 138 亿年），爱因斯坦奇迹年（1905 年），宇宙微波背景（1964 年），绘制宇宙微波背景（1992 年），宇宙年龄（2001 年）

约公元前138亿年

宇宙的早期是一个炙热、高压、充满辐射的时代。整个空间都沐浴在原初的光芒里。这光芒来自百万度环境中高度电离的原子和亚原子粒子的相互作用、碰撞、衰变和重组。宇宙历史上的这一时期通常被称之为辐射时代。此时的宇宙大约 1 万岁，空间的膨胀和许多高能粒子的衰变将宇宙冷却至"仅仅"约 12 000 K（开〔尔文〕，Kelvin，高于绝对零度的温度）。物质的质量在物理学家**爱因斯坦**的著名公式 $E=mc^2$ 中表示为所蕴含的能量。随着宇宙持续冷却，这时来自加热和电离辐射的总能量已经低于物质质量所代表的能量，这是宇宙历史的关键门槛。在数十万年间，宇宙本质上依然是一团不透明、致密、高能的混沌，内部满是碰撞着的和已经电离了的质子与电子。但是随着空间持续膨胀和冷却，辐射能量继续下降到与静止质量代表的能量可比的程度。

大约在**大爆炸**的 40 万年后，温度下降到只有几千 K。这一温度已经低到稳定的氢原子可以捕获住电子，并允许宇宙形成最早的多原子的氢分子：氢气（H_2）。宇宙早期历史中的这一时期被称之为再复合时代。

再复合时代最酷的事是使宇宙剩余的辐射（大部分是高能光子和其他亚原子粒子）从物质中分离，最终在空间中畅通无阻地旅行。在接下来的几亿年里，宇宙越来越冷，也越来越暗。这一时期被宇宙学家命名为"黑暗时代"。宇宙早期释放的辐射能量残存的 3 K 余晖，即我们所称的**宇宙微波背景**，今天依然能被探测到。∎

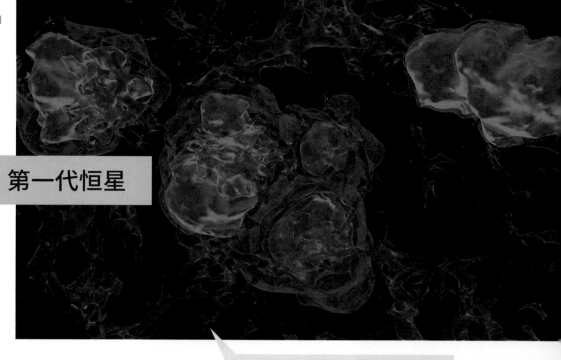

第一代恒星

 大爆炸（约公元前 138 亿年），再复合时代（约公元前 138 亿年），爱丁顿质光关系（1924 年），核聚变（1939 年）

在超级计算机的数值模拟中，电离的氢泡（蓝色）和氢分子云（绿色）形成早期宇宙中第一批有组织的大尺度结构，这些结构最终塌缩形成第一代恒星。

每个黑暗时代的终结，都伴随着伟大的复兴，宇宙的早期历史也不例外。宇宙学家相信，所谓黑暗时代持续了大约 1 亿 ~2 亿年。在这段时间之后，再复合时代形成的氢分子和其他分子开始在引力的作用下结成团，可能是湍流的效果，但没有人了解真正的原因。气体团扮演了种子的角色，随着引力的作用吸引更多的气体，使团块增长得越来越大。直到最后成为巨型氢分子云，由于围绕着的气体的压力持续增加，气体云内部开始变热。给这个分子云一个推力，比如来自另一个临近分子云的引力拉扯，它将开始运动，并最终开始旋转。在某一刻，大约宇宙大爆炸的 3 亿 ~4 亿年之后，这些巨大、缓慢旋转的气体云中心的温度增长到几百万度，达到大爆炸之后最初 3 分钟的温度水平。这些球形云内部的高温和高压足够点燃氢，使其变成氦，第一代恒星从此诞生，黑暗时代宣告终结。

第一代恒星，有时候被天文学家称之为星族 III 恒星。它们的离奇古怪还远不止它们自身形成时的现象这么简单。它们是巨大的，质量可能是太阳的 100~1 000 倍。它们对临近的周围空间产生巨大的影响。它们向外辐射出巨大的能量，照射到周围的氢分子云团上，使分子云加热。它们还会释放出早先在黑暗时代被捕获住的电子。这一时期被称之为再电离时代，因为宇宙再一次开始焕发光芒。这光芒不再来自宇宙创立之初的光和热，而是像今天一样，来自恒星的光和热。■

约公元前 135 亿年

银河系

银河系中人马座悬臂的广角照片。来自数十亿恒星的星光造就了明亮的、弥漫的星系光辉；盘上的尘埃遮蔽了我们视线中部份的星光。

 暗物质（1933 年），旋涡星系（1959 年）

约公元前 133 亿年

天文学家是这样定义星系的：一个被引力束缚的系统，包含恒星、气体、尘埃和其他更神秘的成分（见暗物质），它们在宇宙中共同运动就像是一个单独的天体。一旦第一代恒星形成，它们中的大部分成员将不可避免地被其他恒星的引力吸引，形成星团，然后是大团的星团，并最终形成巨大的恒星集群，围绕着它们的引力中心运动。这一切只是一个时间问题，而且不会等太久。

我们自己的星系——银河系——包含了估计 4 000 亿颗恒星，有着一个典型的棒旋星系结构（见旋涡星系）。这种结构的星系在宇宙中随处可见。银河系的中心有一个拥挤的球形恒星核球，在它周围环绕着扁平的旋涡状恒星盘（其中包含太阳）、气体、尘埃。所有这些笼罩在老年恒星、星团和两个小伴星系组成的弥漫的球形晕里。银河系是一个巨大的结构，它的盘接近 10 万光年（光走上 1 年的距离称为 1 光年）宽和 1 000 光年厚。我们的太阳差不多处在从星系中心到边缘的一半位置上，太阳围绕银河系中心运动一圈大约需要 2.5 亿年。

天文学家不知道银河系形成的精确时间。银河系中已知最老的恒星在银晕中，高龄 132 亿年。盘上最老的恒星年轻一些，年龄大约为 80 亿 ~90 亿年。虽然在非常早的时候就已经出现了最基本的结构，但银河系不同地方有可能在不同的时间形成。

我们的古代先祖们敬畏这条夜空中明显的白色光带，通常设想它是创世神话中的光与生命之河。虽然我们现在知道我们身处一个巨大的、组织有序的恒星群体中向外远望，但我们依然心怀敬畏，因为母星系的尺度和壮丽举头便见。■

太阳星云

太空艺术家唐·迪克森（Don Dixon）所绘制的原始太阳和太阳星云盘的概念图。自转的气体云、尘埃和冰最终形成了我们太阳系的行星、卫星、小行星和彗星。

 第一代恒星（约公元前 135 亿年），暴躁的原太阳（约公元前 46 亿年），星周盘（1984 年），第一批太阳系外行星（1992 年）

　　恒星形成是一个复杂的过程。巨分子云塌缩时，云中的几乎全部气体和尘埃最终都会落入中心的原恒星。另有一丁点气体和尘埃仍然留在轨道上，围绕着形成的恒星运动。整个系统自转和冷却，分子云中残存的一点物质缓慢地变平为一个气体、尘埃和冰的薄盘。在恒星形成的这一阶段，所有年轻恒星都伴随着一个盘诞生。这就是通常所说的太阳星云盘。

　　最终形成我们太阳的星云，可能在大约 50 亿年前开始塌缩，精确的时间还不太确定。观测表明，类太阳恒星典型情况下经过 1 亿年形成，围绕年轻恒星的星云盘仅仅一百万年就可以形成。一旦盘形成了，会迅速变化，小尘埃和冰晶撞击、吸附逐渐成长为大理石尺寸的颗粒（即吸积过程）。计算机模型表明这样的过程仅需要几千年。小颗粒彼此相互碰撞，有时候吸附在一起，这一过程持续进行，越来越猛烈、加速。我们对这个过程还缺少充分的了解，在短短几百万年中，星子（公里尺度的尘埃、冰、岩石和金属颗粒团块）形成，然后是其他尺寸为 100~1 000 公里的小行星相继形成。

　　看起来，太阳星云的盘没有存在很长时间。大部分尘埃通过或吸积、或耗散的方式，都在 1000 万年内完成聚集。靠近恒星，太热的地方难以形成冰，太小的引力也抓不住足够多的气体，因此星子主要是岩石结构。距离太阳更远的区域里，冰和尘埃可以吸积成为较大的星子，带有足够大的质量，能吸引住够多的气体，最终成长为巨气体行星。在如此短的时间内，那样混乱的开始如何最终形成精致的行星系统，是今天天文学家争论的大问题。■

约公元前 50 亿年

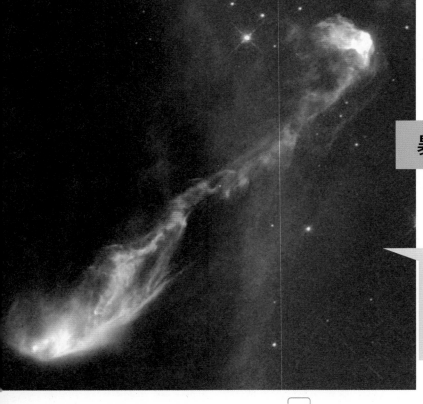

暴躁的原太阳

在这张哈勃空间望远镜拍摄的照片的左下角，一颗年轻的类金牛座 T 形星嵌埋在一团尘埃云里。名为 HH-47，它正在发射的螺旋形的电离气体和尘埃喷流，在太空中长达 2 万亿千米（从图中左下角到右上角）。

约公元前 46 亿年

来自太空的陨石（1794 年），主序（1910 年），核聚变（1939 年）

　　恒星诞生，如婴儿分娩一般，紧张，慌乱，耗费能量。使氢转变为氦的核聚变需要恒星足够的热和足够的致密，在达到这些条件之前，在它们长达 1 亿年的妊娠期里，新形成的原恒星在引力作用下收缩，这一过程会放射出巨大的能量。

　　天文学家已经辨认出很多猛烈喷流的例子。这些被叫做金牛座 T 形星的年轻恒星通过喷流发射出物质。事实上，金牛座 T 形星非常像年轻时期太阳的样子，我们自己的恒星也经历了这样一个相似的短暂而暴躁的时期，紧锣密鼓地喷发着喷流。在此之后，太阳将稳定地燃烧着氢，度过它漫长而相对平静的一生，即我们所说的**主序星**。

　　太阳是否真的经历过像金牛座 T 形星那样暴躁时期的证据可能就保存在太阳系一些最古老的物质——普通的球粒状陨石中。这些岩石，偶尔落到地球上，是太阳系中已知最古老的固体。是它们帮助我们确定太阳的年龄和行星形成的时间。这些陨石通常包含大量比例的球粒——一种小金属球形颗粒，在被吸积到更大的颗粒、星子、小行星之前是融化了的岩石液滴。在太阳系早期融化这些颗粒的能量来源还不清楚，有一种可能是年轻太阳的高能爆发和喷流融化了它们。

　　天文学家更进一步、更精确地观测太空，发现了更多围绕新形成恒星的喷流和盘的证据。这些发现表明，喷流和盘的特征是恒星形成过程的关键部分。暴躁的青春期可能是一颗典型恒星的生命周期中正常的、本质的部分。■

太阳的诞生

一张太阳的紫外光图像，美国宇航局太阳动力学天文台紫外空间望远镜拍摄。尽管太阳是特别典型的中年恒星，但光带、光环、热斑（亮）、冷斑（暗）都是极端活动的证据。

中国古代天文学家观测客星（185 年），观测白昼星（1054 年），行星状星云（1764 年），白矮星（1862 年），核聚变（1939 年）

太阳星云中心区的温度和压力急剧地增长了大约 1 亿年，直到它们越过一个关键的门槛，可以将氢原子挤压得足够紧密从而引发**核聚变**，生产出氦并以光和热的形式释放能量。此刻，我们的太阳诞生了！

我们倾向于把太阳想得特殊，事实确实如此，太阳对于创造和维持我们这个行星上的所有生命有着决定性的作用。我们不容易把太阳想得典型、平均、甚至平凡，但在很多方面，它也的确普通。我们的太阳是已知宇宙中的 100 万亿亿（1 后面 22 个 0）颗恒星中的一颗，所有的恒星都是物质（大部分是氢）和引力相作用的自然结果，在高温、高压下向周围空间释放巨大的能量。恒星是宇宙中的发动机。

一旦恒星诞生，它们的生活相对平静，然后通常以可预见的某种特定方式死去。太阳也一样，在今后的差不多 50 亿年里，它将保持这个将氢原子燃烧成氦原子的状态。当氢燃烧耗尽，太阳将脱去它的最外层（会吞没地球和其他内行星）然后开始燃烧核心中的氦。当氦也耗尽的时候，太阳缓慢地暗淡下来成为一颗白矮星，最终熄灭为灰烬。

天文学家已经可以推断出，在我们的银河系里大约每年诞生 1~3 颗新恒星，大约每年死去 1~3 颗老恒星。如果我们假设宇宙中的所有星系都是如此，并且由此做个简单的计算可以发现，我们的宇宙里每天诞生 5 亿颗恒星，每天死去 5 亿颗恒星。这个惊讶的数字带来一个谦卑的观念：我们自己的恒星——太阳——极其宝贵的每一天都让我们心怀敬畏与感激。■

约公元前 46 亿年

水星

为了在 2011 年进入水星轨道，美国宇航局的信使号飞船掠过水星三次。2008 年拍摄的第三张飞越图像揭示了许多从来未曾见过的陨石坑和其他特征。

太阳星云(约公元前 50 亿年)，地球(约公元前 45 亿年)，柯克伍德缺口(1857 年)，宜居的超级地球？(2007)，信使号在水星 (2011)

约公元前 45 亿年

我们太阳系中的所有行星都在大约 45 亿年前的同一时间前后形成。伴随着**太阳星云**的冷却和小颗粒的聚集、碰撞、堵塞，最终产生了少数大天体。在靠近太阳的温暖区域里，行星是岩石结构的。更远的地方，在超越"雪线"的地方，行星是岩石、冰、气体的混合。

水星是所谓类地行星中最靠近太阳的一个。水星直径 4 880 千米，与之相比，**地球**的直径是 12 756 千米。水星在平均距离只有 0.38 个天文单位（astronomical unit 或 AU，1 AU=1.5 亿公里 = 地球围绕太阳运动的平均距离）的轨道上围绕太阳运动。水星的英文名墨丘利（Mercury）是希腊神话中赫尔墨斯（Hermes）的罗马名字，他是神话中脚上长翅膀的神的信使。这颗行星当之无愧这个名字，古人知道水星只需要 88 天就可以在天空中环绕一圈，现在我们知道这代表着水星围绕太阳的轨道周期。

水星是一个极端严酷并充满神秘的小世界。水星没有大气层，南北极永远处在阴影中的陨石坑的温度只有 90 K，而在正午的阳光下达到酷热的 700 K（超过了铅的熔点）。地球上的雷达观测表明，南北极的陨石坑中可能存在着冰。水星有一个非常高密度的大铁核，这一核心几乎达到水星半径的 75%。铁核的一部分可能处在熔融状态，这可以解释水星的弱磁场（只有地球磁场强度的 1%）。邂逅过水星的两个空间任务（1974—1975 年的水手号和 2008 年开始的**信使号**）发回的图片显示，水星表面稠密的陨石坑和远古的火山活动证据非常接近月球。可能最令人惊讶的是，水星保留着巨大的沟壑网络，表明水星可能曾经在历史上完全融化过，在冷却下来之后萎缩了。∎

金星

2009 年欧洲空间局的金星快车轨道器拍摄了金星的伪彩色照片，左下部分红色的是金星夜晚的红外辐射，右上方是白天反射的阳光。

地球（约公元前 45 亿年），金星凌日（1639 年），金星 7 号着陆金星（1970 年），麦哲伦号绘制金星地图（1990 年），地球海洋蒸发（10 亿年）

在决定人的个性和性格上，先天形成与后天培养哪一个是更为重要的因素？这是一个有趣的思考。例如对于双胞胎来说，学习起了更大的作用。对行星而言这个道理同样成立，金星，作为地球的双胞胎姐妹，在某些方面又与地球截然迥异。

金星只比地球小 5%，和地球有同样的密度，这意味着它也是岩石结构的类地行星，与我们的地球非常相似。金星和地球都有大气层，金星也如同地球一样在太阳系内区围绕太阳运动，和地球距离太阳的 1 AU 相比，金星的平均距离是 0.72 AU。但是，相似处到此结束。金星非常缓慢地自转，转上一圈要花 243 天，而且是反转！金星的大气层比地球的要浓密得多，表面压力是地球上的 90 倍。厚重的大气层引起了时速达到 350 公里的狂风，大气中几乎完全是二氧化碳，只含有少量二氧化氮、氧气和水。二氧化碳分子对可见光是透明的，但极其善于捕捉热辐射（温室效应），这导致金星表面异常炎热，超过 750 K 或者 470 ℃的高温比烤炉里面还要热。

天文学家正尝试理解地球和金星的表面环境为什么变得如此不同。二氧化碳可能是回答这个问题的关键。地球上的二氧化碳与金星上一样多，但地球上的二氧化碳被海洋分解，被岩石中的碳酸盐矿物束缚。由于更靠近太阳，早期金星上的海洋可能已经蒸发掉了。于是，留下二氧化碳没有办法被清除。

金星是一个研究二氧化碳肆虐的例子，金星的例子说明，研究别的行星可以帮助我们认识到如何应对可能将发生在我们自己世界的危机。■

约公元前 45 亿年

地球

1997 年 9 月 9 日地球西半球的数码照片。数据来源于美国宇航局和国家海洋大气局的天气与地质海洋监测卫星。

月亮的诞生（约公元前 45 亿年），晚期重轰炸（约公元前 41 亿年），地球上的生命（约公元前 38 亿年），第一批太阳系外行星（1992 年）

约公元前 45 亿年

我们的家园，最大的类地行星，唯一带有巨大天然卫星的行星。对地质学家来说，这是一个火山岩的世界，已经被分解为薄薄的一层低密度的地壳、一个厚一些的硅质地幔和一个高密度的部分熔融状的铁核。对于大气科学家来说，这个世界带有稀薄的氮氧水蒸气的大气层，富含液态水的海洋和极地的冰盖系统，所有这一切都参与着气候的变化，小到季节交替，大到地质变迁。对于生物学家来说，这是天堂。

地球是宇宙中唯一已知有生命存在的地方。的确，来自化石和地球化学记录的证据表明，在小行星和流星的**晚期重轰炸**平静下来后，**地球上的生命**几乎就立即形成了。地球的表面环境在过去 40 亿年中一直保持相对稳定，再加上地球处于最佳的所谓宜居带内，温度保持适中，水维持液态，使生命茁壮成长并进化出无数的独特形式。

地壳分成十几个构造板块，它们漂浮在地幔上。令人兴奋的地质学——地震、火山、山脉、地质构造——就发生在这些板块的边界上。大部分海洋中的地壳（地球表面积的 70%）非常年轻，几亿年前到今天一直从大洋中脊上的火山中喷发形成。由于地壳的年轻，地球表面只保留了几百个撞击陨石坑，与之相比，我们的近邻月球上千疮百孔。

地球大气中高含量的氧气、臭氧、甲烷是生命存在的标志。外星天文学家可以靠探测这些线索从远处研究我们的行星。事实上，天文学家正在新发现的太阳系外行星上仔细搜索这些气体。在遥远的地方，是否还存在更多的地球等待我们的发现和探索呢？■

火星

这张哈勃空间望远镜的火星照片拍摄于火星 1999 年最接近地球的时候。尘埃和更多的铁锈区域是橘红色，火山岩和沙子是黑褐色。最上方是北极的冰盖和极低风暴，提供了火星稀薄大气的证据。

地球（约公元前 45 亿年），火卫一（1877 年），火卫二（1877 年），火星和它的运河（1906 年），第一代火星轨道器（1971 年），维京号在火星（1976 年），火星上有生命吗？（1996 年），第一辆火星车（1997 年），火星全球勘探者号（1997 年），勇气号和机遇号在火星（2004 年）

约公元前 45 亿年

在地球之外，我们可能不需要走得太远就能发现一颗行星让我们试图了解这里是否存在生命，或者曾经存在生命。火星一直以来都是奇幻的主题，从远古时代被当作宇宙中罗马战神的化身，到 20 世纪被想象成运河建造者的住所。

火星不大，直径只有地球的一半，体积是地球的 15%。火星的表面积相当于地球上全部陆地面积之和。火星到太阳的平均距离比地球到太阳的平均距离远一半。火星上稀薄的二氧化碳大气（只有地球大气浓度的 1%）不能捕捉热量，使得火星表面非常冷。在赤道附近的白天温度可以上升到水的冰点以上，而在夜间两极的温度下降到二氧化碳的冰点以下（150 K 或 –123 ℃）。今日的火星是深度冷藏的沙尘世界。

另外，最近 50 年来太空飞船拍摄的照片、来自火星的陨石和其他数据都显示，火星是太阳系中最像地球的地方（除了我们地球自己）。在它的最初几十亿年中，红色行星可能是温暖而湿润的。究竟发生了什么？有可能是行星的核心逐渐冷却了，也可能是太阳风或灾难性的撞击毁掉了火星的大气。确定火星气候发生如此巨大变化的原因和过程是一项热门研究。

我们已经了解了足够多火星在 30 亿—40 亿年前的样子，这让我们知道火星表面和地下的一部分曾经是适宜生命的。今后 50 年的火星探测将完全围绕着找寻那里的宜居环境和曾经存在，或者依然存在的居住者。■

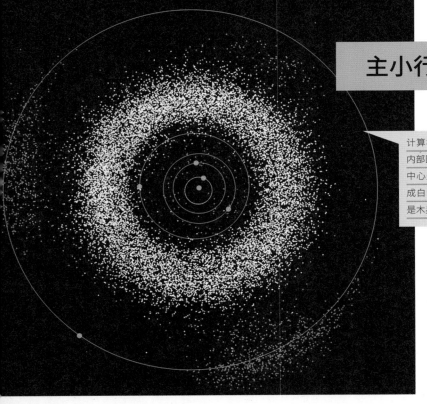

计算机生成的 2006 年 8 月 14 日太阳系内部区域的俯视图。最外圈是木星轨道，中心是我们的太阳。主带上的小行星标成白色，橘色是希尔达小行星族，绿色是木星的特洛伊小行星。

太阳星云（约公元前 50 亿年），来自太空的陨石（1794 年），谷神星（1801 年），灶神星（1807 年），柯克伍德缺口（1857 年），木星的特洛伊小行星（1906 年）

约公元前 45 亿年

大约 45 亿年前，在太阳星云的温暖的内部区域缓慢冷却形成的星子快速汇聚周围的小石块和金属块而成为类地行星。每颗行星的成长过程中，都在各自的轨道上清扫着遇到的和轨道附近的星子，直到在轨道上不再能遇到新的物质，这些岩石世界才完成了增长。

在火星轨道之外，星子的吸积和成长为更大的行星的进程持续地被附近木星的强大引力阻止和打断。木星的影响使星子之间更为有力地碰撞，使相对和缓的碰撞降低到最少，但只有和缓的碰撞才会让星子粘连在一起。与木星本身的亲密接触也驱逐了很多星子。因此，火星和木星之间的区域里没有形成一颗大行星，而是有了岩石和金属质地的小行星散布的盘或带——主小行星带。

天文学家估计主带中可能有超过 100 万个直径大于 1 公里的小行星。到目前为止，其中超过 50 万个小行星的轨道、位置及其特征是已知的，包括两个最大的小行星——**谷神星和灶神星**。这两颗小行星，再加上智神星和婚神星，占到主带小行星总质量的一半以上。

小行星并不是随机分布的。木星的引力拉扯在小行星带上清出了很多缺口（见**柯克伍德缺口**），还有一些小行星群体像一个家族一样一起运动，它们可能是曾经一个更大天体瓦解后缓慢散落的遗迹。**木星的特洛伊小行星**是两大群小天体，它们被束缚在木星和太阳引力彼此平衡的特别轨道上。

小行星撞击后的内部小碎片时常掉落到地球上，我们称之为陨石。它们的年龄和成分提供了大量关于太阳系形成和演化的信息细节。■

木星

2000 年美国宇航局卡西尼探测器飞越木星时拍摄的木星和大红斑的真彩色拼接照片。卡西尼号利用木星的引力帮助向土星飞去。

太阳星云（约公元前 45 亿年），主小行星带（约公元前 45 亿年），晚期重轰炸（约公元前 41 亿年），柯伊伯带天体(1992 年)，舒梅克 - 列维 9 号彗星撞击木星(1994 年)，伽利略号环绕木星（1995 年）

我们的太阳系基本上由太阳（大约占 99.8%），木星（大约占 0.1%）和一些其他物质构成。木星是行星世界真正的王者，它的质量比其他所有行星总质量的两倍还多。63 颗已知的卫星和一系列的暗环围绕着这个异常巨大的世界。如果木星是空的，23 个地球可以在里面排成一串，超过 1 000 个地球才能将木星塞满。

木星是我们天空中第四亮的天体，仅次于太阳、月亮、金星。一部分原因是木星的巨大尺寸和她在太阳系中所处的位置。木星距离太阳大约 5.2 AU，在外部区域的内边沿上。木星明亮的另一个原因是它的表面覆盖着明亮的气体云。的确，我们看不到木星和其他更远的巨行星的表面，我们只能看见木星的云和雾，它们奇异而多彩，由甲烷、乙烷、氢硫化铵、磷化氢组成。时速几百英里的风吹过，把云雾搅成水平的带状和地球那么大范围的风暴，尤其是**大红斑**，已经搅动了几百年。

在云层底下，木星的压力和温度急剧增加，但化学成分简单得多——木星由 75% 的氢和 25% 的氦组成，与太阳一样。事实上，如果**太阳星云**再大一点，木星的质量可以达到目前的 50~80 倍，它就会成为一颗恒星。

木星的形成对太阳系的构造产生重大影响。木星使其他巨行星的轨道不稳定，阻止它们在**主小行星带**上形成行星，并用引力扰动小行星和彗星，使它们在**晚期重轰炸**中撞上其他行星。一些天体甚至被推进**柯伊伯带**或者彻底推出太阳系！今天，木星的引力就像磁铁一样，仍然时常拉入诸如 **SL-9 彗星**的小天体。 SL-9 彗星在 1994 年被木星引力撕裂并撞入其云层中。■

约公元前 45 亿年

土星

2007 年，美国宇航局的卡西尼太空探测器接近土星的时候，拍摄了这张独特的土星和土星环的照片。

土卫六（1655 年），土星有光环（1659 年），先驱者 10 号在木星（1973 年），先驱者 11 号在土星（1979 年），旅行者号交会土星（1980 年，1981 年），第一批太阳系外行星（1992 年），伽利略号环绕木星（1995 年），卡西尼号探索土星（2004 年）

约公元前 45 亿年

对于天文爱好者来说，可能没有什么比用一架小望远镜看土星和它动人的光环更加迷人的了。一个闪耀的蛋形球体挂在黑暗的夜空中，包围着它的是几乎两倍宽、纤细得不可思议的薄盘。犹如天空中的珍宝！

土星是第二大的巨气体行星，直径超过地球的 9 倍，质量几乎是地球的 100 倍。围绕着土星赤道的扁盘是著名的**土星环**。大部分成分是冰的土星环系统可能不超过 20~30 米厚。没有人知道土星环究竟是一个古老的、原始的特征，还是可能形成于一颗冰质卫星破碎的新特征。伴随着土星的是 62 颗已知的卫星，和土星光环里的几百个小卫星。组成土星光环的是大如房子和汽车，小到一粒尘埃的数十亿的颗粒。土星最大的卫星——**泰坦**，比水星还要大，是太阳系中唯一一颗带有浓密大气层的卫星。

虽然化学组成基本相似，但土星的云雾比木星的暗淡并且不像木星那样五彩斑斓。土星和木星之间可能最大的化学差异是土星有相对少量的氦，这让土星与太阳的区别更大。其原因还没有被充分理解。另一个神秘之处是土星上的风速比木星以及太阳系其他所有地方都大——每小时 1 800 公里！先驱者号、旅行者号、伽利略号和卡西尼号太空探测器细致地研究了土星和木星，向我们证明了巨气体行星并不完全相同。随着我们发现了更多的太阳系外的**巨气体行星**，那些世界也同样展示给我们可爱和神秘。■

天王星

威廉·赫歇尔（William Herschel，1738—1822）

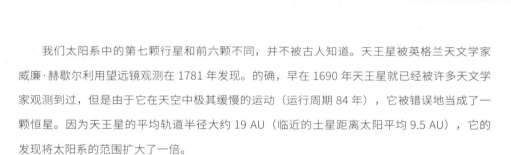

2004 年夏威夷的凯克望远镜拍下了这张独特的天王星和光环的红外伪彩色照片。大气中可以看到稀有的白色风暴云。

地球（约公元前 45 亿年），土星（约公元前 45 亿年），木星（约公元前 45 亿年），海王星（约公元前 45 亿年），天王星的发现（1781 年），天卫三（1787 年），天卫四（1787 年），海王星的发现（1846 年），天卫一（1851 年），天卫二（1851 年），天卫五（1948 年），旅行者 2 号在天王星（1986 年）

约公元前 45 亿年

我们太阳系中的第七颗行星和前六颗不同，并不被古人知道。天王星被英格兰天文学家威廉·赫歇尔利用望远镜观测在 1781 年发现。的确，早在 1690 年天王星就已经被许多天文学家观测到过，但是由于它在天空中极其缓慢的运动（运行周期 84 年），它被错误地当成了一颗恒星。因为天王星的平均轨道半径大约 19 AU（临近的土星距离太阳平均 9.5 AU），它的发现将太阳系的范围扩大了一倍。

天王星的直径是地球的 4 倍，质量是地球的 15 倍，它被分类为一颗巨气体行星。但天王星比它的表亲木星和土星要小得多。天王星的大气层同样大部分是氢和氦，它与众不同的蓝绿色是大气层上层的甲烷云雾造成的。天王星上罕见风暴，云雾的带状条纹通常暗淡。天王星的化学组成与木星和土星有所不同，大量的冰和岩石存在于它的内部。与木星和土星相比，天王星中冰和岩石的含量与气体含量之比高得多。更准确地说，这颗行星应该被叫做巨冰行星，而不是巨气体行星。

望远镜观测和旅行者 2 号的飞越发现了天王星的 5 颗大卫星和 22 颗小卫星，它们全部是暗淡的冰世界。天王星还有着一系列薄而暗的冰环，可能形成于相对晚的一颗或多颗卫星的破碎。

天王星最不寻常的可能是它的自转轴。天王星的自转轴与黄道（地球围绕太阳的轨道平面）大约呈 98 度的夹角。不寻常的自转轴倾角可能是大的撞击或很久之前与木星交会的结果。无论是什么原因造成的，这都是我们太阳系中无数未解之谜之一。■

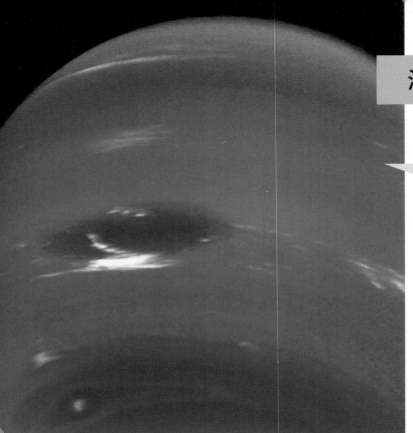

旅行者 2 号拍摄的海王星大黑斑照片。一个更小的黑盘向南快速移动，带着细小的卷状白云特征。在这些大气层中的风暴中测到的风速超过每小时 2 100 公里。

太阳星云（约公元前 50 亿年），金星（约公元前 45 亿年），地球（约公元前 45 亿年），天王星（约公元前 45 亿年），天王星的发现（1781 年），海王星的发现（1846 年），海卫一（1846 年），旅行者 2 号在海王星（1989 年）

约公元前 45 亿年

如果**地球**和**金星**可以看作兄弟的话，那么天王星和海王星更像双胞胎。它们都是太阳系外层空间的居民。海王星在 30 AU 以外，大约 165 年环绕太阳一圈。它们都是巨大的冰行星，体积和质量大致相同（海王星略重一点，是地球的 17 倍）。它们有着相似的化学组成：大约 80% 的氢，19% 的氦，微量的甲烷和其他碳氢化合物。和天王星一样，甲烷也给海王星染上了漂亮的蔚蓝色。

海王星像天王星一样，也是一个冰的世界，有着中等数量的冰卫星（13 颗）和一个暗淡的冰环。通过望远镜观测、旅行者 2 号 1989 年的飞越和实验室研究，天文学家已经推断出海王星的大气层厚度占到其半径的 10%~20%。伴随着温度和压力的增加，水、氨和甲烷更加集中，形成热的液体幔。天文学家指出，这个区域是冰状的原因是分子大部分来源于太阳星云外层的星子，它们是海王星的原始建造材料。一些天文学家甚至认为这一区域是氨水的海洋，计算机模拟表明钻石雨落在类似地球的岩石、铁、镍的内核上。

对天文学家来说，遥远的外层太阳系的巨冰行星是一个谜，在那么远的距离上可能没有足够的太阳星云物质形成行星。一个解释是它们形成于更靠近太阳的地方，然后靠木星和土星的引力推动缓慢向外迁移。我们认为目前太阳系是稳定的，如钟表一样运行着，但是行星形成的时候，太阳系可能更加暴躁和混乱。■

艺术家渲染的四颗巨行星（圆环）和倾斜的椭圆形冥王星轨道。小点代表海王星外的环状的云，即柯伊伯带，冥王星是其中第一个被发现的成员。

太阳星云（约公元前 50 亿年），主带小行星（约公元前 45 亿年），木星（约公元前 45 亿年），冥王星的发现（1930年），柯伊伯带天体（1992 年），冥王星的降级（2006 年），揭开冥王星的面纱！（2015 年）

没有落入年轻太阳的**太阳系星云**的岩石和冰大部分进入了木星，少部分进入了太阳系的其他行星。但仍然有一些残留的"砖块"被**木星**的引力阻止形成成熟的行星，它们未曾进入行星，如**主小行星带**的小岩石星子。类似的情况也发生在海王星轨道之外，太远的距离不容易发生碰撞，难以形成大行星。这种情况被称之为外海王星天体，它们之所以引起人们的兴趣，部分原因是第一个被发现的外海王星天体也是最著名的一个——冥王星。

冥王星不大，冰和岩石的世界在一个大约 30~50 AU 的椭圆轨道上围绕太阳运动。它的质量大约是月亮的 20%，体积是月亮的 35%，它也有一颗自己的大冰质卫星——**冥卫一**，以及至少 4 颗更小的冰质卫星。冥王星的大气层像彗星一样稀薄，充满了氮、甲烷和一氧化碳。

自 20 世纪 90 年代起，天文学家发现了海王星之外有更多的"冥王星"，它们的轨道位于一个叫作柯伊伯带的环状盘中。柯伊伯带因美籍荷兰裔天文学家杰勒德·柯伊伯而命名。在柯伊伯带之外，另一个散落的盘包括形成于更接近太阳的地方，但因为木星引力的作用而飞到 30~100 AU 之外的冰状天体。目前已知有超过 1 100 个外海王星天体。由于已经清楚地知道在柯伊伯带和散落盘中存在大量类似冥王星的天体，因此国际天文学联合会在 2006 年将冥王星和与之类似的天体降级为矮行星。

冥王星是我们太阳系中最后一个已知却还未被空间任务探测过的天体。2015 年将会有所改变，届时新视野号任务飞过冥王星和它的卫星，这些暗淡的小光点将被揭示为全新的世界。■

约公元前 45 亿年

月亮的诞生

 艺术家对火星大小的天体与原地球在超过 40 亿年前发生撞击的概念想象。我们相信，类似这样的巨大撞击导致了月亮的形成。

太阳星云（约公元前 50 亿年），地球（约公元前 45 亿年），晚期重轰炸（约公元前 41 亿年），第一次登月（1969 年），月球车（1971 年），月球高地（1972 年），最后一次登月（1972 年）

约公元前 45 亿年

地球是类地行星中独一无二的，因为它有一颗非常大的天然卫星。但是我们的月亮从哪来呢？天文学家已经考虑过很多可能的观点了。其中一个观点是月亮在地球轨道上与**地球**以同样的方式同时形成：吸积聚集在**太阳星云**温暖内层的岩石和金属星子。另一个观点是早期的地球自转太快，以至于往轨道上甩出了一部分形成月亮。还有一种假设是月亮在其他地方形成之后被地球的引力捕获。

这些观点相互争论，直到阿波罗任务带回了月亮的岩石和其他信息，并揭示了每种观点都不符合实际数据。共同吸积模型意味着月亮应该和地球有着基本相同的年龄和化学组成，但实际却不是这样：月球比地球的密度低，含铁量更少，形成于地球和其他行星形成的三千万年到五千万年之后。分裂的理论要求早期的地球快速自转，捕获模型则没有办法消耗掉自由飞行中的月亮的能量，使月亮进入地球轨道。

20 世纪 90 年代，行星科学家提出了一个大撞击模型：如果早期地球遭受了一个火星尺寸的原行星的倾斜撞击，计算机模拟显示，地球低密度的、缺铁的地幔会被融化后抛进轨道，最终冷却、增长，并形成月亮。月亮的化学组成、密度、甚至年龄都符合这个模型的预言。目前，大撞击模型仍然是月亮起源的最好解释。■

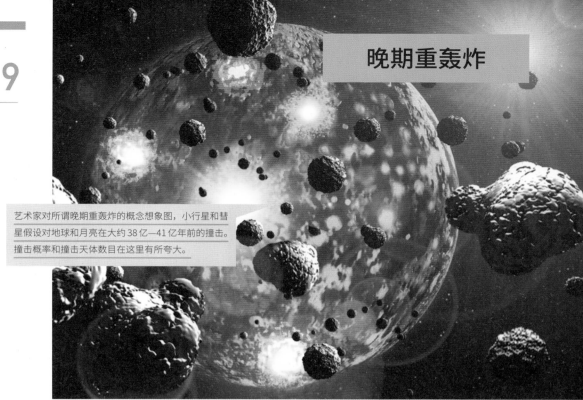

晚期重轰炸

艺术家对所谓晚期重轰炸的概念想象图，小行星和彗星假设对地球和月亮在大约38亿—41亿年前的撞击。撞击概率和撞击天体数目在这里有所夸大。

木星（约公元前45亿年），天王星（约公元前45亿年），海王星（约公元前45亿年），冥王星和柯伊伯带（约公元前45亿年），地球上的生命（约公元前38亿年），放射性（1896年），第一次登月（1969年），月球车（1971年），月球高地（1972年），最后一次登月（1972年）

所有的行星，包括地球，都在地质史上遭受过小行星和彗星雨的撞击。太阳系初期的撞击率比今天要高出很多个数量级。最早的宇宙撞击的历史记录没有在地球上保存下来，因为地球表面遍布火山堆积，或是被风、水、冰的作用风化侵蚀了。但另一方面，月亮的表面有太多的环形山和盆地提醒我们，地球曾遭受过怎样的撞击。

阿波罗任务最主要的遗产之一，是用月球样本的**放射性年代测定法**决定特定陨石坑的绝对年龄。这些结果表明，大的月球撞击事件发生在大约公元前38亿—41亿年。考虑到所有的行星都形成在大约45亿年以前，这个结果是令人惊讶的。许多行星科学家相信最简单的解释是，月球，和由此推论的地球，经历了它们形成后4亿~7亿年被频繁撞击的时期。

晚期重轰炸在短时间内猛烈出现，而不是逐渐衰减，原因还不清楚。有人推测是木星的引力推动，同样的推动影响了天王星和海王星的迁移，就像推动海王星外的天体达到柯伊伯带，也会将一些小行星和彗星从遥远的地方拉入太阳系的内部。如果事实果真如此，其结果对类地行星来说将是灾难性的。在我们的地球上，生命稳定的存在和发展，毋庸置疑地将遭受巨大的影响。■

约公元前41亿年

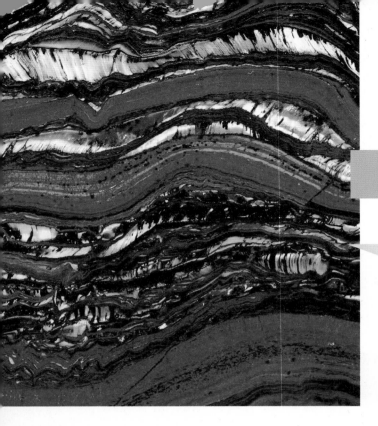

地球上的生命

叠石层化石的横截面，红色的层次被认为是原始蓝绿藻的化石遗迹，这是目前地球上保留下来的最古老的生命证据。这块特殊的化石，来自西澳大利亚，大约 6 厘米高。

地球（约公元前 45 亿年），晚期重轰炸（约公元前 41 亿年）

约公元前 38 亿年

没有人准确地知道，生命如何、何时、为什么首先出现在地球这颗行星上。但我们知道，在具备生命能够出现的条件时，很快就产生了生命。地球上最古老的生命迹象是化学的，而不是化石，因为所有已知的生命都是基于一个常规的化学结构。具体来说，一定的生物地球化学过程和反应对所有地球上的生命都是一样的，涉及特定氨基酸的反应通常配合着 DNA 或 RNA。例如，在碳和其他元素的同位素中创造可辨别的特征。生命倾向于由特定的材料和反常的化学物质组成，例如在一些有着 38 亿年历史的格陵兰岩石中，与 C^{13} 相比，C^{12} 的含量更高，这为我们提供了地球上早期生命的化学化石证据。

地球上微生物的已知最早的化石证据出现在大约 35 亿年前，被保存在古老的叠石层中。叠石层是像蓝绿水藻这样简单有机物的菌落形成的岩石和金属结构。直到今天，叠石层还在西澳大利亚的鲨鱼湾这样的地方，以地球上最古老的生命形式继续形成着。

关于地球极早期历史的最新的研究，包括冥古代（45 亿—38 亿年前），提供了海洋和大陆可能形成得比之前认为的更早的证据。在地球形成几亿年后，可能就已经具备了生命存在的条件。38 亿—41 亿年前发生的**晚期重轰炸**可能已经消灭了早期的生命形式，或者，只是挫败了生命走向繁盛的尝试。无论是哪一种情况，地壳冷却不久之后，海洋形成了，晚期重轰炸结束，地球变得足够稳定可以支持生命的存在。生命开始兴旺发展，进化出许多不同的生态形式。现在，天文学家、行星科学家和天文生物学家正在搜寻其他类似地球的星球上存在生命的证据。■

寒武纪大爆发

2.5 亿年前的二叠纪大灭绝使地球上的物种数和生命多样性发生了最大规模的衰减。大峡谷的地层暴露了地球 20 亿年的地质记录，帮助人们进行深入研究。

地球上的生命（约公元前 38 亿年），杀死恐龙的撞击（约公元前 6 500 万年），亚利桑那撞击（公元前 5 万年）

地球上最早形成的生命是简单的单细胞微生物，它们可以充分利用早期地球环境中的化学能和热能。对地球最初的 30 亿年历史来说，生命表现为单细胞主宰的有机物，它们偶然聚集在一起形成菌群，如同我们在古老地层中发现的那样。但是，在大约 5.5 亿年前，被称为寒武纪大爆发的时代，地球上的生物多样性开始急剧增长。地质学表明，现代动植物的许多祖先出现在早期的化石记录中。生物学家正积极地讨论地球前寒武纪和寒武纪的边界上生物多样性突然增加的可能原因。

生物学家也在试图理解化石记录中许多突然、戏剧化地衰减的种群数量和多样性的原因。最剧烈的衰减发生在距今大约 2.5 亿年前，二叠纪和三叠纪之间的过渡时期。可能在仅仅 100 万年的范围里，以物种计算，大约全部 70% 的陆地生物和 96% 海洋生物灭绝，这一时期被非正式地称作"大灭绝"或"大规模灭绝之母"。之后又耗时一亿年，才使地球上的生物多样性重新回到二叠纪之前的水平。

一场如此巨大的地球生命损失可能是气候变化引起，虽然很多人怀疑气候变化不会以如此迅速的方式。换言之，巨大的撞击灾难或是大量火山喷发，可能也触发了其他气候和地质灾难。生物学家、地质学家和天文学家仍然在为此寻找线索。■

公元前 5 亿 5 千万年

杀死恐龙的撞击

路易斯·阿尔瓦雷斯（Luis Alvarez，1911—1988）
沃特·阿尔瓦雷斯（Walter Alvarez，1940— ）

一幅描绘一颗巨大的小行星撞入地球那一瞬间的艺术概念图，这一事件发生在白垩纪末和第三纪初的地质历史年代之时，大约距今6 500万年。

 寒武纪大爆发（公元前5.5亿年），亚利桑那撞击（公元前5万年），通古斯大爆炸（1908年），舒梅克·列维9号彗星撞击木星（1994年）

约公元前 6500 万年

直到一对父子——路易斯和沃特·阿尔瓦雷斯——带领的地质队和他们的同事们发现的决定性证据，人们才认识到灾难性大撞击对改变地球气候和生物圈的意义。一颗大型的小行星撞击地球可能导致了6 500万年前恐龙和许多其他物种的灭绝。这一发现的关键是在全世界范围都有一个薄薄的沉积地层富含一种稀有元素铱，这一地层的形成时间在白垩纪和第三纪之间的边界上（可简写为K-T边界）。铱是铂系元素中一种通常与铁和矿物质共同出现的元素。在地球形成的时候，地球中大部分的铁元素（推测还有铱元素）都沉入了地幔深处和地核中。因此，在同一时期遍布全球的富含铱的地壳是反常的。阿尔瓦雷斯假设铱元素来自一颗大型小行星，它撞入地球后蒸发，显著改变了地球的气候，令许多动植物物种灭绝。

这次撞击在空气中造成大量扬尘，燃起了大火，浓烟滚滚。浓烟遮蔽了阳光，令全球的气温降低。这次撞击的效果不如二叠纪-三叠纪大灭绝那么严重，依赖阳光和光合作用的物种在K-T边界处大幅度减少，许多其他食肉动物的食物链基础被摧毁。一些物种，诸如哺乳动物和鸟类有能力钻入洞穴以昆虫、腐肉和其他非植物的食物链为生，并没有遭到毁灭性的打击。当天空重新清澈之后，幸存的物种得以发展到之前不曾有过的地位。

恐龙灭绝是因为小行星撞击的观点，只是一个假说，还有待检验。其他地质学和气候的影响，比如海平面的急剧下降，或是火山岩的猛烈喷发（两者同时发生于小行星撞击假设的时间之前），可能也对毁灭那么多物种的环境变化有所贡献。■

智人

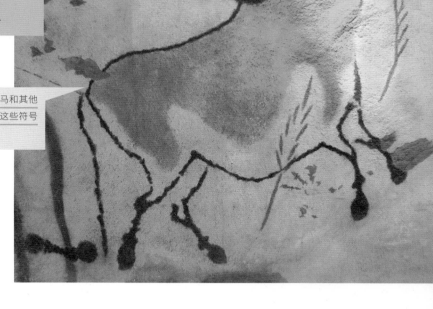

法国南部拉斯科的史前洞窟中马和其他符号的局部复制品，有人认为这些符号代表着夜空中的星座。

宇宙学的诞生（公元前5000年），第一批太阳系外行星（1992年），围绕其他太阳的行星（1995年），宜居的超级地球？（2007年）

约公元前20万年

智人在地球上出现的时间相对较晚。人类在地球化石中的最早记录出现在20万年前的非洲考古遗址中。化石证据表明智人与我们相对亲近的亚种尼兰德特人共存了一段时间。尼兰德特人的化石证据消失于大约3万年前。

人类是更加顽强的物种，优势在于运用工具、语言、长久的记忆、得之不易的经验。我们的历史和进化反映了我们对灵魂层面的追求表现出强烈的好奇和渴望，这可以解释为什么音乐、舞蹈和艺术成为人类经验中如此重要的组成部分。

我想起曾亲眼目睹法国多尔多涅河区1.7万年前旧石器时代岩洞绘画，我们祖先在为了生存的斗争中还能考虑艺术，这震撼了我。他们不仅画动物、植物，还有其他来自他们日常生活中的物品。很多考古学家现在相信，一些点、线、甚至可能的动物图案，代表着星座和夜空中的其他特征。如果是这样的话，它们不仅是地球上最古老的绘画，还是最古老的星图，绘画者是世界上最早的天文学家。

人类的出现或许不是天文学历史上值得记录的里程碑。毕竟，我们只是在一个平凡的旋涡星系中，围绕着一颗平凡的恒星的行星上的一个物种。我们的行星可能只是10亿颗支持生命的行星之一，我们只是星际间无数有感情的物种之一。但也有可能，我们在全宇宙中是唯一有智慧的、有自我意识的、有技术的物种和文明。后一种可能令人畏惧，甚至有些不寒而栗。但这提醒着我们，我们的确应该庆祝我们作为一个不平凡物种的出现，因为这个物种的成就，给宇宙提供了一种方法，去认识宇宙自身。■

亚利桑那撞击

格罗夫·卡尔·吉尔伯特（Grove Karl Gilbert，1843—1918）
丹尼尔·巴林杰（Daniel Barringer，1860—1929）
尤根·舒梅克（Eugene M. Shoemaker，1928—1997）

在亚利桑那沙漠中一个大约 1.2 公里宽，存在了大约 5 万年的大洞，形成于一个小的富铁小行星以超过每秒 10 公里飞行速度的撞击。

晚期重轰炸（约公元前 41 亿年），通古斯大爆炸（1908 年），舒梅克·列维 9 号彗星撞击木星（1994 年）

约公元前 5 万年

　　我们只需要看一看月球那没有空气的表面留下的**晚期重轰炸**的痕迹就可以知道，地球在历史上亦曾遭遇过小行星和彗星的撞击。通过风和水的侵蚀以及板块碰撞和火山活动带来的海底的更新，地球上的陨石坑已经被抹掉了。这就是为什么，地质学家花了很长的时间才意识到陨石坑对地球和其他行星、小行星的地质活动的重要性。

　　意识到这一点的最好的天然实验室之一是亚利桑那旗杆市东边的陨石坑（又叫巴林杰陨石坑或戴亚布罗峡谷陨石坑）。这个陨石坑大约 1 200 米宽，170 米深。直到 20 世纪 60 年代，地质学家依然在热烈地争论这一地貌的起源。19 世纪 90 年代，主张月亮上的环形山起源于撞击的学者吉尔伯特认为，亚利桑那陨石坑缺少撞击体自身的碎片，这意味着它其实形成于火山爆发。在 20 世纪早期，丹尼尔·巴林杰买下了这个陨石坑，花了数年钻探寻找他认为可能来源于撞击事件的陨铁。最终，研究美国政府的核试验造成的内华达州坑洞的地质学家尤根·舒梅克确认，亚利桑那陨石坑是撞击造成的。他的根据是发现了特定形态的石英矿，它们只能形成于高温、高压的环境中，而无法形成于火山。

　　在那以后，地球上辨认出超过 200 个其他撞击坑，大部分更大但是保存得不够完好。对陨石坑的实验室和计算机研究揭示，这个撞击体是一个接近 50 米大小的富含铁的小行星，并以 10 公里 / 秒以上的速度飞行。小行星在撞击的过程中几乎完全蒸发了，这解释了为什么找不到撞击体的碎片。■

宇宙学的诞生

公元前 3300 年，古代苏美尔人以古代尼尼微城（Nineveh）为视角的星图的复制品，这是迄今为止发现的最早的天文仪器和天文数据。

大爆炸（约公元前 138 亿年），古希腊地心说（约公元前 400 年）

在希腊语中，kosmos 的意思是宇宙，因此宇宙学 cosmology 这个现代词汇指的是研究宇宙的本质、起源、演化的学问。在经典的文本中，一个社会的宇宙学指的是这个社会的世界观或者诸如以下问题的思考：人从哪里来？为什么在这里？人们要往哪里去。通过创造故事、神话、宗教、哲学和大部分最近的科学，人类在历史上创造和发展了各式各样的宇宙学。

我们经常听到（或读到）这样的老生常谈——人们如何一直观测星空，或是我们遥远的祖先们一定对着天空以这样或那样的方式深思。因为没有史前文化的记载，这些只是有趣的推测，我们无法知道史前人类如何真的思考过这些问题。这就是为什么那些刻画了天文主题的古老遗迹是如此的重要，它们提供了一些真实的数据使人们理解古人如何看待宇宙。

一些学者相信现存最古老的对天空描绘的文明来自苏美尔人，在它们残存的星图或原始的天文仪器上有着可以追溯到 5 000~7 000 年前的记录。在这些残存的记录中还可以领略到苏美尔人对日月星辰运动的成熟认识。可能这并不惊奇，因为苏美尔人建造了最早的古代城邦，支撑这些城邦的是年复一年定居的农业文明。了解如何从天空中读出种植、灌溉、收获的时令，就可以提供稳定的食物供应，这让他们有充裕的时间发明书写、算术、几何和代数等学问。

苏美尔人的宇宙学首先是为了创造天空之神，这种思维得到之后的巴比伦文明、希腊文明、古罗马和其他宇宙学家的继承。苏美尔人的宇宙学也果断地认为，在不以地球为中心的宇宙里存在多个天空和多个地球。这与现代宇宙学的世界范围有着令人惊讶的共鸣，现代宇宙学认为宇宙不存在中心，大量的地球遍布宇宙各个角落。■

约公元前 5000 年

古天文台

英格兰南部史前巨石阵的内圈中，8 米高的砂岩巨石顶端横架着过梁和青石标记。

约公元前 3000 年

埃及天文学（约公元前 2500 年）

当古人确实意识到天空的时候，体积庞大的天文主题纪念物开始出现于人类的青铜时代。其中最著名的要数英格兰南部的史前巨石阵，这是许多古代巨石圈中的一个，世界上还有大量的这样带有重要文化、宗教和天文意义的遗迹。

巨石阵的建造令人叹为观止——特别是 25 吨重的门梁不知如何高悬于 4 米高、50 吨重的立柱上方。现代实验和模拟证明，既不需要魔法，也不需要有建筑天赋的外星人，用新石器时代和青铜时代的工具及方法是可能建造这样的结构的。当然，建造如此空前庞大结构的技术一定达到了当时的极限。

同样叹为观止的是史前的设计技艺。考古学家细致地检查这些巨石、石洞、凹陷、路径、屋脊的朝向，认为有证据表明这是一座古老的天文台，被设计为一座巨大的日晷，可以标明季节和估算冬至、夏至的日期。历史遗迹用做天文台的细节问题还在争论中，但在考古学家和天文学家之间的普遍共识是，这一结构被调准为标示太阳和月亮的路径。

其他史前天文台的例子包括爱尔兰的纽格兰奇和苏格兰的梅肖维（Maeshowe）墓葬。冬至那一天，太阳升起时的阳光正好可以照射进墓穴；葡萄牙的巨石阵正好让阳光穿过巨石之间的土墩。建造这些遗迹的文明可能在遥远的 5 000 年前，没有给我们留下任何关于他们自己或是他们的传统和信仰的记录。他们只留下了巨石，这些可以重现他们对天空知识了解的巨石。■

古埃及天文学

吉萨的大金字塔，法老的墓地和北天极天堂之门的指引，是近 4 000 年来世界上最大的人造工程。

 古天文台（约公元前 3000 年）

吉萨（Giza）的大金字塔是古埃及文明非凡技术和劳动力管理的代表。这些金字塔也是设计者天文技术的证明，这些技术在 4 500 年前的埃及社会和宗教中占有显赫的地位。

由于地球自转轴的缓慢移动像陀螺一样摇摆，回到公元前 2500 年，北极星也不是现在的这颗星。如同我们今天的南天极附近没有亮星，当时的北天极也没有亮星。对法老、占星师、和平民来说，夜空围绕着一个暗洞旋转，就像进入天堂的大门。在古埃及，这扇大门位于地平线上方大约 30°，因此，金字塔的北面从法老的主墓室通往金字塔之外的竖井被仔细地调整，最终指向这扇大门的中心。如果计划是死后升入天堂，为什么不从大门走进去呢？

埃及占星师也在发展一套精确的历法系统中扮演了重要角色。这套历法在金字塔建造的时代就已经确立。新年被定义为在天空中第一次见到最亮的星——天狼星（被埃及人视为女神）——差不多出现在夏季的日出之前。一年被分为 12 个月和 360 天，每年另有额外的 5 天在年末用于祭祀和聚会。通过仔细的天文观测和记录不同日期恒星的位置，他们还知道每 4 年需要额外增加 1 天作为闰日，以保证历法与天象的运动同步。追踪很多亮星黎明前升起的时间，用于确定主要的宗教节日，这样的方法也用来预测尼罗河每年的泛滥。

金字塔本身的形状可能代表了古埃及宇宙学的一个侧面。如同神话中所描述的那样，创造之神阿图姆住在金字塔中，与陆地一样从原始的海洋里浮出来。■

约公元前 2500 年

中国古代天文学

日本浮世绘中的《水浒》人物吴用的插图，旁边陈列着几件天文仪器，包括天球仪和象限仪。

 中国观测客星（185 年），观测白昼星（1054 年），第谷新星（1572 年），行星运动三定律（1619 年）

对天文学的兴趣和运用在世界范围发展出了不同的文化。基于墓葬中保存的恒星和星座名称的考古学证据，中国天文学的发源可以追溯到史前时代和青铜时代。像之前和之后的其他古代文明一样，古代中国致力于研究日月星辰的周期运动，古代中国每个主要朝代都征募天文学家开发他们自己的基于日月运动的详尽历法系统。他们勤奋地钻研天文观测，仔细记载天象变化的端倪，包括日食、月食、太阳黑子、行星运动、新彗星和超新星的出现。中国天文学家今天仍然在使用夏商周时期的独特天文记录来研究天文学史。

中国天文学家发明了新的精密仪器用于观测天空，包括天球仪和浑天仪，用于描绘恒星和星座并追踪行星、客星（超新星和彗星）的运动和亮度变化。直到 17 世纪望远镜发明之前，这些仪器不断完善、越来越精密，并一直被使用着。天文学家用这些仪器发展了行星运动理论，这与利用相似方法的西方天文学家**第谷**和**开普勒**所做的工作一致。

中国早期已经出现了大量复杂的宇宙学模型。一些模型设想天空就像一个圆顶或是天球（如同西方的早期宇宙学）。比西方早得多，中国的一些天文学家已经认识到月亮和其他天体是球形的。与平坦大地的冲突看似没有引起太大问题，这是因为中国古代天文研究的重点只是对宇宙现象的观测，这与儒家的普遍概念和实践是一致的。■

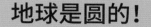

地球是圆的！

毕达哥拉斯（Pythagoras，约公元前 570—公元前 495）

上图：我们心爱的蓝色行星是岩石和金属的球体，覆盖着薄薄的空气层和液态水。对于我们的远祖，世界并不明显地呈球形。

下图：地球是球形的证据之一，2008 年在希腊观测月食期间，弧形的地球阴影落在月亮上。

 埃拉托色尼测量地球（约公元前 250 年）

我们理所当然地觉得，地球是美丽的蓝色大球，对抗着黑暗的太空。如果不是可以飞向太空回头看地球，就必须另想办法才能向人们证明地球是圆的而不是平坦的。这样的工作由萨默斯的毕达哥拉斯做出，他是希腊公元前 6 世纪哲学家、数学家和兼职天文学家，他因为几何学中的毕达哥拉斯定理被世人熟知。

毕达哥拉斯及其追随者关于地球是圆的理由是基于各种观测的间接证据。例如，南方航线上水手报告说在希腊看见的南天星座比在遥远的南方看到的更低。启程前往赤道以南的非洲海岸的远征队报告称，太阳从北方照射过来，而不是如同在希腊看到的从南方照射过来。另一个重要的证据是观测月食：满月在地球背后与太阳成一条直线，在月面上清晰可见地球的弧形阴影。

今天依然在争论的问题是，究竟是毕达哥拉斯本人发现了地球是圆的，还是毕达哥拉斯只是支持了这个在古希腊社会的知识分子中已经成为常识的智慧。在 250 年后埃拉托色尼的实验证明了这个事实。将近 2 500 年之后，第一个离开地球轨道的宇航员，乘坐阿波罗 8 号飞船，与全世界分享了一张壮丽的照片：太空中有一个美丽的、球形的蓝色家园。■

约公元前 500 年

天文之书 The Space Book

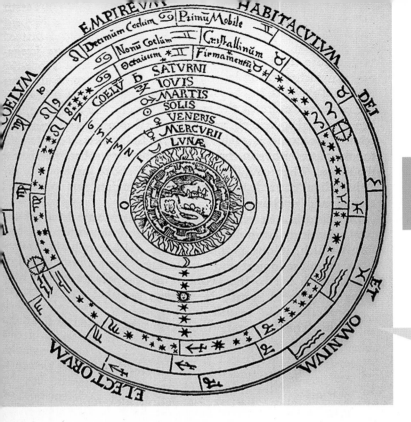

EMPIRE VM
HABITACVLVM
Primu Mobile
Decimum Coelum
Nonu Coelum
Cristallinum
Octauum
Firmamentü
COELV SATVRNI
COELV IOVIS
MARTIS
SOLIS
VENERIS
MERCVRII
LVNAE
ELECTORVM
WAINVM
DEI
ET
OMNIVM

古希腊地心说

柏拉图（Plato，公元前 427—公元前 347）
亚里士多德（Aristotle，公元前 384—公元前 322）

一幅文艺复兴时期地心说天球模型绘画。最外层标着"火天堂，上帝和其选民的家园"。

地球是圆的！（约公元前 500 年），托勒密《天文学大成》（约 150 年），哥白尼《天球运行论》（1543 年），行星运动三定律（1619 年）

约公元前 400 年

古希腊留下了大量的重要遗产，影响了西方文明数千年。这些遗产包括从两位古典时代最伟大的思想家的教育和著作中得到的宇宙图景，他们是数学家和哲学家柏拉图，以及他的学生亚里士多德。他们精通几乎当时全部的艺术和科学。柏拉图和亚里士多德建立了现代西方哲学和科学（包括物理学和天文学）的根基。

古希腊天文思想和其他广义的科学思想致力于寻找能解释观测现象的数学和物理根据与模型。为了解决问题，很自然地需要求助于毕达哥拉斯开创的几何学与三角学。柏拉图用几何学把宇宙分解为两大部分：固定不动的地球，和逐层嵌套的、保持运动的各个层级，分别包括太阳、月亮、五颗大行星和已知的恒星。这些层级全都围绕着静止的地球转动。在地球和月亮之间的区域里包含了组成我们的基本元素：土、水、风、火，亚里士多德在此基础上加上了第五元素——以太。他认为以太构成了包含恒星和行星的旋转天球。

地心说的宇宙观点是希腊宇宙学的主要特征。此外，由于向往对称与简洁的信念，理论要求天球做均匀的圆周运动或是圆周运动的组合。这与当时观测到的天文数据是相吻合的。但是柏拉图的模型不能解释所有已观测的天空的运动。罗马帝国时期的埃及天文学家**托勒密**，扩展了完美的圆周运动概念。但这些理论遭到之后的天文学家的挑战，直到 17 世纪，**哥白尼**和**开普勒**利用观测和理论工作将地心说彻底推翻。 ■

西方占星术

亚历山大大帝（Alexander the Great，公元前 356—公元前 323）
托勒密（Ptolemy，约 90—168）

1515 年埃尔哈特·肖恩（Erhardt Schoen）
绘制的天文学家托勒密正在向希腊女神介绍
如何用星盘和巨大的浑天仪观测天空。

 宇宙学的诞生（约公元前 5000 年），古希腊地心说（约
公元前 400 年），托勒密《天文学大成》（约 150 年）

占星术相信，人类和世俗之事被人们出生时辰或其他关键时刻日月星辰的位置和运动影响和注定。人类历史上大多数文明都以不同形式采纳了这一信念。一些学者相信，西方占星术的起源可以追溯到公元前 6 000 年苏美尔人宇宙学的最早记录。当时的祭司借助天象的信息探知神的意图（见**宇宙学的诞生**）。在古希腊宇宙学发展的过程中，占星术转变为我们今天所认识的形式。

巴比伦时代，祭司和国王用手中掌握的占星术理解即将到来的丰收季、潜在的战争和其他一些国家事务中天的角色。古希腊人将占星术转变为非常私人的事业：从国王到平民，从历史到现实，推测每个人的星座命理。在天文学发展中有一个关键力量是亚历山大大帝，他师从亚里士多德，作为希腊国王建立和统治横跨北非到中东涵盖地中海的帝国。亚历山大在埃及亚历山大城的大图书馆创建了世界上最著名的学习中心，在那里，星象和命理的占星术活动开始起步。

在接下来的几个世纪里，特别是在埃及天文学家托勒密的影响下，形成了 12 个传统的黄道星座的概念，定义了行星在从天文学到医学、动物学中的各种基本功能和角色。托勒密的地心说体系下的占星术驱动的宇宙论将影响和主导西方天文思想超过 1 300 年。

在现代社会，对占星术的信仰很容易被推翻。但报纸仍然刊登每日星座运程的专栏，为了获得对未来生活的预测，许多人仍然热衷于追逐现代占星师（至少是热衷于占星网站）。也许这仅仅是为了娱乐，但同时也一定有某种人类的天性渴望了解宇宙中的秩序。■

约公元前 400 年

日心说的宇宙

阿里斯塔克（Aristarchus，约公元前 310—公元前 230）

阿里斯塔克在公元前 3 世纪的著作原件复制品节选。他计算了太阳、地球、月亮的相对大小用于支持他激进的日心说观点。

地球是圆的！（约公元前 500 年），古希腊地心说（约公元前 400 年），埃拉托色尼测量地球（约公元前 250 年），托勒密《天文学大成》（约 150 年），哥白尼《天球运行论》（1543 年）

约公元前 280 年

柏拉图和亚里士多德的地心说模式渗透入古希腊人关于宇宙的思想中。为什么不呢？每个人都看见太阳、月亮、恒星围着地球转。学者们加入其他无可辩驳的证据：月亮的阴晴圆缺与环绕地球的步伐一致。如果是地球围绕自己的自转轴自转，地球表面的东西为什么没被甩掉？如果地球在自己的轨道上运动，恒星会显示出观测视差或是相对于其他恒星的位置移动。然后没有一颗恒星表现出这样的现象。得证！

尽管如此，依然不乏怀疑者。最早有记录的一位怀疑者是希腊萨默斯岛的天文学家和数学家阿里斯塔克，他挑战的是有近 200 年历史、受人尊敬的希腊先贤们用肉眼细致地观测日月并归纳为地心说理论的古老智慧。他的方法受到肉眼观测精度的限制，尽管如此，他仍然计算出太阳比月亮远 20 倍（实际是 400 倍）。他还计算出由于太阳和月亮有相同的视直径，所以太阳的直径一定是月亮的 20 倍，地球的 7 倍。因此，根据他的结论，太阳的体积是地球的 300 倍以上（实际是 100 万倍）。这看起来很愚蠢，一个巨大的太阳服役于如此渺小的地球，而不是反过来。很自然地，他推广了这个结论并认为地球和其他行星一起围绕太阳运动，恒星太遥远了以至于没有足够大的视差可以被观测到。阿里斯塔克的宇宙比他之前的任何人所描绘的都要大的多。

和大部分革命思想一样，阿里斯塔克的日心说观点遭到他的同行们的嘲笑和轻视。250 年后，这一思想被托勒密的教学和著作摧毁。阿里斯塔克播下了一颗怀疑的种子，但要等到 16 世纪才会发芽。■

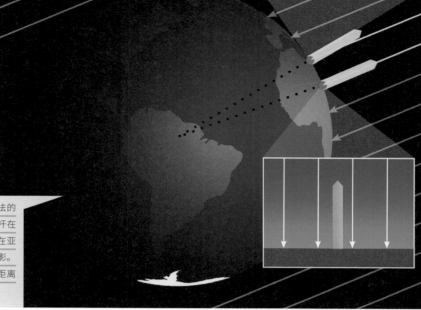

埃拉托色尼测量地球

柏拉图（Plato，公元前 427—公元前 347）
亚里士多德（Aristotle，公元前 384—公元前 322）
埃拉托色尼（Eratosthenes，约公元前 276—公元前 195）

埃拉托色尼测量地球周长简便方法的图解。阿斯旺（下图）垂直的标杆在夏至正午没有影子，同样的标杆在亚历山大城（上图）投下一个小阴影。这意味着亚历山大城到阿斯旺的距离是地球周长的五十分之一。

 地球是圆的！（约公元前 500 年），古希腊地心说（约公元前 400 年），日心说的宇宙（约公元前 280 年）

至少从毕达哥拉斯时代起，古希腊人就普遍接受了地球是圆的这一事实。但是地球实际大小的估计还没有定论。柏拉图猜测的地球周长是大约 7 万公里，相应的直径是 22 000 公里。阿基米德估计的周长大约 55 000 公里，直径是 17 500 公里。为了得到更精确的结果，埃拉托色尼，数学家、天文学家、亚历山大图书馆第三任馆长，他设计了一个简单的实验，可以把地球当成一个大日晷。

埃拉托色尼已经了解到，埃及南部城市阿斯旺的夏至正午太阳几乎在头顶上方（天顶），因此地上的标杆没有影子。他也知道在他所在的埃及北部的亚历山大城，夏至正午地上的标杆投下一个小阴影。他测量并计算了太阳大约位于亚历山大的天顶以南 7°处。这个角度相当于圆周的五十分之一。因此，他计算出地球的周长是亚历山大到阿斯旺距离的 50 倍，即 4 万公里。考虑到测量中的假设和误差，这是一个正确答案。

埃拉托色尼被广泛地视为地理学之父，他的确当得起这一称号。他是第一个精确测定地球尺寸的人，他的方法是适时的、简单而有效的实验的绝好范例。阿基米德曾经风趣地说，"给我一个支点，我可以撬起地球。"埃拉托色尼可以这样回应，"给我一些木棍和一些阴影，我可以测量地球。" ∎

约公元前 250 年

星等

伊巴谷（Hipparchus，约公元前 190—公元前 120）

上图：该图是密集星场的一小部分，图中央暗淡的红点是能拍摄到的最暗的红矮星，星等为 +26。
下图：哈勃空间望远镜拍摄的球状星团 NGC 6397，其中最亮的恒星星等为 +10。

 托勒密《天文学大成》（约 150 年）

约公元前 150 年

每一个仰望晴朗夜空的人都能意识到，恒星有亮暗之分。但是直到公元前 2 世纪中叶，才有人开始尝试量化亮星有多亮、暗星有多暗。这项工作的先驱者是古希腊天文学家和数学家伊巴谷，他还因为创立了第一份完备的星表而闻名。

伊巴谷决定给每颗恒星分配一个从 1 到 6 的亮度等级，1 等包括 20 颗最亮的星，6 等是肉眼可见最暗的星。每一个等级的星的亮度相当于上一等级亮度的一半。现代天文学家还在用亮度等级来描述恒星亮度，这个等级在伊巴谷原创的基础上做了微调。19 世纪中期，星等系统重新定义为相差 5 级对应着亮度相差 100 倍。因此每一等级比它的下一等级亮 2.5 倍。这个指标扩展到 6 个等级以外，明亮的织女星的亮度定义为 0 等。极亮的恒星、行星、月亮和太阳分配负数的星等；极暗的恒星，只能用世界上最先进的望远镜才看得见，把最大星等限制推到 30 等。越暗的星，星等数越大，看上去有一点别扭，但 2 100 年以来，天文学家已经习惯了这个系统。

除了测量恒星亮度的定义以外，伊巴谷还发明了三角视差法，发现了地球自转轴的进动，获得了当时最精确的亮星相对位置。作为对伊巴谷恒星观测技术的肯定，1989 年，一颗天体测量卫星用他的名字命名以示敬意。■

最早的计算机

上图：根据残存碎片的细致研究和分析，做出的安提凯希拉装置的现代复制品。

下图：幸存下来的碎片，1901 年发现于古希腊沉船。

古天文台（约公元前 3000 年），确定复活节（约 700 年）

约公元前 100 年

在公元前 1 世纪末的某个时刻，一艘满载着古希腊手工制品的罗马商船在地中海中安提凯希拉岛外的海上沉没了。2 000 年后的 1901 年，潜水员穿过船甲板在货物中发现的已经腐蚀的残品，可能是世界上最古老的计算机，即安提凯希拉装置。

由于装置中大量的小齿轮，关于它最早的考古学思考认为这是一个机械钟表。如果这个想法是对的，这将是一个震惊世界的发现，因为它的工艺堪比一只 17 世纪欧洲的机械表。但经过几十年的清理和进一步的研究发现，它远远不止是机械表那么简单。这是一架精密的天文计算机械和可以用来确定过去和未来日月行星位置的历表。它是世界上最古老的（有着 1 500 多年历史）太阳系仪，一架钟表型的天文馆，精巧的设计和制造品。

对这个设备的发现在很多方面都是非凡卓越的。这些发现重现了古希腊人认识到的极其精确和细致的行星运动的知识，包括每个月月亮运行速度的微妙变化。这件完美的杰作意味着这种设备曾被大量制造，小巧的尺寸意味着它方便携带。

我们习惯了看待与现代社会紧密联系的技术进步和科学发现，所以我们可能并不因为古希腊和罗马时代的文明曾取得怎样的进步而感到惊奇。但是，这件物品的发现还是可以提醒我们，一个文明总是会比我们过去想象的有着更加出人意料的进步。 ■

儒略历

恺撒（Julius Caesar，公元前 100—公元前 44）

刻在石块上的古罗马历法，显示了日期的称谓和四月到九月的占星符号。

古埃及天文学（约公元前 2500 年），
格里高利历（1582 年）

像其他历史上关注天空的文明一样，罗马人发展了一套密切联系天文学的历法系统。他们在公元前 8 世纪最初设计的历法系统的来源始终未知，部分原因是历法系统有很多元素借鉴于之前的其他文明，比如古希腊。例如，每年有 10 个月，每月有 30 或 31 天，全年 304 天，为了符合太阳的实际运行，另加 61 天作为冬季。之后的改变又增加了两个冬季月份（一月和二月）但每年依旧只有 355 天。为了保持日历上季节的固定，高级僧侣最终增加了一个闰月。但是，决定增加的方式通常武断或处于政治动机。这种情况导致的混乱使普通的罗马人无法知道今夕是何夕。

实际上，罗马历法系统直到公元前 49 年恺撒掌权时一直保持着混乱的状况。恺撒下令改革，调整历法使其反应太阳的运动，而不是依据人类事务。12 个月中增加了部分天数，使一年有 365 天。他颁布法令确定每四年设置一个闰日，将这一天增加到 2 月的末尾，使每年的平均长度为 365.25 天。这已经非常接近一个太阳年的实际长度——365.242 天。恺撒的历法改革从公元前 45 年 1 月 1 日起生效（罗马创立后的 709 年），终于解决了之前积累的所有问题。

很长时间以来，儒略历运转良好，每年与真实的太阳年的差别只有 0.008 天（大约 11 分钟）。到 16 世纪为止，儒略历与实际太阳年每年 11 分钟的差别已经积累到足够明显。一个进一步的微调，叫作格里高利历法改革，同步了历法与四季。■

托勒密《天文学大成》

托勒密（Ptolemy，约 90～168）

一幅 1559 年的木雕画描绘了托勒密正在用《天文学大成》中描述的视差尺观测太阳、月亮和恒星的高度。

古希腊地心说（约公元前 400 年），西方占星术（约公元前 400 年），日心说宇宙论（约公元前 280 年），星等（约公元前 150 年），哥白尼《天球运行论》（1543 年），第谷新星（1572 年），行星运动三定律（1619 年）

It is made of 3 . peaces, beyng 4. square: As in the Picture where A. F. is the first peace or rule.
A.D. The seconde.
G.D the third rule.
E. The Foote of the staffe.
C.F. The Plumrule.
C.B. The ioyntes, in which the second & third Rulers are moued.
K.L. The sighte holes.
I. The Sonne.
H. The Zenit, or vertically pointe.
M. N. The Noone-stead Lyne.

PTOLOMEVS.

约 150 年

从公元前 300 年到公元 400 年的近 700 年间，埃及亚历山大城的大图书馆一直是世界的学术中心。今天被奉为数学和天文学以及其他领域的先驱者的大部分著名希腊和罗马学者，拜访过或工作在这里。大图书馆里保管着浩如烟海的卷轴和图书。在这当中，古典天文学最著名的书籍是《天文学大成》，由埃及数学家和天文学家克劳狄斯·托勒密发表于 150 年。

托勒密是全能型的科学家。他拥有多种天文仪器，做出了重要的天文观测。但他最伟大的贡献是甄别和综合了之前 800 年前辈们的工作，用一本书完整地记录了关于宇宙的理论。《天文学大成》有 13 卷，包括托勒密地心说宇宙学的细致描述，这些描述扩充了柏拉图、亚里士多德和其他先贤们的思想。托勒密把行星轨道描述为循着本轮的小圆运行，而本轮的中心循着称为均轮的大圆绕地球运行。这一系统复杂却基本，恒星和行星都在完美的圆周轨道上运动，一个漂亮的对称系统很好地符合了已知的数据，托勒密完美地完成了一个创造者的工作。

这本书还包括了他称之为表格手册的图表用于计算行星和恒星的升降，以及描绘日月星辰的运动、日月食、进动和观测工具与方法的章节。一个基于伊巴谷星表和星等系统的 1 000 多颗星的庞大星表亦被收录在书中。

可惜，托勒密关于太阳系的宏图是错误的。但依然可以凭借他的理论描述来预测天空中天体的运动，《天文学大成》和地心说理论仍然可以为天文学提供长达 1 000 年有效的信息。■

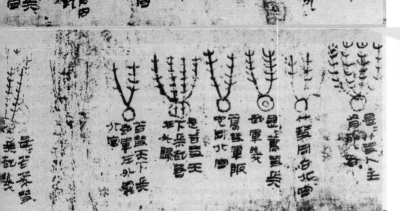

中国古代天文学家观测客星

上图：中国古代绘制的几种彗星的样子，以史实的形式记录在囊括公元前 2400 年到公元前 300 年之间历史时期的《竹书纪年》上。

下图：超新星 185 爆发遗迹的现代图景。

中国古代天文学（约公元前 2100 年），观测白昼星（1054 年），哈雷彗星（1682 年），通古斯大爆炸（1908 年）

185 年

中国古代天文学家一丝不苟地观测天空。一位历史学家指出，因为相对于西方个体的学者，中国古代官方天文学研究由全职的宫廷任命的文职公务员主持，这使他们可以比古罗马、古希腊、古巴比伦的同行和前辈们更加系统地、彻底地观察天空的变化。当天空中出现新天象的时候，中国人会注意到并记录下来。这些记录成为帝国时代记录的一部分，很多记录保留至今。

185 年，在南方天空中突然出现了一颗客星。这一天象被中国天文学家记录下来并成为东汉（25 年至 220 年）史书中的重大事件。虽然记载中没有包含图像，但客星的位置描述和它持续了 6 个月后逐渐消失的事实使现代天文学家推断，中国做出了世界上最早的超新星观测记录。现代光学、射电、X 射线望远镜对准这个方位，发现了一个球状气体星云叫作 RCW 86，这就是 1 800 多年前的恒星爆发遗迹的延展。

今天仍然保存的中国古代天文图表记录了许多其他的客星。其中最有趣的图片是一种明亮的、带着头和一条或多条尾巴的天体。这些被中国人叫作"扫帚星"的天体，今天被广泛

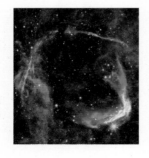

理解为带有气体和尘埃尾的明亮彗星。事实上，在公元前 240 年、公元前 12 年、141 年、684 年和 837 年，中国天文学家观测到的同一颗著名彗星就是在 1682 年被最终认定的哈雷彗星。中国早期天文学家认真、有条不紊的天空观察和记录为历史学家和天文学家提供了可供研究的丰富宝藏。■

阿里亚哈塔

阿里亚哈塔（Aryabhatiya，476—550）

位于印度普纳的大学校园里天文学和天体物理学中心门前矗立着数学家和天文学家阿里亚哈塔的雕像。

日心说的宇宙（约公元前 280 年），埃拉托色尼测量地球（约公元前 250 年），托勒密《天文学大成》（约 150 年）

约 500 年

同大部分人类历史的早期文明一样，印度天文学的起源与宗教的发展是分不开的。天文知识形成了早期方法系统的基础，为印度教仪式或种植与收获的季节定日子。如同西方世界，神职人员和早期天文学家掌管天文仪器绘制日月星辰的位置，这使他们有机会发展出更为精密的宇宙图景以解释和预言天空的运动。对印度的天文学发展最早做出伟大贡献的思想家是数学家和天文学家阿里亚哈塔，在大约 500 年，他发表了印度现存最古老的数学和天文学珍贵文献《阿里亚哈塔历书》。

阿里亚哈塔在《阿里亚哈塔历书》中以韵诗的形式总结了全部数学知识，其中包括一份三角计算正弦表。在《阿里亚哈塔历书》的天文学部分，他解释了日月食是地球或月亮阴影的逻辑结果，而不是魔鬼的杰作。运用他发展出来的球面三角学计算和日月食测量技术，他估算出的地球周长只比真实值小了 0.2%，大大改进了之前由埃拉托色尼在 750 年前做出的最好结果。

阿里亚哈塔最具革命性的思想可能是，他声称地球不是在太空中固定不动的，而是绕着自己的自转轴自转，天空中的恒星是固定不动的。阿里亚哈塔时代的印度宇宙学是地心说的体系，用类似托勒密的本轮轨道理论，他自己精确计算了行星位置。阿里亚哈塔首先提出行星轨道不是圆而是椭圆。■

确定复活节
比德（Bede of Jarrow，约 672—735）

位于英格兰贾罗的泰恩河隧道附近公共绘画的局部，描绘了中世纪基督教僧侣和天文学者比德。

古希腊地心说（约公元前 400 年），儒略历（公元前 45 年）

世界上很多宗教都会庆祝一些特殊的节日和假日，这些日子在日历上不固定，而是依赖于季节、月相、特定恒星的升起或其他天文现象。这意味着负责提前确定这些事件日期的祭司、僧侣和其他宗教领袖必须接受训练，或者至少是跟得上最新的天文和数学知识。

基督徒庆祝耶稣复活的复活节在日历上的位置，可能是世界主要变动的宗教节日中最难确定的一个。理论上，复活节在春分之后的满月后的第一个周日。但实际上，预测满月和预测春分的日期对中世纪的天文学家来说非常困难。专门描述计算复活节日期的词叫"computus"。

中世纪初期有过多种不同种的复活节日期计算方式，不同的计算方式会得出不同的结果。在 8 世纪初，一位来自诺林伯利亚名叫比德的僧侣，在《论时间》和《论时间的计算》两本书中提出了一个标准化的计算方式。比德的计算和他在天文学上所受的教育使他发现复活节的日期每 532 年重复一次，这个周期由 19 年的阴历循环和 28 年的太阳历循环构成。最终，每年基督教节日中最重要的日期都可以得以预测。

比德的计算，和他作为历史学家与神学家的非凡才智，为他赢得了"可敬的"称号。因为他阐明了太阳历、月亮历和其他潮汐历法的计算，他的著作对整个中世纪产生影响巨大。他甚至基于《圣经》中的《创世纪》尝试着计算地球的年龄，得出地球诞生于公元前 3952 年的结果——与 7 世纪爱尔兰大主教詹姆斯·乌舍尔得出的公元前 4004 年的结果相去不远。■

约 700 年

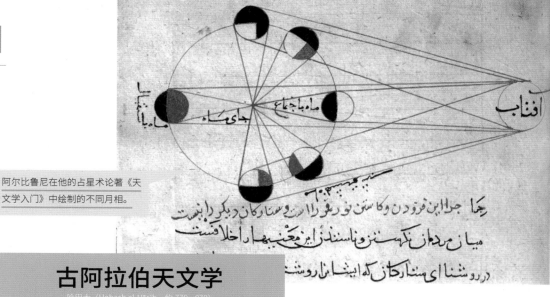

阿尔比鲁尼在他的占星术论著《天文学入门》中绘制的不同月相。

古阿拉伯天文学

哈巴士 (Habash al-Hāsib, 约 770—870)
花拉子密 (Muhammad ibn Mūsā al-Khwārizmī, 约 780—850)
巴塔尼 (Muhammad ibn Jābir al-Harrānī al-Battānī, 约 858—929)
比鲁尼 (Abūar-Rayhān al-Bīrūnī, 973—1048)

 古希腊地心说（约公元前 400 年），日心说的宇宙（约公元前 280 年），托勒密《天文学大成》（约 150 年），仙女座大星云（964 年），实验天体物理学（约 1000 年），哥白尼《天球运行论》（1543 年），第谷新星（1572 年），伽利略《星际使者》（1610 年），行星运动三定律（1619 年）

约 825 年

　　许多天文学和数学中的术语和方法都可以直接追溯到中世纪的伊斯兰文化。在长达几个世纪里，无论在艺术和科学领域，阿拉伯的天才与创造性爆发性地增长。在这一时期，欧洲科学发展停滞不前，阿拉伯世界继承了古希腊到罗马时代以来的天文学和数学遗产。

　　做出新贡献的古阿拉伯天文学家和数学家中，包括创立了现代代数学，并发展了新的方法计算日月和行星的位置的花拉子密；计算了有史以来最佳的月亮直径与距离、太阳直径，并编著了《天体与距离之书》的哈巴士；改进托勒密《天文学大成》的结果，并发展出新方法计算新月出现时间的巴塔尼；发明新的天文学仪器和观测方法，发现太阳系以太阳为中心的假设对观测数据的吻合可以和以地球为中心一样好的比鲁尼。可以确定的是，这些中世纪阿拉伯天文学家和数学家的工作继续影响了文艺复兴时代的西方天文学家，如第谷、开普勒、哥白尼、伽利略，并最终推翻了托勒密的地心说，支持了日心说宇宙论。

　　另外，几乎所有著名的古阿拉伯天文学家和数学家都属于一些研究团组，本质上这些是世界上最早的科学组织，世界上最早由国家运作的天文台和研究机构。这种合作环境使阿拉伯科学家可以在天文学和其他领域做出有重要意义的发现，这也是大部分现代科学研究方式的基础。■

仙女座大星云

苏菲（'Abd al-Rahmān al-Sūfi，903—986）

上图：仙女座大星系的现代数码天文照片，由美国宇航局星系演化探索卫星的紫外光成像拍摄。

下图：插图显示了苏菲在 964 年的著作中绘制的仙女座与双鱼座的一部分。

托勒密《天文学大成》（约 150 年），古阿拉伯天文学（约 825 年），梅西叶星表（1771 年）

约 964 年

阿拉伯世界另一位重要的古代天文学家是波斯（今天的伊朗）的阿卜杜勒-拉赫曼·苏菲。和大部分其他中世纪天文学家一样，苏菲关注了古希腊天文学和宇宙学的各个方面，包括将托勒密的《天文学大成》译为阿拉伯语。他与其他人致力于发展托勒密的《天文学大成》，以及汇总新的观测和源于古阿拉伯天文学的理论。他在 964 年左右发表了划时代的著作《恒星之书》。

苏菲的著作本质上是一份恒星的详图，其中包括 48 个已知的古希腊星座，运用了《天文学大成》中传统星表的恒星数据和伊巴谷的**星等系统**，但是利用更新的恒星亮度与颜色的观测修订或改正了错误的数据。《恒星之书》对每个星座中的亮星采用阿拉伯名称，它们当中的许多名称至今还在沿用，例如牛郎星（Altair），参宿四（Betelgeuse），天津四（Deneb），参宿七（Rigel）和织女星（Vega）。

苏菲著作的第二卷着重讲述仙女座和双鱼座，他标注了探测到亮星之间的"一片小云"。虽然苏菲没有识别出它的真实面目，但他是世界上第一位记录观测了仙女座大星系的天文学家。距离银河系最近的旋涡星系，仙女座大星系被命名为梅西叶天体 31 号。仙女座大星系几乎比满月大 8 倍，但极端暗淡以至于只有最优秀的视力和最耐心的观察才能发现。苏菲也是第一位探测到暗星团和星云的天文学家，他的发现包括银河系南天的椭圆伴星系之一，这一天体在大约 550 年后被命名为大麦哲伦星云。麦哲伦在 1519 年的环球航行中发现了它，被重点记录下来并在欧洲流传开。■

实验天体物理学

海什木（Abu Ali al-Hasan Ibn al-Haytham，965 年—1040 年）
比鲁尼（Abū ar-Rayhān al-Bīrūnī，973 年—1048 年）

在这幅中世纪的插图作品《西庇阿之梦》中描绘了几位阿拉伯天文学家正在研究天空。

 地球是圆的！（约公元前 500 年），托勒密《天文学大成》（约 150 年），古阿拉伯天文学（约 825 年）

古希腊学者对科学，尤其是天文学的主要兴趣是哲学和理论上的。与之相对，主导中世纪阿拉伯风格的天文学与数学更关注发明新仪器和方法，获取新的观测，运用数据发展新的方式满足实际宗教或社会需要。这是一套全新的思维方式：观测、记录、分析、解释、假设、重复。这种方式非常有效，成为今天现代科学方法的基础。

这套全新的，基于观测来理解宇宙的方法，可以追溯到 1 000 年前后少数几个阿拉伯和波斯数学家的贡献。其中一位是海什木，作为一位穆斯林物理学家和数学家，他专注多个领域，致力于实验和检验广泛流传的理论，而不是依靠推理和自然哲学（他是托勒密的批判者）。他在《光学》一书中写道："我们的全部努力，我们的目的，应该是追求平衡而不是武断，是探寻真相而不是支撑论点。"

大约在同一时期，另一位在物理学和社会科学方面有广泛涉猎的波斯学者比鲁尼致力于相似的实验方法研究天文学和其他领域，包括重复实验和结果的系统误差的随机性分析这类新方法。"无论真相从何而来，我都不会回避"，他在科学百科全书中这样写道。

对观测和涵盖各个领域发现的热情，对所谓毋庸置疑真相的怀疑，和内在的自我批判精神，使海什木和比鲁尼，还有许多其他中世纪的博学者堪称世界上最早的科学家。这些科学家特有的品质，在接下来的一千多年中代代流传。■

约 1000 年

玛雅天文学

仅存的源自玛雅人的书籍之一《德累斯顿抄本》第 49 页的一部分，描绘了金星和月亮女神伊什切尔出现和消失的周期。

埃及天文学（约公元前 2500 年），中国古代天文学（公元前 2100 年），古希腊地心说（约公元前 400 年），古阿拉伯天文学（约 825 年）

约 1000 年

史前和中世纪天文学的研究和预言不只出现在欧洲和亚洲。中美洲早在公元前 2000 年的复杂和高级的本地文明中，就包含了丰富的天文学研究传统，其中包括玛雅文明、奥尔麦克文明、塔尔迪克文明、密西西比文明和其他相关文明。但留存到今天的记录并不多见，一部分原因是许多遗迹失散或毁坏于欧洲的殖民时期。

对玛雅文明（其巅峰从公元前 2000 年—公元 900 年）来说，只有四部幸存的著作可以用来评估这一中美洲主要文明的科学知识水平。其中一本书以它现存的地点命名为《德累斯顿抄本》，诞生于玛雅历史的晚期与欧洲产生联系之后不久。这本书提供了迷人的、富有启发性的证据证明玛雅天文学已经达到了堪比希腊、阿拉伯和其他古代社会的进步和成熟的水平。

《德累斯顿抄本》的内容部分是历史、部分是神话，主要部分是一系列细致的天文数据表用于绘制和预测日、月、行星的运动。解密了字形和数字符号之后，考古天文学家确定了 74 页的图表，包含金星（每 584 天重复升起和落下的特征）和月亮（每 25 377 天重复 857 次满月）周期的跟踪。这些表格也可以用于预测日月食，玛雅人得出的日月食周期的精确程度比同时代的巴比伦和希腊人高得多。他们还可以高精度地预测月亮和行星合日。这些高精度水平预测天象的知识要求长达几个世纪认真、细致的观测和精密的仪器制作。玛雅人一旦发现天象周期，就可以利用表格预言未来发生的天象。

玛雅人利用这些信息做什么呢？这仍然是一个未解之谜，但是历史学家已经认识到很多潜在的宗教、农业、社会，甚至军事活动和传统依赖于天文学推导出的历法系统。■

观测白昼星

上图：哈勃空间望远镜拍摄的蟹状星云拼接图，一个6光年大的膨胀中的电离气体遗迹，源于1054年被中世纪天文学家观测到的、猛烈的超新星爆发。

下图：插图显示阿纳萨齐族岩画描绘了一只手、一弯新月和一颗1054年的新星。

 太阳的诞生（约公元前46亿年），中国天文学（约公元前2100年），中国古代天文学家观测客星（185年），核聚变（1939年），脉冲星（1967年）

中世纪末，世界上大部分社会都出现了或成熟或新兴的天文学家和数学家群体。他们每时每刻关注着天空中的一切。可以预料的是，当1054年有一颗新恒星突然戏剧性地出现在天空中时，不少群体都注意到这件事。

中国古代天文学家首先在7月4日记录了一颗**"客星"**的出现。他们的观测被波斯、阿拉伯、日本和韩国的观测者证实。这一事件甚至被美洲土著阿纳萨齐族（Anasazi）艺术家用岩画记录下来。欧洲人仍然沉浸在黑暗的中世纪里，没有人记录这一事件。中国观测者看到这颗新的恒星持续出现23个白天和653个夜晚，直到最终暗淡消失。在它最亮的时候，估计大约达到−6或−7等的亮度，仅次于天空中太阳和月亮的亮度。

我们现在知道，这些中世纪天文学家观测到的是一颗超新星——狂躁、灾变、爆发的大质量恒星，距离地球大约6 300光年远。它耗尽了全部的**核聚变**反应，而后塌缩并释放巨大的引力能，以可能达到光速10%的速度把恒星的外壳抛射到太空中。650多年后，超新星不再耀眼，18世纪天文学家最早探测到蟹状的发射星云充满了离子气体爆发的激波加热。20世纪60年代末，射电天文学家发现原始恒星的致密的核心已经成为一颗快速自转（每秒30周）的中子星，即**脉冲星**，可能直径只有20公里，但质量是太阳的1.5~2倍。这一事件被早期天文学家细致地记录下来，帮助我们将之前未知的超新星、发射星云和中子星联系起来。■

1054年

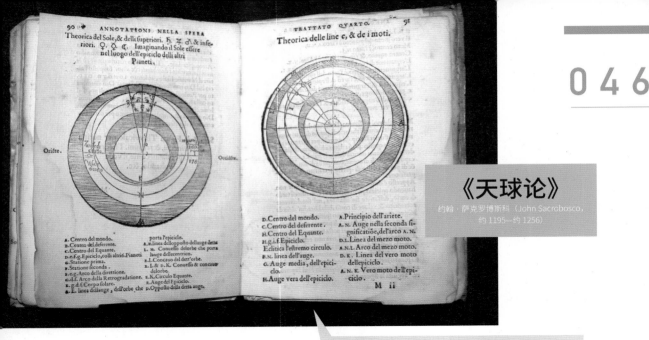

《天球论》

约翰·萨克罗博斯科（John Sacrobosco，
约 1195—约 1256）

16 世纪萨克罗博斯科的天文学教科书《天球论》（约 1230 年）
的第 90 和 91 页，描绘了托勒密地心说宇宙模型的梗概。

 托勒密《天文学大成》（约 150 年），古阿拉伯天文学（约 825 年），实验天体物理学（约 1000 年）

约 1230 年

　　西欧从黑暗时代慢慢走出来的时间，与 11 世纪末世界上最早的大学（博洛尼亚大学和牛津大学）的创办是同步的。当更多的高等学习机构创办之后，社会上逐渐形成了对学术作品的需求，这些著作成为服务于学生的教科书。中世纪欧洲印刷的书籍昂贵而笨重，只有少数标准教材可以在特定领域得以传播。

　　最早流传于西欧的天文学标准教材，是大约 1230 年英国僧侣和天文学家约翰·萨克罗博斯科发表的小册子《天球论》。萨克罗博斯科在巴黎大学任教，是一位坚定的托勒密宇宙论的信徒。《天球论》大部分内容是对**《天文学大成》**的综述和回顾，还有部分文字增加了更多现代观点，以及来自**阿拉伯天文学**的新发现和他们尚不成熟的**实验天体物理学**领域。这部分内容远胜过中世纪欧洲的天文学发展。

　　另外，在对托勒密的评论部分，《天球论》也包含了天球和大圆的图示定义（可能用于引导学生们学习如何使用浑天仪），回顾了亮星和太阳升起、落下的时间，利用托勒密的均轮和本轮模型描述了太阳和行星的运动。萨克罗博斯科清楚地解释了地球是一个球体，并提供了日月食成因的准确解释。

　　如果有一份中世纪最畅销读物的列表，《天球论》无疑可以在上面蝉联上百年。在 13 世纪到 15 世纪之间，大量的人工抄写复制了这本书，今天留下来上百份手稿。在这本书 1472 年印刷第一版之后，接下来的 200 年间印刷过 90 多个版本。历史学家认为，直到 17 世纪，《天球论》依然是大学天文课堂上的必读书目。■

大型中世纪天文台

纳速拉丁·图思（Nasīr al-Dīn al-Tūsī, 1201—1274）
旭烈兀可汗（Hülegü Khan, 1217—1265）
兀鲁伯（Ulūgh Beg, 1394—1449）

上图：位于撒马尔干的兀鲁伯天文台，现存一个巨大的地下中星仪，宽 2 米。
下图：中国登封观星台，始建于 1276 年。

 托勒密《天文学大成》（约 150 年），古阿拉伯天文学（约 825 年），仙女座大星云（约 964 年），哥白尼《天球运行论》（1543 年）

人们容易认为天文台是现代科技的产物——很多圆顶建在高山上，带有大型望远镜和高科技计算机设备。但是作为研究机构和天文学家团队所用设备的天文台的概念，可以追溯到中世纪伊斯兰世界和中国建造的最早的天文台。

世界上最早的天文台中，伊朗西北部的马拉盖天文台由旭烈兀可汗（成吉思汗的孙子）创建于 1259 年，由宫廷天文学家和数学家纳速拉丁·图思主持。马拉盖有一个巨大的图书馆，收藏了 4 000 多册图书，图思领导了一个天文学家和学生的团队，履行行星位置的观测和计算职责，并计算地球的进动，他们的研究成果成为之后哥白尼等人用于建立日心说新理论的关键条件。差不多在同一时期，旭烈兀的兄长忽必烈建立了中国最早的天文台——登封观星台。元代（1279—1368 年）初期的天文学家在那里观测太阳和行星，利用大量的石质日晷测算时间，更加精确地确定一年的长度。受马拉盖天文台（后毁于地震）的鼓舞，1420 年帖木儿帝国天文学家和数学家兀鲁伯在撒马尔干（今天的乌兹别克斯坦境内）创建了一所大学和天文台。

撒马尔干天文台，又名兀鲁伯天文台，拥有天文历表和浑天仪等早期天文仪器，以及一个开凿在山坡上巨达 40 米直径（世界上最大的这类仪器）的石质六分仪中星环，可以精确测定太阳和恒星的位置。兀鲁伯天文台的天文学家考虑地球运动，更新了托勒密和苏菲的星表，使得人们可以持续地精确预测日月食和其他天象。■

约 1260 年

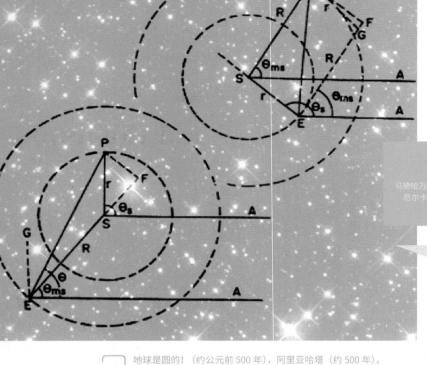

早期微积分

马德哈万（Mādhavan of Sangamagrāmam，约1350—约1425）
尼尔卡达·索马亚吉（Nīlakantha Somāyaji，1444—1544）

活跃于 14—16 世纪印度南部克拉拉学派数学家计算的行星轨道，符合太阳系的日心说模型。此图显示了一些现代印度物理学家复原的例子。

地球是圆的！（约公元前 500 年），阿里亚哈塔（约 500 年），哥白尼《天球运行论》（1543 年），第谷新星（1572 年）

整个中世纪在印度的天文学研究开始于阿里亚哈塔和其他数学家、天文学家的早期发现和著作。14 世纪由数学家马德哈万创立了天文学和数学的克拉拉学派。这样的教育群体和专注研究的创立使印度科学得到极大发展。

马德哈万和随后的克拉拉数学家尼尔卡达·索马亚吉发展了利用几何学和三角学估计行星运动的数学方法。之后，新发展的技术将函数的组合应用于复杂曲线和数学形状，这些形状包括抛物线、双曲线和椭圆。关于椭圆的研究工作对天文学有着重要的价值，因为他们的研究可以证明阿里亚哈塔的猜测是正确的——行星的运动路径可以描述为一个椭圆轨道。在克拉拉发展出来的新的数学方法关注一系列的函数，是早期的微积分，早于牛顿等科学家在欧洲发展微积分 200 年。

尼尔卡达的著作《阿里亚哈塔历算书》（对阿里亚哈塔**历算书**的注释）出版于 1500 年前后，进一步证明了地球的旋转和日心说的太阳系，提供了一种更加精确的方法计算行星轨道。在他的模型里，水星、金星、火星、木星和土星全都围绕太阳运行，但是太阳围绕地球旋转。这与 16 世纪丹麦天文学家**第谷**的模型非常类似。尼尔卡达模型的某些方面与波兰天文学家**哥白尼**在 1543 年发表的理论也有很多一致之处。

克拉拉学派的印度数学家和天文学家的贡献，未曾得到西方学术界的正确评价。现在，我们很清楚地明白，对于之后哥白尼和牛顿等人的发现来说，克拉拉学派算得上是"巨人的肩膀"。■

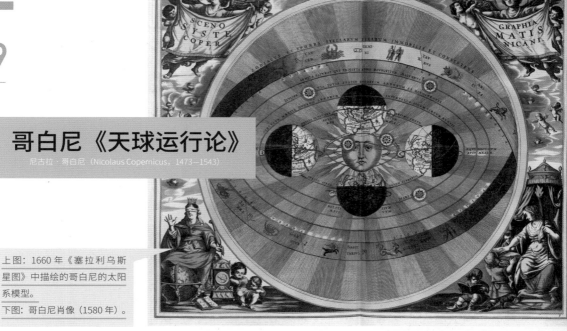

哥白尼《天球运行论》
尼古拉·哥白尼 (Nicolaus Copernicus, 1473—1543)

上图：1660 年《塞拉利乌斯星图》中描绘的哥白尼的太阳系模型。

下图：哥白尼肖像（1580 年）。

1543 年

日心说的宇宙（约公元前 280 年），托勒密《天文学大成》（约 150 年），《天球论》（1230 年），早期微积分（约 1500 年），第谷新星（1572 年），伽利略《星际信使》（1610 年），行星运动三定律（1619 年），牛顿万有引力定律和运动定律（1687 年）

在几乎停滞了一千年之后，西欧文艺复兴才真正唤醒了艺术、文化和科学。在博洛尼亚、牛津、剑桥、巴黎、帕多瓦等地大学的一系列研究发现，以及诸如约翰等有才华的僧侣在欧洲黑暗时代从阿拉伯、中国、印度引入天文学的发展（和重新介绍古希腊、古罗马的成就），使这一阶段的欧洲科学有了蓬勃的发展。

首先，在某种程度上来说最重要的是，文艺复兴时期最重要的科学家当属尼古拉·哥白尼。他是一位波兰教士（他的舅舅也是他的赞助人，是一位主教）、博士、律师、经济学家、兼职天文学家。作为一位波兰西北部小城弗龙堡的社区领袖，哥白尼承担了许多法律、管理和经济等方面的工作。同时他还热衷于天文观测和分析他的数据，阅读经典的天文学文献，反思他在克拉科夫和博洛尼亚做学生时遇到的问题，比如托勒密的《**天文学大成**》中地心说过于复杂的行星运动模型。

1514 年，他在传播一套完全不同的理论的基本大纲，太阳系的中心是固定不动的太阳，地球和其他行星在各自的轨道上围绕着太阳旋转，月亮围绕地球旋转。直到 1543 年哥白尼临终前，他的理论著作《天球运行论》才最终得以出版。奇怪的是，他的书和日心说理论在当时没有引起人们足够大的兴趣和争论。大约 50 多年以后，第谷、开普勒、伽利略（和伽利略的望远镜）做出的观测证据使《天球运行论》和哥白尼的日心说宇宙理论愈加著名。■

第谷新星

第谷（Tycho Brahe，1546—1601）

上图：丹麦国家博物馆收藏的第谷画像。
下图：1572 年第谷和其他天文学家观测到超新星的遗迹，电离气体的膨胀壳层的现代伪彩色 X 射线和红外照片。

日心说宇宙论（约公元前 280 年），早期微积分（约 1500 年），哥白尼《天球运行论》（1543 年），伽利略《星际信使》（1610 年），行星运动三定律（1619 年）

1572 年

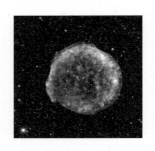

17 世纪以前的天文学家，要想以肉眼目视观测天体运动，意味着要拥有最好的设备和最敏锐的视力。除了一些中国天文学家以外，还没有人能做出大量、系统的、一致的、精度最高的天文观测。可能靠着蛮力观测行星运动，并大幅度降低误差的最有希望实践者是文艺复兴时期天文学家和丹麦贵族第谷。

第谷对天文学的热情是在 1560 年青年时代观测日食时点燃的。他的家族财富和关系让他可以实现这些激情并创建世界级的观测设备。他把自己沉浸在宇宙学里，但他既不支持托勒密的地心说，也不赞同哥白尼的日心说。他认真观测新出现的彗星和 1572 年出现的新星（第谷用 nova 一词来描述），使他相信恒星并不是恒定不动的，它们和行星并不像托勒密和哥白尼的理论那样在透明如水晶的天空里运动。第谷有他自己的宇宙学模型，接近克拉学派的尼尔卡纳理论，即地球日心说，除地球以外的所有行星都围着太阳运动，太阳和月亮围绕地球运动。

由于拥有最好的设备，第谷对行星运动观测的质量很高，连续积累了几十年的数据和对数据误差的详细描述。很多理论家都垂涎他的精密设备，但第谷对合作者的选择非常挑剔。最终作为第谷的助手被选中的合作者是约翰内斯·开普勒。利用第谷的数据，开普勒发现了**行星运动的基本定律**。第谷的性格很古怪，在一次决斗中失去了自己的鼻子，用铜或银作了修补。在他 54 岁的时候，在宴会上坚持忍耐身体的不舒服直到去世。■

格里高利历

大约 1600 年的一种典型日期计算装置，用于以格里高利历系统预测未来的节假日和其他活动的日期。背景是教皇格里高利十三世 1582 那年颁布的使用新历法圣谕的首页。

 儒略历（公元前 45 年），确定复活节（约 700 年），《天球论》（约 1230 年），地球加速自转（1999 年）

1582 年

我们大部分人都知道一年有 12 个月、365 天，但人们通常不知道一些更精确的数值。每四年，我们提醒自己要增加 1 天作为 2 月 29 日，使一年平均有 365.25 天。这是自从公元前 45 年的**儒略历改革**开始实施的方案，恺撒的历法可以很好地实现历法与地球围绕太阳公转运动的同步。

儒略历假设每年春分日到下一年春分日要历经 365.25 天，积累足够长时间之后，会与实际时间产生每年 11 分钟的差别（实际值是每年有 365.242 37 天）。在罗马帝国时期，这不算什么问题，但在 1500 年后，历法已经比实际日期拖后了 10 天。春分的日期不再是 3 月 11 日，而是出现在 3 月 21 日附近。这意味着复活节可能被拉到冬季，这可不是天主教会希望发生的。修正是必须的，公元前 45 年的恺撒方法改革需要被再次改革。

塔兰托的罗马天主教会决定修改恺撒的历法，用每 400 年 97 个闰日（0.242 5）取代每四年 1 个闰日（0.25）的方案，只有年份数能被 400 整除时才算作闰年。因此，1700 年、1800 年、1900 年都不是闰年，而 2000 年是闰年。他们还必须修订 10 天的延误，因此儒略历结束于 1582 年 10 月 4 日，教皇格里高利十三世宣布新的格里高利历实施于之后的一天，定为 1582 年 10 月 15 日。

今天，现代格里高利历法通行于全世界，令地球轨道位置在 7600 年中的误差不超过 1 天，在可预见的未来足够好用。但是，地球自转正在因为潮汐摩擦而缓慢地变慢，因此一天的长度正在缓慢地增长。自 1972 年开始，国际地球自转和参考系服务（真的是一项服务）会时常增加 1 个闰秒，以保证与缓慢变化的地球自转同步，也就可以与我们地球上缓慢变化的时间同步。■

米拉变星

大卫·法布里齐乌斯（David Fabricius,1564—1617）
约翰内斯·法布里齐乌斯（Johannes Fabricius,1587—1615）
约翰内斯·霍尔瓦达（Johannes Holwarda, 1618—1651）

太阳星云（约公元前 50 亿年），星等（约公元前 150 年），行星运动三定律（1619 年），开阳六合星系统（1650 年），太阳耀斑（1859 年），主序（1910 年），太阳的末日（50 亿—70 亿年）

红巨星米拉 A 和它的伴星米拉 B 的艺术想象图。白矮星被气体和尘埃盘围绕着，正在拉扯脉动的红巨星物质。

16 世纪的天文学家们注意到，一些看起来普通的恒星会忽然急剧增亮，第谷称之为新星。但还没有人观测到恒星变亮后再变暗、再变亮、再变暗，如此往复。1596 年和 1609 年，荷兰裔德国牧师和天文学家大卫·法布里齐乌斯从剑鱼座欧米伽星的观测中发现了这样的现象，称之为米拉星。1638 年，荷兰天文学家约翰内斯·霍尔瓦达发现米拉是一种周期性的脉动变星，周期大约是 330 天。

法布里齐乌斯发现米拉的时候，它是一颗 3 等星，在一个月里迅速变暗直到超出了人眼能观测的极限 6 等。之后，天文学家用望远镜监测米拉变星很多年，发现它变亮为 2 等星后又变暗为 10 等星，亮度变化范围高达 1 700 倍。现在我们已经知道，米拉是扩张中的红巨星，体积是太阳的 350 倍，如果米拉星位于太阳系，它会充满整个火星轨道。它的脉动相当于低质量恒星在临近生命结束时正常演化过程的一部分。现在已知发现了超过 7 000 颗恒星具有这样的脉动，周期从 100 天到 1 000 天不等，它们被统称为米拉变星。

1923 年发现米拉是一个双星系统，其伴星是一颗更小的白矮星成为米拉 B。**哈勃空间望远镜和钱德拉 X 射线天文台**最近的成像观测显示了米拉 B 的引力将米拉 A 的气体拉入自己那像太阳星云盘一样的吸积盘内。米拉是一颗正在死去的恒星，它的垂死挣扎可能会产生新的行星。

法布里齐乌斯和他的儿子约翰内斯·法布里齐乌斯是最早发现和系统观测太阳黑子的天文学家，他们利用太阳黑子研究了开普勒预言的太阳自转，其周期大约为 27 天。巧合的是，天文学家们已经发现米拉也有类似太阳黑子的黑斑，可能与恒星外层的强磁场有关。■

布鲁诺《论无限宇宙与世界》
乔达诺·布鲁诺（Giordano Bruno，1548—1600）

意大利雕塑家艾托索·法拉利（Ettore Ferrari，1845—1929）的铜雕作品局部，描绘了1600年布鲁诺在罗马宗教法庭受审讯时的场景。

哥白尼《天球运行论》（1543年），伽利略《星际信使》（1610年），第一批太阳系外行星（1992年）

哥白尼在1543年提出的日心说观点没有获得16世纪同行们的广泛接受。虽然地球不是宇宙中心的观点与16世纪罗马天主教会的教义格格不入，但讽刺的是，哥白尼作为一位天主教教士没有成为观点争论的焦点人物。而是另有其人继承了这场争论。

哥白尼主义最早、最直接的拥护者之一是16世纪末意大利哲学家、天文学家、天主教道明会修道士布鲁诺。布鲁诺拥护很多异端和科学、宗教、自然哲学上有争议的观点。在不了解观测技术和具体天文发现的情况下，布鲁诺所信奉的日心说在形式上比哥白尼宣扬的更为激进。

在1584年的著作《论无限宇宙与世界》中，布鲁诺认为地球只是无数可以居住的星球中的一个，这些星球围绕着无数颗恒星运转，就像我们自己的太阳系一样。对教会来说，拥护不止一个世界的观点是异端邪说，布鲁诺对基督教神学的中心信条极力诋毁，特别是在他的宇宙观中认为上帝不是世界的中心。布鲁诺逃避宗教法庭的迫害长达15年，但最终还是被逮捕、受刑、定罪，1600年被烧死在罗马的火刑柱上。

布鲁诺被描绘为科学献身的烈士，为真理而战反抗教条统治，尤其是因为他的一些关于宇宙的主张和异端思想被证明是正确的。不过，在他之前，已经有其他人持有一些在教会看来古怪的观点，同时代最著名的当属伽利略，但伽利略却没有遭受如此极端的迫害。布鲁诺的遗产不仅仅是哥白尼学说，更重要的是他的反抗精神，以及批判权威和所谓常识的勇气。■

第一代天文望远镜

托马斯·哈里奥特（Thomas Harriot, 1560—1621）
伽利略（Galileo Galilei, 1564—1642）
汉斯·李普西（Hans Lippershey, 1570—1619）
雅各布·梅修斯（Jacob Metius, 1571—1630）
扎卡赖亚斯·詹森（Zacharias Jansen, 1580—1638）

19 世纪法国艺术家亨利 - 朱利安·德杜什（Henry-Julien Detouche, 1854—1913）的油画，描绘了 1609 年伽利略向威尼斯总督利奥纳多·多纳托（Leonardo Donato）介绍新发明的天文望远镜。

第谷新星（1572 年），哥白尼《天球运行论》（1543 年），伽利略《星际信使》（1610 年）

约 1608 年

　　传说意大利天文学家伽利略发明了望远镜。事实也的确如此，他发明了在他所处时代分辨力无与伦比的天文望远镜，并用望远镜在 1610 年发现牢固确立太阳系日心说的证据。但望远镜本身在此之前许多年就已经出现了，其基本原理和部件可以追溯到更古老的时代。

　　最早的望远镜是所谓的折射设备，人们用凸透镜和凹透镜的组合来偏折和放大（对显微镜来说是缩小）视场。弯曲的透明的表面可以放大图像，早在公元前 5 世纪埃及人、古希腊人和古罗马人就知道这一点。中国人和阿拉伯人早就已经学会用透镜（源自拉丁语 lentils 一词）制作眼镜，以改善视力。这一技术在 13 世纪传入西方。在中世纪晚期和文艺复兴初期的欧洲，眼镜制造业逐步成为成熟的手工业。

　　这一环境下的 1604—1608 年，至少有 3 位荷兰手工艺者和眼镜制造商可能独立地发明了这种我们今天称之为望远镜的设备。汉斯·李普西，詹森和雅各布·梅修斯都设计过一种简单的管状小望远镜，包含两个透镜，具备 2~3 倍的放大率和较小的视场。李普西的版本获得了荷兰专利，他通常被认为是望远镜的发明人，尽管到底是谁发明了望远镜目前仍然存在争议。这种简单的小望远镜迅速在 1609 年的欧洲广泛销售。

　　由于设计相对简单，而透镜又很容易获得或磨制，伽利略、哈里奥等天文学家开始改进望远镜，并将它指向天空。伽利略在 1609 年底制造的望远镜放大率增加到了 20 倍，可以让他用望远镜看清天空中之前没有发现过的细节，并永远地改变了天文学。■

伽利略《星际信使》
伽利略（Galileo Galilei，1564—1642）

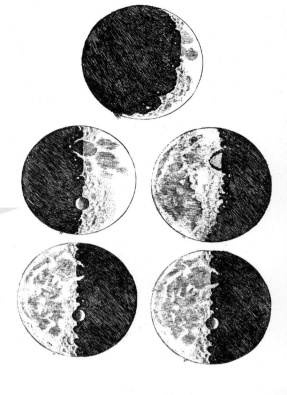

上图：伽利略绘制的月亮上的陨石坑、山和其他特征的草图。

下图：伽利略手绘的金星盈亏。

 星等（约公元前 150 年），哥白尼《天球运行论》（1543 年），布鲁诺《论无限宇宙与世界》（1600 年），第一代天文望远镜（1608 年）

1610 年

革命往往开始于一个单独的、仓促的事件，但可以激发整场运动。对科学来说，这场运动一直持续到今天，它的开端就是文艺复兴时期意大利物理学家、数学家和天文学家伽利略在 1610 年发表了一本名为《星际信使》的小册子。这本书改变了天文学的历史。

伽利略制造出了那个时代最好的天文望远镜，他用这个望远镜观测天空，获得了前所未有的细致结果。他是目睹和追踪木星卫星的第一人；他是最早注意到不是所有的行星都围绕着地球转的天文学家；他是最早见到金星盈亏变化的人，因此可以知道金星一定围绕太阳转，而不是围绕地球；他最早注意到月亮上有山脉、陨石坑和峡谷，而不是一个平整的球体。伽利略的观测和随后在《星际信使》一书中的解释是对亚里士多德和托勒密的地心说的直接反驳。《星际信使》提供了令人信服的证据。对伽利略来说，这些证据足够证明哥白尼的日心说理论。

他继续用一个接一个更强大的望远镜进行观测，记录行星的盘和其他特征，分辨银河系中无数密密麻麻的恒星。他的望远镜使他可以看到暗至 8~9 等的恒星，比肉眼能看到的最暗的恒星还要暗 15 倍。

罗马天主教会有一些伽利略的支持者，他们从一开始就支持伽利略的发现。但当**布鲁诺**被行刑之后，教会最终将哥白尼的理论看作凶兆。伽利略被教会赦免，但被软禁在家中直到过完生命的最后几年。■

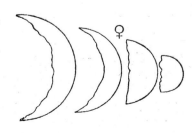

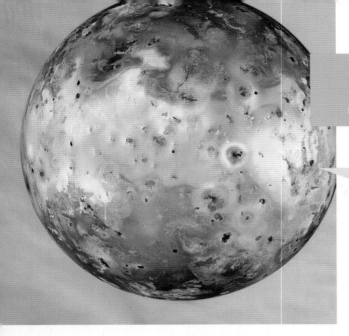

伽利略 (Galileo Galilei, 1564—1642)
西蒙·马吕斯 (Simon Marius, 1573—1624)

上图：最靠近木星的卫星——木卫一，1996 年美国宇航局伽利略号木星轨道探测器拍摄，背景是木星上的云。

下图：1610 年 1 月 8 日伽利略画下的木星四个明亮卫星的草图。那天晚上，木卫一的位置用红箭头标出。

木卫二（1610 年），木卫三（1610 年），木卫四（1610 年），光速（1676 年），木卫一上的活火山（1979 年）

1610 年

伽利略在 1610 年 1 月 7 日首次调试他的望远镜的时候，他注意到"三颗固定的星，由于太小了所以完全看不见"。这些星星紧挨着木星（两个在木星一侧，一个在另一侧），并处在一条直线上，这条直线穿过木星星盘的中央。第二天夜里，伽利略看到这三颗小星星变成了四颗的时候，四颗星星全都位于同一条直线上，我们可以想象他当时的惊愕。伽利略继续观测了几个星期，发现小星星们相对木星运动。没过多久，伽利略就理解了其中的奥秘——它们都在围绕木星旋转。

伽利略发现了四个新世界，地球以外另一颗行星首次发现了卫星。作为他们的发现者，伽利略赢得了命名权，出于政治机敏，他将这些卫星命名为美第奇星，献给他的赞助人柯西莫·美第奇二世（Cosimo II de' Medici）。其他同时代的天文学家可不喜欢这个主意。德国天文学家西蒙·马吕斯宣称，他在伽利略之前发现了这些卫星，并用希腊神话中的名字命名为艾奥（引诱过宙斯的女神）、**欧罗巴**、**格尼梅德**和**卡利斯托**。伽利略不喜欢这些名字，最终称呼这些卫星为木卫一到木卫四。天文学家一直使用这样的命名方式，直到 20 世纪出现越来越多的罗马神话名称才使天文学家改用新的命名方式。为了纪念伽利略的发现，这些卫星又被统称为伽利略卫星。

木卫一（艾奥，IO）[1] 是木星的四个大卫星中最靠近木星的一个，围绕木星的轨道周期为 42 小时。7 个空间探测器（先驱者 10 号、11 号，旅行者 1 号、2 号，伽利略号，卡西尼号和新视野号）都近距离研究过木卫一，发现它的直径为 3 660 公里，比地球的卫星月亮略大一点，有着 3.5 克 / 立方厘米的特殊岩石密度。最令人震惊的是，旅行者 1 号发现艾奥上的火山活动，因为这颗卫星的表面被红色、橘色和黑色的硅化火山岩和稀薄的二氧化硫大气层覆盖。强大的潮汐力始终拉扯着艾奥，使它成为太阳系中火山活动最为活跃的地方。■

1 太阳系大量卫星的正式英文名称都来自古代神话人物或西方文学形象，中国读者对这些名字不熟悉。本书涉及卫星名称以中文习惯用法为主，如木卫一、土卫六，英文名称音译只作为辅助说明。——译者注

木卫二

伽利略（Galileo Galilei，1564—1642）
乔凡尼·多尼米克·卡西尼（Giovanni Domenico Cassini,1625—1712）

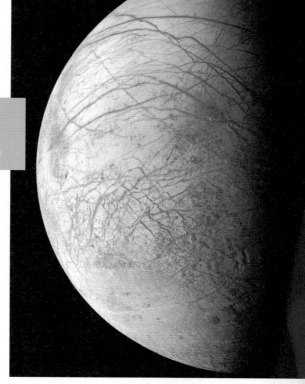

上图：伽利略卫星中最小的一个——木卫二，美国宇航局伽利略号探测器拍摄于 1998 年。

下图：伽利略在 1610 年 1 月 8 日画的四颗卫星的草图，当天夜里木卫二的位置用红箭头标出。

伽利略《星际信使》（1610 年），木卫一（1610 年），木卫三（1610 年），木卫四（1610 年），木卫二上的海洋？（1979 年）

伽利略发现的围绕木星运动的另一颗小星星是木卫二，以宙斯的情人，一位公主的名字命名。宙斯，是罗马神朱庇特的希腊名。伽利略在 1610 年 1 月 7 日将木卫一和木卫二看成一个天体，第二天夜里它们移动开了一段距离，使伽利略注意到它们是两个天体。

木卫二是伽利略卫星中第二接近木星的卫星，围绕木星一圈用时 3 天半。监测这四颗卫星的运动之后，伽利略可以精确预测它们的运动，并根据卫星的相对位置来计算时间。意大利裔法国天文学家卡西尼在 1681 年验证了伽利略的方法。随后，刘易斯和克拉克两位探险家也成功运用过这种方法。

根据七个飞临木星的太空探测器的观测发现，木卫二是四颗伽利略卫星中最小的一颗，直径为 3 140 公里，比我们的月亮略小一点。一颗星的密度可以用质量除以体积来计算。质量可以用探测器靠近它时，轨道的弯曲程度来计算，体积可以由照片得出。木卫二的密度大约是 3 克／立方厘米，这一密度意味着卫星大部分是岩石结构，表面可能有冰。

木卫二的表面格外光滑，年轻（几乎没有什么环形山），密布着红色的裂痕与条纹，划分为许多裂块，这些裂块彼此之间相对运动。近距离地看，木卫二的表面让人联想起冰面。确实是这样，在相对薄的冰壳下面是**木卫二的海洋**。这是我们太阳系中的另一个海洋，靠木星的潮汐能和辐射保护与加热，增加了在土卫二找到生命的可能性。■

1610 年

木卫三

伽利略（Galileo Galilei，1564—1642）
皮埃尔·西蒙·拉普拉斯（Pierre-Simon Laplace，1749—1827）

上图：1996 年，美国宇航局旅行者 2 号探测器拍摄的木卫三的拼接照片。亮区是地质活动变形的结果。

下图：1610 年 1 月 8 日晚，伽利略画下的木星四颗卫星的草图，木卫三的位置用红箭头标出。

伽利略《星际信使》（1610 年），木卫一（1610 年），木卫二（1610 年），木卫四（1610 年），土星有光环（1659 年），拉格朗日点（1772 年），柯克伍德缺口（1857 年），木卫三上的海洋？（2000 年）

1610 年

1610 年伽利略新发现了木星的第三颗卫星——木卫三，以神话中的王子、为众神司酒的少年命名，它是木星卫星中唯一的一个男性名字。木卫三围绕木星一圈用时 7 天多一点。伽利略和其他天文学家精确算出木卫一、木卫二、木卫三的轨道后，他们注意到一些有趣的现象：木卫三围绕木星一圈，木卫二恰好围绕木星两圈，木卫一恰好围绕木星四圈。天文学家称这种现象为卫星的轨道共振。

三颗卫星之间 4:2:1 的轨道共振的发现引发了数学家和物理学家中一场小变革，他们试图解释共振是如何产生的。法国数学家、天文学家拉普拉斯做出了关键的解释，为了纪念他对该研究所做的贡献，人们将这种现象命名为拉普拉斯共振。轨道共振会在**主小行星带**和**土星环**上产生缺口，甚至一些新发现的**太阳系外的行星**也存在轨道共振现象。

很多探测器都已经近距离研究过木卫三。这些研究发现，它是太阳系中最大的卫星，直径达 5 270 公里，甚至比**水星**还要大。它的密度是 1.9 克 / 立方厘米，意味着它的含冰量比木卫一和木卫二更高。木卫三表面明亮的冰纹和山脉是板块活动的结果，这些结构比黑暗的陨石坑要年轻一些。木卫三是太阳系中唯一带有磁场的卫星，它的内部已经分化出地壳、地幔和熔融的铁核这些层次。更为有趣的是，磁场显示其表面存在矿物盐，这是曾经有内部的液态水喷发出来的证据。我们不禁要问，木卫三的内部还存在着地球之外的另一片海洋吗？ ■

木卫四

伽利略 (Galileo Galilei, 1564—1642)

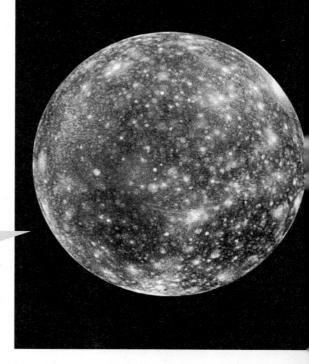

上图：2001 年，美国宇航局的伽利略号木星探测器获得的木卫四的完整照片，显示木卫四表面覆盖着密密麻麻的陨石坑。

下图：1610 年 1 月 8 日，伽利略发现的四颗木星卫星中的第四颗，它的位置用红色箭头标出。

晚期重轰炸 (约公元前 41 亿年)，第一代天文望远镜 (1608 年)，木卫一 (1610 年)，木卫二 (1610 年)，木卫三 (1610 年)，光谱学的诞生 (1814 年)，木卫二上有海洋？ (1979 年) 伽利略号环绕木星 (1995 年)，木卫三上的海洋？ (2000 年)

伽利略卫星中距木星最远的一颗是木卫四，以希腊神话中一位女神同时也是宙斯情人的名字命名。伽利略在 1610 年初调试第一台望远镜的时候发现了它。木卫四是木星四颗卫星中最远的一个，围绕木星一圈要花上 17 天。 可能正是因为这个原因，它没有参与其他三颗卫星的轨道共振。

在发现这些卫星 350 多年后，人们都没有对土卫四和其他伽利略卫星增加新的认识。从 20 世纪 60 年代开始，地面望远镜光谱研究可以确定这些卫星的表面化学组成。木卫四、木卫三和木卫二的表面主要由冰组成。木卫一的表面干燥，硫化物的存在令其表面有了色彩和光谱。最近，空间探测器的光谱研究进一步发现，木卫三和木卫四上存在干冰和二氧化硫，木卫二、木卫三和木卫四表面存在硫酸盐。

这些探测器也确定了木卫四的直径是 4 820 公里，比月球大 25%。密度是 1.8 克 / 立方厘米，由包含岩石的冰构成，并绘制了木卫四的表面特征。木卫四是伽利略卫星中带陨石坑最多的，这些剧烈的撞击源自太阳系早期的**晚期重轰炸**，这些现象表明木卫四在伽利略卫星中地质活动最少。另外，来自美国宇航局伽利略木星轨道器的数据表明，在土卫四的冰壳以下有一层液态的水流层。木卫四没有从木星和其他轨道共振的卫星中获得潮汐热能，木卫四冰壳下海洋的热源仍然是一个未解之谜。■

1610 年

猎户座大星云

尼古拉斯·克劳德·法布里·德·佩雷斯克（Nicolas-Claude Fabri de Peiresc, 1580—1637）
克里斯蒂安·惠更斯（Christiaan Huygens, 1629—1695）
查尔斯·梅西叶（Charles Messier, 1730—1817）

哈勃空间望远镜拍摄的猎户座大星云的局部拼接照片。整个星云大约横跨 24 光年距离，包括质量是太阳的 2 000 倍，其中的气体和尘埃最终会形成 1 000 多颗新恒星。

 太阳星云（约公元前 50 亿年），仙女座大星云（约 964 年），观测白昼星（1054 年），第谷新星（1572 年），光谱学的诞生（1814 年）

1610 年

宇宙充满了原子和分子，它们有时候以奇怪和美丽的形式构成气体，有时候构成岩石。天文学家搜寻和理解宇宙的方法之一，是寻找那些气体和尘埃温暖又致密的区域，这些区域在黑暗中发出耀眼的光。这样的区域是星际云——细微、星云状、纤维状的已经死亡和正在死亡的恒星的遗迹，同时，又是新生恒星的胚胎和幼儿园。

因为新星和超新星爆发而死去的恒星，将外层的氢、氦和其他物质抛射到太空中。这些遗留物通常被附近的恒星或是抛射它们所爆发的能量电离。星际云中的带电气体发出光和热，使它们能被天文学家用光谱仪和大型望远镜观测到。

天空中最著名的星云是猎户座大星云，肉眼可见弥漫的斑块位于猎户座的腰带下方。有考古学证据表明，古代玛雅人曾经注意到猎户座大星云。1610 年，法国天文学家佩雷斯克首先记录了对猎户座大星云的观测，但是他没有报告过这件事。直到 1656 年和 1769 年，猎户座大星云分别被惠更斯和梅西叶重新发现。

现代天文观测已经发现，猎户座大星云是距离我们最近的星际云，只有 1 340 光年远。它的成分异常复杂，包括氢、一氧化碳、水、氨、甲醛和氨基酸的前身。

因为气体和尘埃在它们的自身引力下成团地缓慢吸积和塌缩，星际云也是新恒星诞生的地方。有可能太阳系也形成于一个巨大的太阳星云，如同猎户座大星云里新的恒星正从前一代恒星的遗迹中形成。■

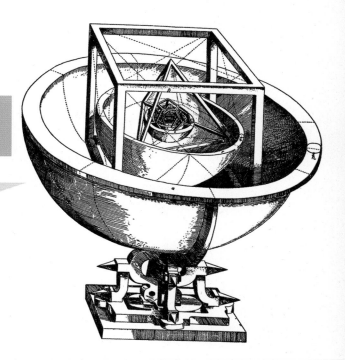

061

行星运动三定律
约翰内斯·开普勒（Johannes Kepler, 1517—1630）

上图：在开普勒的《宇宙奥秘》中，记录了开普勒努力探索，发现已知行星轨道之完美，以及试图与之相匹配的五个完美的正多面体（正四面体，正六面体，正八面体，正十二面体和正二十面体）。

下图：1610 年开普勒的肖像。

哥白尼《天球运行论》（1543 年），第谷新星（1572 年），伽利略《星际信使》（1610 年），牛顿万有引力定律和运动定律 （1687 年）

1619 年

现代天文学家虽然存在必要的学科交叉，但基本可以分为两类：要么属于观测天文学家，主要利用望远镜和空间探测器收集数据；要么属于理论天文学家，主要致力于发展模型和理论以解释观测结果。大部分中世纪的天文学家是涉猎了一点理论研究的观测者。理论天文学是哲学家考虑的领域，不是物理学家的天地。

文艺复兴时期的德国数学家、占星师、天文学家开普勒改变了这个状况，成为世界上第一位理论天体物理学家。开普勒用他和其他人（主要是**第谷和伽利略**）观测的数据发展了一套宇宙的统一模型。作为一个笃信宗教的人，开普勒相信上帝用精巧的计划设计了宇宙，这些计划可以靠观测推论出来。

开普勒相信**哥白尼**的日心说宇宙论，也相信太阳是宇宙的中心与《圣经》并不冲突。开普勒的著作《新天文学家》描述了火星和其他行星的轨道是一个椭圆，而不是圆（第一定律）。他在书中坚持行星改变自身的速度使它可以在同样的时间里扫过轨道上相等的面积（第二定律）。而后他在《世界的和谐》一书中证明了行星的轨道周期的平方与太阳平均距离的立方成正比（第三定律）。通过开普勒的耐心和坚持，他最终发现了宇宙中蕴藏的和谐规律。

直到观测天文学家在日食和行星凌日过程中精确验证，开普勒定律才得以广泛传播。最终牛顿在 1687 年发现开普勒所总结的行星运动定律是引力规律的结果。■

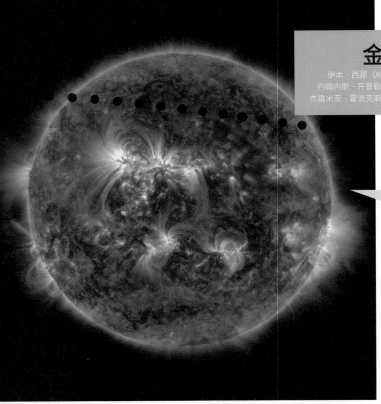

美国宇航局的太阳动力学天文台探测器拍摄的 2012 年 6 月 5 日—6 日发生的金星凌日系列照片。围绕金星的暗环显示了阳光被金星大气层散射。

玛雅天文学（约 1000 年），伽利略《星际信使》（1610 年），行星运动三定律（1619 年），光速（1676 年），火卫一（1877 年），火卫二（1877 年），第一批太阳系外行星（1992 年），开普勒任务（2009 年）

1639 年

天文学家所说的凌日现象是指观测到一个天体从太阳前方经过的现象。**日食**，就是月亮的凌日现象。**伽利略**和其他天文学家用伽利略卫星穿过木星的时间来计算轨道并确定观测者在地球上的经度。

开普勒意识到，地球上的观测者能观察到金星偶然发生的凌日现象。如果在不同的地点观测凌日现象，就可以用视差和三角学的知识计算太阳到地球的距离（即天文单位，AU）。据亚里士多德、托勒密和阿拉伯天文学家估计，太阳大约要比月亮远 20 倍（800 万公里远）。但是金星凌日是罕见的天象，因为其运行轨道相对于地球轨道有几度的倾斜。

波斯天文学家伊本·西那观测到 1032 年的金星凌日。开普勒预言在 1631 年和 1639 年发生金星凌日。1631 年发生的金星凌日在欧洲看不到，但是英格兰天文学家杰雷米亚·霍洛克斯成功记录了 1639 年 12 月 4 日的金星凌日，用这次观测的数据估计太阳到地球的距离是大约 9 600 万公里。虽然这一计算结果比真实值小了 35%，但霍洛克斯将太阳系的尺寸估计得比之前的数值大了 250 倍。

库克船长在塔希提岛观测到 1769 年的金星凌日，通过这次结果估算出了更精确的日地间距离。现代天文学家和数以百万的公众观测过最近两次金星凌日，分别发生在 2004 年 6 月 8 日和 2012 年 6 月 5 日。而下一次金星凌日要到 2117 年才会发生。美国宇航局的火星探测器在火星表面观测了**火卫一**和**火卫二**的凌日，天文学家用地面望远镜以及诸如**开普勒任务**这样的卫星也发现了**太阳系外行星**的凌日现象。■

开阳六合星系统

乔凡尼·里奇里奥（Giovanni Riccioli, 1598—1671）

上图：科幻小说家很早就意识到可能会在一颗行星上看到两个太阳的日落，《星球大战》电影中描绘过这样的场面。

下图：开阳星双星和辅星，位于北斗七星中第二颗的位置上。

星等（约公元前 150 年），托勒密《天文学大成》（约 150 年），仙女座大星系（约 964 年），哥白尼《天球运行论》（1543 年），伽利略《星际使者》（1610 年）

伊巴谷、托勒密和苏菲的早期星表注明了天空中彼此靠近的亮星。这些恒星中最著名的一对位于北斗七星勺柄第二颗的位置上，阿拉伯天文学家把它们命名为 Mizar 和 Alcor，意思是"马和骑士"。中国古代称这两颗星为开阳星和辅星。这两颗星大约相距 0.2 度，可以用来检验人的视力是否优秀。你能分辨出这是两颗星吗？

早期的天文学家没办法知道它们是真的很靠近，还是仅仅因为巧合看上去很近。望远镜出现后，才有可能分辨出真正的多星系统。伽利略发现开阳星是一颗真正的双星系统，其更暗的伴星（Mizar B）距离主星只有 14〔角〕秒（1〔角〕秒是 1 度的 1/3 600），必须要用望远镜才能发现。但是伽利略没有公布他的发现，可能是因为开阳星的主星和伴星没有显示出他所期待的能证明哥白尼日心说的视差的变化（他和其他人都认为恒星比实际情况离地球近得多）。结果，开阳双星的发现被归功于意大利天文学家里奇里奥，他于 1650 年发表了他对开阳双星的观测结果。

关于开阳星系统更有趣的是，1889 年天文学家发现开阳双星中的主星（Mizar A）是一颗光谱双星，本身就带有一颗只能靠光谱分析才能探测到的伴星。1908 年，人们发现 Mizar B 也是一颗光谱双星。开阳星成了一个双星 + 双星的系统，包括一共四颗星。2009 年，人们发现肉眼就能看到的辅星也是一颗双星，因此开阳星系统现在实际上包括六颗星彼此靠引力束缚在一起，相互绕转。令人震惊的是，我们的银河系中差不多有 60% 的恒星都是多星系统中的成员。■

土卫六

克里斯蒂安·惠更斯（Christiaan Huygens，1629—1695）

2009 年美国宇航局的卡西尼轨道器拍摄的土卫六上被浓雾所覆盖的表面的自然色彩。背后是冰卫星土卫三。

1655 年

 第一代天文望远镜（1608 年），伽利略《星际信使》（1610 年），惠更斯号登陆土卫六（2005 年）

伽利略写于 1610 年的《星际信使》记载了他发现的木星的四颗卫星、金星的圆缺变化和月球上的山谷。这些发现激发 17 世纪天文学家做出了大量有趣、重要的空间发现。如果说伽利略用简单的小望远镜就发现了这么多，那么什么样的新世界在等待我们用更大的望远镜去发现呢？不久之后，人们就开始使用更大的望远镜搜寻更遥远的天空。

土星到太阳的距离差不多是木星到太阳距离的两倍，因此木星上的阳光比土星上的强 3 倍。1655 年荷兰天文学家惠更斯用他自己设计的望远镜发现围绕土星的卫星反射着微弱的阳光。惠更斯称他新发现的卫星叫"土星的月亮"。直到 1847 年发现了七颗土星的卫星之后，这颗卫星才获得了正式的名称——泰坦，一个希腊神话中人物。

根据旅行者号和卡西尼号的现代天文观测发现，土卫六是一个奇怪和独特的世界。土卫六是太阳系中第二大的卫星，直径 5 152 公里，比**水星**还大。土卫六的密度是 1.9 克 / 立方厘米，暗示了其内部结构为岩石和冰晶。它是唯一一有浓密大气层的卫星，其大气中致密的氮气和甲烷裹住了土卫六的表面。土卫六的温度大约为 90 K，表面压力比地球高 50%，阳光作用于氮气和甲烷所产生的烃类物质以液态形式存在。卡西尼号探测器的雷达发现了土卫六上存在的乙醚和丙烷的河流和湖泊。

土卫六的环境是缺少氧气的不活跃的有机化学系统，令它成为目前天文生物学的热点。土卫六是太阳系中研究早期地球和氧气环境产生之前的状态最好的实验室。2005 年，第一台探测器着陆土卫六，开始研究这个新的世界。这个成功的太空任务被命名为惠更斯号。■

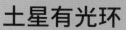

土星有光环

克里斯蒂安·惠更斯（Christiaan Huygens，1629—1695）
乔凡尼·多米尼克·卡西尼（Giovanni Domenico Cassini，1625—1712）
詹姆斯·克拉克·麦克斯韦（James Clerk Maxwell，1831—1879）

上图：哈勃空间望远镜在 1996 年（下方）—2000 年（上方）拍摄的土星照片，几乎完全侧向的土星光环慢慢变为倾角很大的土星光环。

下图：1659 年惠更斯绘制的土星和土星光环。

土星（约公元前 45 亿年），第一代天文望远镜（1608 年），伽利略《星际信使》（1610 年），木卫三（1610 年），柯克伍德缺口（1857 年），旅行者号交会土星（1980 年，1981 年），卡西尼号探索土星（2004 年）

1610 年**伽利略**最先用望远镜洞悉的奇观之一是土星。通过他的天文望远镜，土星呈现出两侧分别带有两个明亮斑点的圆盘，伽利略称之为"耳朵"。但这些特征的本质，在伽利略的有生之年，始终没有得到解释。

1659 年，荷兰天文学家惠更斯用他更强大的望远镜观测土星，他成为第一个认出土星耳朵是围绕土星的光环的人。1675 年，意大利裔法国数学家和天文学家卡西尼发现土星光环中有一个暗缝（现在称为卡西尼缝），他认为土星光环实际上是一系列更窄的、分离的环的集合。天文学家和数学家认为光环是固体的盘，直到苏格兰物理学家麦克斯韦提出假设，光环是大量单独的颗粒而不是一整块固体盘，因为整块的盘会被引力和向心力撕碎。

旅行者 1 号和 2 号在 20 世纪 80 年代飞越土星时确认了麦克斯韦的假设。在**卡西尼号探测器**的帮助下，我们已经发现土星光环的结构很复杂，包含几千条独立的、由无数颗粒组成的小环，这些颗粒小如尘埃大到直径几十米，几乎含有纯粹的水冰、少量的硅化尘埃杂质和简单的有机分子。主环宽达 28 万公里，但还不到 100 米厚。环与环之间的暗缝并不是真的缝隙，而是环上围绕土星的小卫星的引力作用清空了微小的颗粒。行星科学家争论土星光环的起源和年龄，它们是原始的还是年轻的？它们是形成于几亿年前的一颗冰质卫星的碎片吗？■

大红斑

罗伯特·胡克（Robert Hooke，1635—1703）
乔凡尼·多米尼克·卡西尼（Giovanni Domenico Cassini，1625—1712）

旅行者 2 号探测器拍摄的木星大红斑。这个风暴的宽度相当于两个地球。

木星（约公元前 45 亿年），第一代天文望远镜（1608 年），伽利略《星际信使》（1610 年），先驱者 10 号在木星（1973 年），伽利略号环绕木星（1995 年）

1665 年

　　17 世纪，科学家胡克和卡西尼试着用他们的望远镜观测**木星**的时候，他们首先注意到和追踪木星南半球表面的圆形红色斑点。他们想象不到他们正在跟踪一场猛烈的大风暴，这场风暴有整整两个地球那么大，将要持续 350 多年，可能还会更长。

　　天文学家和行星科学家利用现代望远镜和空间探测器研究木星大红斑的诸多细节。对大气科学家来说，大红斑是连续逆时针旋转的大气旋涡。风暴旋转的延时照片显示，大约经过地球上的 6 天时间（木星上的 14 天）可以旋转一圈。风暴的边缘部分与其他大气中的带状结构相互作用，这里的风速的峰值大约是 430 公里 / 小时。

　　大红斑比木星大气的周围部分冷，因为风暴比周围的云层高 10 公里。如果我们能用某种方式飞越木星的大气层，我们将会看到一个巨大的、缓慢旋转的雷暴云在雾气中升起。向大红斑南北两侧喷发的强大气流将大红斑保持在同一纬度上。在过去几十年里，大红斑的尺寸已经有所减小，没有人知道这场风暴还将肆虐多久。

　　大红斑呈现的红颜色在某种程度上是一个谜团。有些假设认为其大气层中包含硫、磷和有机分子的气溶胶导致了这种色彩。实际上，大红斑的颜色已经被天文学家观测了几十年，发现这些色彩有所改变，从红色到棕色到黄色甚至白色。理解大红斑颜色的起源和理解木星大气的其他特征一样，是行星科学研究的活跃领域。大红斑的起源及其未来的神秘感，给这色彩、这旋转着的云更增添了一分梵高才能画得出的美丽。■

球状星团

约翰·伊尔（Johann ihle, 约 1627—1699）

哈勃空间望远镜拍摄的球状星团 NGC6093 或梅西叶星表中的 M80。这个星团距离我们大约 2.8 万光年远，包括数十万颗恒星，被引力束缚在一起。

第一代恒星（约公元前 135 亿年），银河系（约公元前 133 亿年），太阳星云（约公元前 50 亿年），星等（约公元前 150 年）

恒星形成于巨大气体和尘埃云的引力塌缩。天文学家已经发现这些云都非常巨大，以至于一个单一的云或彼此靠近的云团中可以形成许多恒星。这样的过程产生了多星系统以及大批量的恒星，比如旋涡星系的悬臂。一些星际云，特别是早期宇宙中的，质量很大，足以在相对紧密的环境里形成数十万的恒星。这些临近恒星之间的引力交互作用把它们拉到一起成为一个圆球，共同围绕着公共的引力中心（可能是一个黑洞），这样的系统叫作球状星团。

1655 年，德国邮局官员同时也是活跃的天文爱好者约翰·伊尔，利用望远镜第一次报告了对球状星团观测。伊尔观测了一团致密的恒星，现在被列为梅西叶星表中的 M22，或者被称为人马座星团。 M22 是一个 5 等亮度的暗斑，能被肉眼所见。伊尔和其他 17 世纪天文学家用他们的天文望远镜发现这个暗斑包含无数靠近的恒星。

我们的银河系中已经观测到 150 多个像 M22 这样明亮的、紧密的球状星团，它们作为银河系晕的一部分围绕银河系的中心运动，其恒星成员比银河系盘上的恒星年老。其他星系中也发现了晕里的球状星团。星系晕的形成是星系形成的重要的早期环节。球状星团所在的晕从很多星系的中心向外延伸，天文学家推测一些星系与其他星系的引力相互作用时会交换球状星团。

恒星在球状星团中与其他恒星的相互作用比其他环境中要多得多。所以，天文学家认为球状星团中不会找到稳定的适宜居住的行星。不过，关于这种古老的恒星集团仍然有很多未知之谜。■

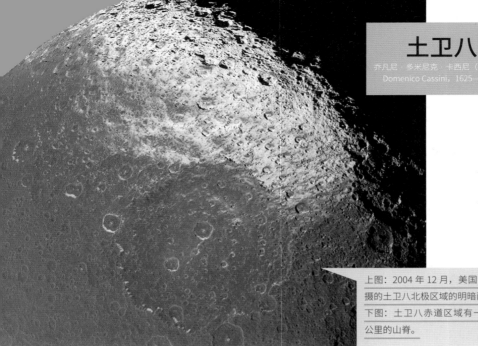

上图：2004 年 12 月，美国宇航局卡西尼探测器拍摄的土卫八北极区域的明暗两面的交界处。

下图：土卫八赤道区域有一条未知起源、高达 20 公里的山脊。

木卫一（1610 年），木卫二（1610 年），木卫三（1610 年），
木卫四（1610 年），土卫六（1655 年），土卫九（1899 年）

1671 年

    1610 年发现的木星卫星和 1655 年发现的一颗土星卫星点燃了 17 世纪末天文学家发现卫星的热情。1671 年著名的意大利裔法国数学家和天文学家卡西尼发现了太阳系的第六颗新卫星。奇怪的是，卡西尼只能在土星的西侧看到这颗卫星。1705 年，卡西尼最终观测到卫星出现在土星的另一边，这时卫星已经暗了 6 倍。

    卡西尼和其他天文学家推测，土卫八像我们的**月亮**一样，通过潮汐锁定只有一个面始终朝向土星。因此，土卫八的一半总是朝着运动的方向（黑暗的前导面），另一半总是背对着运动方向（明亮的后随面）。20 世纪 80 年代旅行者号探测器确认了这种奇怪的双色表面。旅行者 2 号测得土卫八的直径为 1 500 公里，密度是 1.1 克 / 立方厘米，包含以冰为主的成分（冰的密度是 1 克 / 立方厘米）。卡西尼号进行了更加细致的研究和更靠近的飞越，发现土卫八有一个古老的、厚的、布满陨石坑的表面，以及一条靠近赤道的山脊，使土卫八看起来就像一颗核桃。

    卡西尼号轨道器的观测帮助人们揭开了土卫八双色表面的神秘面纱。由于前导面更暗，它比后随面的温度略高。那里的冰从固体挥发为水蒸气，暴露出冰中残留的硅和有机物杂质；

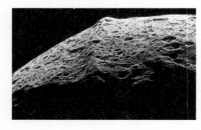

在较冷的后随面上，水蒸气再次凝结为洁净、明亮的冰。但朝前的一面一开始为什么黑暗，仍然是未解之谜。与土卫八临近的土卫九，是土星外环的来源，土卫八朝前的一面可能是被土卫九喷发出的尘埃遮蔽才变得黑暗。■

土卫五

乔凡尼·多米尼克·卡西尼〔Giovanni Domenico Cassini，1625—1712〕

上图：2010 年 3 月，美国宇航局卡西尼土星轨道器拍摄了这张极漂亮的照片，土星的光环映衬着土卫五的轮廓。

下图：2005 年 12 月，卡西尼号轨道器拍摄的土卫五的照片。

土卫八（1671 年），旅行者号交会土星（1980 年，1981 年）

意大利天文学家卡西尼早年是博洛尼亚大学教授，1671 年他搬到法国成为国王路易十四麾下巴黎天文台台长。卡西尼在巴黎的职业生涯立即表现出极大的成功，包括发现**土卫八**——最近 15 年间发现的第一颗太阳系卫星。这位法国新公民卡西尼在 1672 年再次通过努力工作发现了土星的另一颗卫星，最终以希腊神话中众神之母瑞亚（Rhea）命名的土卫五。

土卫五比土卫六距离太阳近一半。在土星的光辉中发现土卫五，是 17 世纪末卡西尼卓越的观测和改进望远镜与光学技术的证明。但是除了土卫五的轨道周期（4 天半）和其他基本轨道参数之外，我们对其知之甚少。直到 20 世纪 70 年代，地面望远镜应用光谱技术才改变了这一点。通过对土卫五和大部分土星卫星表面反射阳光和热辐射的细致研究，天文学家已经确定，土卫五的成分以水冰为主。

这不算是新鲜的结论。旅行者 1 号和 2 号在 1980 年和 1982 年飞越土星系统时发现，土卫五有非常明亮的表面，反射率超过 50%，主要成分是冰。最近，经由卡西尼号土星轨道器对土卫五的光谱研究，已经确认土卫五是冰的世界。

土卫五古老的表面几乎完全布满陨石坑和盆地，高速小行星、彗星和其他小卫星在 45 亿年前撞击土卫五表面时留下了这些遗迹。也有一些最近的撞击产生了新出现的陨石坑，还带着明亮的射线。根据卡西尼号探测的数据，这些撞击可能来自赤道附近，尺寸小如尘埃，大如鹅卵石的弥漫的晕。如果进一步的数据和分析可以确认这个结果，土卫五可能是太阳系唯一带有自己光环的卫星。■

1672 年

光速

奥勒·罗默尔（Ole Christensen Roemer，1644—1710）
克里斯蒂安·惠更斯（Christiaan Huygens，1629—1695）

上图：2004 年 3 月，哈勃空间望远镜拍摄的伪彩色红外照片显示，木卫一（中央）和木卫二（右侧）穿过木星表面。木卫二的和木卫一的阴影在左侧，木卫三的阴影在右上方。
下图：罗默尔用木卫一的掩食观测来估算光速的观测日志节选。

伽利略《星际信使》（1610 年），以太的末日（1887 年）

1676 年

对光的本质的争论贯穿了整个人类历史。古希腊哲学家亚里士多德、欧几里得和托勒密相信，光是从眼睛里发射出来的射线；因为我们睁开双眼就能立即看见像星星那样遥远的物体，所以他们相信光一定以无限的速度运动。但是基于一些早期的光学实验，11 世纪科学家如穆斯林物理学家海塞姆和波斯学者比鲁尼等人认为，光的速度是有限的。这场辩论持续到了 17 世纪，开普勒认为光速无限，伽利略认为光速有限。一次决定性的测量迫在眉睫。

第一次对光速做出很好估计的是丹麦天文学家罗默尔，他发展了伽利略原创的思想，用木星的卫星作为天文钟计时，但他不是为了测量观测地点的经度，而是为了测量光的时间。罗默尔观测了上百次木卫一的掩食，仔细地对木卫一在木星的阴影中消失和重新出现的时间进行记录。他注意到他预测的掩食时间总是不同于观测到的实际时间，而是带有一个系统偏差：当地球离木星最近的时候，掩食早出现 11 分钟；当地球距离木星最远的时候，掩食晚出现 11 分钟。罗默尔推断这个差别正是因为光速是有限的。在荷兰同事惠更斯的帮助下，根据罗默尔的掩食数据估算出光速大约是 22 万公里 / 秒。18 世纪英国天文学家布拉德利用更精确的恒星光行差和 19 世纪迈克尔逊 - 莫雷实验测量的光速的真实值比罗默尔结果大 35%。在罗默尔的年代和知识背景下，能得出这样的结论已经很了不起了。■

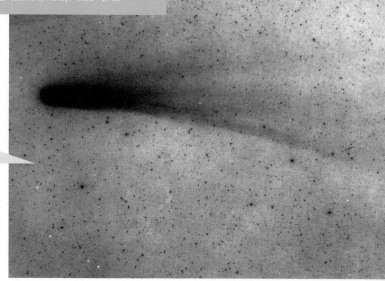

哈雷彗星

埃德蒙德·哈雷（Edmond Halley，1656—1742）

上图：在哈雷彗星最近一次回归太阳附近之后的 1986 年 3 月 5 日，莫纳克亚（Mauna Kea）天文台拍摄的哈雷彗星底片。

下图：1986 年 3 月 13 日，欧洲空间局乔托号探测器拍摄的哈雷彗星的核心，被气体和尘埃的彗发环绕。

 中国古天文学家观测客星（185 年），牛顿万有引力定律和运动定律（1687 年），奥尔特云（1932 年），柯伊伯带天体（1992 年），海尔 - 波普大彗星（1997 年）

在如同钟表一样规律的太阳系中，彗星通常是偶然的、戏剧性的闯入者。古代中国天文学家因为它们的长尾巴把它们叫作扫帚星。牛顿猜测至少有一部分彗星围绕太阳运动，但牛顿没能进一步证明这个假说。

牛顿的想法很快被他的朋友和同事英格兰天文学家、地球物理学家和数学家埃德蒙德·哈雷继承。哈雷观测到一颗明亮的彗星在 1682 年出现，之后，利用历史记录和**牛顿定律**计算它的轨道，哈雷认为同样一颗彗星已经在 1531 年和 1607 年出现过。这些间隔大约是 76 年，所以哈雷预言，这颗彗星将在 76 年之后也就是 1758 年再次出现。彗星的确在 1758 年再次出现，遗憾的是哈雷在有生之年没能等到这一天。为了纪念哈雷的贡献，人们将这颗彗星命名为哈雷彗星。

1835 年和 1910 年，彗星回归期间，人们利用了更现代的望远镜对它进行了照相和研究。1986 年，苏联的金星号和欧洲的乔托号飞临哈雷彗星的核心，发现它出奇的小（大约 15 公里 ×8 公里 ×8 公里），是花生形状，粗糙而多孔，就像一块黑炭，密度大约为 0.6 克 / 立方厘米。冰的喷流由水、一氧化碳和二氧化碳组成，这些气体从彗星表面和内部气化出来，释放尘埃和有机分子从而产生了一条长尾巴。

哈雷是第一颗被发现的周期彗星。目前，人们已经观测到将近 500 颗短周期彗星（周期短于 200 年）。大部分彗星来自海王星以外的柯伊伯带，还有一些彗星，包括哈雷彗星在内，可能起源于遥远的奥尔特云的长周期彗星。天文学家已经发现，在公元前 240 年—1682 年的历史记录中 20 多颗明亮的彗星实际上都是哈雷彗星。它的下一次回归将出现在 2061 年的夏天。■

1682 年

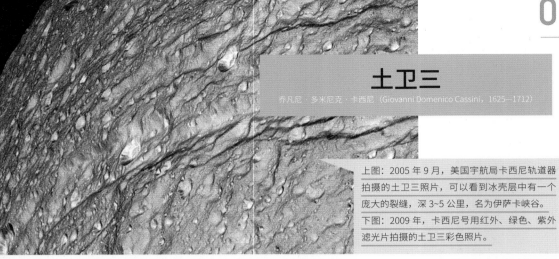

土卫三

乔凡尼·多米尼克·卡西尼 (Giovanni Domenico Cassini, 1625—1712)

上图: 2005 年 9 月, 美国宇航局卡西尼轨道器拍摄的土卫三照片, 可以看到冰壳层中有一个庞大的裂缝, 深 3~5 公里, 名为伊萨卡峡谷。

下图: 2009 年, 卡西尼号用红外、绿色、紫外滤光片拍摄的土卫三彩色照片。

木卫二 (1610年), 木卫三 (1610年), 土卫八 (1671年), 土卫五 (1672年), 土卫四 (1684年), 拉格朗日点 (1772年), 木星的特洛伊小行星 (1906年), 旅行者号交会土星 (1980年, 1981年)

1684 年

继 1671 年和 1672 年发现**土卫八**和**土卫五**之后, 意大利裔法国天文学家卡西尼在巴黎天文台利用更精密的望远镜发现了土星更暗的卫星。1684 年, 他用没有镜筒的、30 米长的望远镜发现了土星的第四颗卫星。

这四颗土星的卫星最终用希腊神话中泰坦族和海神特提斯的名字——Tethys 命名。卡西尼发现卫星几乎在土星的赤道平面上以完美的圆轨道围绕土星运动 (除土卫八以外所有土星的主要卫星都是如此, 只有土卫八的轨道有着 15 度的倾角), 围绕土星一圈只需要两天。

1980 年和 1982 年, 旅行者号飞越土星时拍摄的土卫三照片显示, 土卫三的直径是 1 080 公里, 大约是地球的 30%, 其表面反射率很高、遍布陨石坑。高反射率和 0.97 克 / 立方厘米的密度意味着土卫三的主要成分是水冰。根据卡西尼号土星轨道器对土卫三的细致研究, 确认土卫三是一个冰的世界。

旅行者号和卡西尼号的成像观测发现土卫三上一些引人注目的冰的景观, 包括一个宽 400 公里, 名为奥德修斯的巨大的撞击盆地以及一个宽 100 公里、深 3~5 公里, 名为伊萨卡的大峡谷, 这个大峡谷的长度达到土卫三表面的 75%。伊萨卡峡谷本身遍布陨石坑, 地质年代十分古老。

有趣的是, 天文学家在 20 世纪 80 年代用地面望远镜发现, 土卫三是两颗更小的卫星的母星, 土卫十三和土卫十四与土卫三共处同样的轨道, 就像母星的特洛伊小行星那样, 位于彼此相距 60 度的拉格朗日点上。■

土卫四

乔凡尼·多米尼克·卡西尼（Giovanni Domenico Cassini，1625—1712）
约翰·赫歇尔（John Herschel，1792—1871）
威廉·赫歇尔（William Herschel，1738—1822）

上图：2005 年 10 月，美国宇航局卡西尼号探测器拍摄的冰封的土卫四，看起来就像是漂浮在土星的光环上。背景上可以看到图形上光环的阴影。
下图：在 2006 年卡西尼号拍摄的照片上，明亮的冰峭壁使土卫四的背面遍布裂纹。

土卫八（1671 年），土卫五（1672 年），土卫三（1684 年），土卫一（1789 年），土卫二（1789 年）

天文学家卡西尼已经用当时世界上一些最强大的望远镜发现了土卫八、土卫五和土卫三。他利用当时最大的巴黎天文台的 41 米长的无镜筒望远镜发现了第四颗土星卫星。

卡西尼将他发现的第四颗卫星命名为路易之星献给法国国王路易十四，是他慷慨地赞助着巴黎天文台。卡西尼所起的名字没有被后来的天文学家广泛接受，相反，1847 年英国天文学家约翰·赫歇尔用新的方式将七颗土星的卫星命名为希腊神话的泰坦族人物，包括两颗他父亲威廉·赫歇尔发现的卫星。其中，卡西尼发现的第四颗新卫星以希腊神话中的阿芙罗狄德之母戴奥尼（Dione）命名。

旅行者号和卡西尼号空间探测器对土卫四进行的现代探索发现，它是一颗被冰覆盖着的世界，直径大约为 1 120 公里，大小与土卫三差不多。土卫四古老的表面遍布陨石坑，但是有个别区域却鲜有陨石坑。这意味着土卫四的一部分表面曾经像火山一样从曾经温暖的内部喷射出液态水，并形成了新的表面。土卫四比其他卫星的密度稍高（大约 1.5 克 / 立方厘米），意味着它内部有岩石成分，岩石物质的放射性加热可以提供热量融化卫星内部的冰，并驱动了早期的冰火山喷发。

旅行者号探测器拍摄的土卫四背面的照片上可以见到明亮而微小的裂痕，卡西尼号的成像观测发现它们是数百米高的冰峭壁，形成于一些还不清楚的地质活动。■

1684 年

黄道光

乔凡尼·多米尼克·卡西尼（Giovanni Domenico Cassini，
1625—1712）
尼古拉·法蒂奥·丢勒（Nicolas Fatio de Duillier，
1664—1753）

2009 年 12 月，欧洲南方天文台在智利帕瑞纳
的甚大望远镜附近拍摄的黄道光。

银河系（约公元前 133 亿年），主小行星带
（约公元前 45 亿年），哈雷彗星（1682 年）

1684 年

无论是经验丰富的还是业余的天空观测者都知道，要看到夜空的壮丽就必须在没有月亮的夜晚到户外去，躲开城市灯光。即使如此，天空也不是完全黑暗的。除了几千颗肉眼可见的恒星以及**银河系**弥漫的光辉之外，还能见到一些暗弱的辉光，特别是在日落后的西方或是日出前的东方天空。因为这种辉光呈现出白色光带或是暗弱的尖角，沿着黄道星座的路径分布，所以这种辉光叫黄道光。这条黄道星座的路径即黄道，是太阳赤道和大部分太阳系行星的轨道平面。

伊斯兰天文学家把黄道光看成"伪曙光"，因为伊斯兰教每日祈祷的重要任务是确定祈祷的时间，其中日出或日落的时间是非常重要的部分，所以伊斯兰天文学家需要理解黄道光的现象和它对日出日落时间确定产生的影响。包括 1683 年观测到亮条的卡西尼在内，许多文艺复兴时期的天文学家都认为，黄道光是太阳大气层的延伸。但是黄道光为什么只在黄道上发出亮光仍然是一个谜。

最早提出正确黄道光解释的是瑞士数学家尼古拉·法蒂奥·丢勒，他在巴黎天文台卡西尼手下工作，提出黄道光是粒子反射阳光造成的。现代光谱观测和空间探测器证明丢勒的假设是正确的，这些现代技术证明黄道光是行星之间散布的尘埃颗粒反射太阳光的结果，这些尘埃颗粒的直径从百分之一微米到几百微米（头发丝的直径大约是 100 微米）。由于这些尘埃颗粒吸收太阳光之后会缓慢地盘旋着向太阳靠近（即 20 世纪初物理学家发现的波因廷 - 罗伯逊效应），所以必须连续不断地供应尘埃。天文学家相信这些尘埃来自彗星和小行星偶然的撞击，它们中的大部分都运行在黄道面附近，可以保证宇宙尘埃源源不断的供给。■

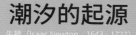

潮汐的起源
牛顿（Isaac Newton，1643—1727）

牛顿发现，月亮、地球和太阳彼此完全靠引力联系着。在每个物体上施加的强大吸引力，与它们的质量成正比，与距离的平方成反比。地球海洋的流动性使这些力量表现为潮汐现象。

行星运动三定律（1619 年），牛顿万有引力和运动定律（1687 年）

1686 年

　　沿海的居民和航海者们从来都知道每天两次的海面上升和下降——潮汐。巴比伦和希腊天文学家意识到潮汐的高度与**月亮**在轨道上的位置有关系，并且认为它们之间的联系和驱使行星运动的力是一样的。古代阿拉伯天文学家认为潮汐是海洋温度变化的结果。为了找到日心说的证据，伽利略提出潮汐来自地球围绕太阳运动时海洋的晃动。

　　第一个提出正确潮汐起源的人是英国数学家、物理学家和天文学家牛顿，他将地球、月亮和太阳联系到了一起。牛顿致力于用普遍理论解释开普勒的**行星运动定律**，并在 1686 年发展出了**万有引力**和**运动定律**。牛顿假设月亮和太阳共同对地球施加强大的吸引力，反过来也是一样的。他突破性的发现是，地球海洋潮汐现象完全是由引力（而不是地球的自转或轨道运动）造成的，这一结论直到太空时代的观测才被验证。

　　月亮的引力抬高海平面大约 50 厘米，太阳的引力作用是月亮的一半。浅水中的潮水高度可以上涨 10 倍以上；相比太阳和月亮位置的影响，某些特定位置的潮水也在很大程度上受海底深度和海岸线形状的影响。地球和月亮核心的固体部分也会响应引力的作用，典型的潮汐作用是海洋潮汐的一半。固体和液体的变形消耗了地月系统的能量，这个过程叫潮汐摩擦。其结果是，地球的自转在缓慢地变慢，大约每个世纪减慢几毫秒。月亮正在缓慢地以大约每世纪 4 米的速度远离地球。■

上图: 一幅刻画牛顿肖像的版画 (1856 年)。

下图: 1672 年牛顿制造的反射式望远镜的复制品。

日心说的宇宙 (公元前 280 年), 阿里亚哈塔 (约 500 年), 古阿拉伯天文学 (约 825 年), 早期微积分 (约 1500 年), 哥白尼《天球运行论》(1543 年), 第谷新星 (1572 年), 第一代天文望远镜 (1608 年), 伽利略《星际信使》(1610 年), 行星运动三定律 (1619 年), 爱因斯坦奇迹年 (1905 年)

1687 年

科学革命发起于**阿里斯塔克**, 他提出地球不是宇宙的中心。在其后两千年间, 科学上的叛逆者继续着科学的变革, 他们是阿里亚哈塔、比鲁尼、尼尔卡纳、哥白尼、第谷、开普勒和伽利略。这场革命因英国人牛顿的贡献而达到顶峰。牛顿是一位数学家、物理学家、天文学家、哲学家、神学家, 被誉为人类历史上最有影响力的科学家之一。

牛顿既是实验专家也是理论家, 他在实验和理论两个领域都做出了超越性的成就。他发展了光学的新概念和新工具, 包括第一台反射望远镜的制造, 后来以他的名字命名为牛顿式望远镜。在理论方面, 他运用当时最先进的物理学基本原理, 他发明了新的微积分数学领域。牛顿发现开普勒的行星运动定律本质上是任何两个有质量的天体之间存在力的结果, 并且发现这个力与两个天体间距离的平方成反比。他称这种力为"重量"。我们现在称之为重力, 牛顿定律中的平方反比现象在宇宙中普遍存在。

牛顿以此为基础推导出著名的三大运动定律: (1) 物体会保持静止或者运动的状态, 除非有外力改变其状态; (2) 质量为 m 的物体, 受到力 F 的作用, 将产生加速度 a, $F=ma$; (3) 两个物体之间的相互作用力大小相等, 方向相反。牛顿在 1687 年出版的著作《自然哲学的数学原理》中描述了这些理论, 今天这本著作被尊称为《原理》。

牛顿的万有引力和运动定律彻底摧毁了地心说, 并在 200 多年前成功地描述了行星的轨道运动, 直到爱因斯坦证明这些理论是广义相对论这个更庞大理论的一个特定部分。科学史上最著名的名言就是牛顿所说的, "如果说我看得比别人更远一些, 那是因为我站在巨人的肩膀上。" ■

恒星自行

埃德蒙德·哈雷 (Edmond Halley, 1656—1742)

September 16, 1999
March 30, 1999
October 6, 1996

哈勃空间望远镜在 1996—1999 年拍摄的一颗临近的中子星（距太阳 200 光年远）的自行照片。

Neutron Star RX J185635-3754
Hubble Space Telescope • WFPC2

星等（约公元前 150 年），托勒密《天文学大成》（约 150 年），哈雷彗星（1682 年），哈勃定律（1929 年）

英国天文学家哈雷因发现哈雷彗星而闻名。但他同时也研究天文学的其他方面，包括比较恒星与历史记录的相对位置变化。利用这些古代天文学家的记录确认恒星位置的变化，可以找到距太阳最近的恒星，也有可能确定恒星的绝对距离。

在天文学历史上的大部分时间里，恒星被假设为固定不动的，仿佛镶嵌在水晶般的固体天球上围绕地球运动（对一部分人来说），或是因地球自转而呈现出运动的状态（对另一部分人来说）。偶然出现的超新星或彗星（"客星"）让人们对天球固定不动的概念产生了质疑，但还没能将其推翻。

哈雷仔细地比较了 1718 年亮星的位置和公元前 2 世纪伊巴谷记录的恒星位置，找到了恒星不固定的证据。三颗亮星——天狼星、大角星、毕宿五——在 1 850 多年间已经相对于背景有了明显的移动。哈雷计算这些星的"自行"，最大的自行恒星是最接近太阳的，这三颗亮星距太阳分别是 9、37 和 65 光年远。更接近太阳的恒星，例如比邻星（距太阳 4.3 光年）和巴纳德星（由美国天文学家巴纳德发现，距太阳 6 光年），都有更大的自行。巴纳德星是已知最大的自行恒星，每年移动超过 10〔角〕秒（0.003 度）。

哈雷和其他恒星天体测量学（位置测量）的先驱们已经帮助我们理解了我们头顶上的恒星只是庞大三维空间里的投影。万事万物都相对于其他事物运动着，20 世纪的**哈勃**发现整个空间也在随着时间膨胀。宇宙是动态的，只要我们有足够的耐心去观察。■

天文导航

第谷（Tycho Brahe，1546—1601）
牛顿（Isaac Newton，1643—1727）
约翰·伯德（John Bird，1709—1776）

上图：1673 年，波兰天文学家约翰尼斯·赫维留斯（Johannes Hevelius）和妻子伊丽莎白（Elisabeth）正在使用天文六分仪。

下图：1890 年前后，美国海岸和大地测量使用的便携式六分仪，采用了约翰·伯德的原始设计。

中国古代天文学（约公元前 2100 年），西方占星术（约公元前 400 年），大型中世纪天文台（1260 年），第谷新星（1572 年），第一代天文望远镜（1608 年）

1757 年

在第一台**天文望远镜**发明以前，整个中世纪的天文学家都依靠肉眼观测天空，他们可以借助浑天仪、天球仪和星盘这样的设备确定天体的方位角和高度（天文学家分别称之为赤经和赤纬），用来描述天体在天空上的相对位置。要追求更高精度的测量，就要把星盘这样的天文设备建造得非常高大。为了减小设备的尺寸、同时获得更高的观测精度，天文学家和仪器制造者们开始只用半圆形的仪器。

16 世纪中叶，开始出现了只用四分之一个圆周的测量仪器。第谷发明了一个大型的、安装在底座上的、六分之一个圆周的设备，称其为六分仪。这些设备的测量精度很高，甚至超过了之后发明的望远镜。八分之一个圆周的设备——八分仪——出现在 18 世纪。

四分仪、六分仪、八分仪是地面上的精密仪器，但很难在海上使用。人们需要在海上有更精密的位置测量。小型化、可拆卸和简单的移动操作平台是迫切需要的。牛顿用两块反射镜（类似他望远镜的设计）对四分仪做了改进。参考牛顿的反射思路，1757 年英国仪器制造商约翰·伯德制造了一个便携式的六分仪。许多现代的六分仪本质上都是在模仿 18 世纪的设计思路，只不过是增加了更强的光学镜片和复合材料。甚至在我们的计算机和全球定位时代，许多海员仍然被要求掌握用六分仪做基本的天文导航。■

行星状星云

查尔斯·梅西叶（Charles Messier，1730—1817）
威廉·赫歇尔（William Herschel，1738—1822）

上图：1994 年，哈勃空间望远镜拍摄的猫眼星云（NGC 6543），死亡恒星推射外层物质形成的多层行星状星云的独特例子。

下图：1998 年，欧洲南方天文台在智利拍摄的哑铃星云（梅西叶星表中的 M 27）。

中国古代天文学家观测客星（185 年），仙女座大星云（约 964 年），观测白昼星（1054 年），米拉变星（1596 年），猎户座大星云（1610 年），梅西叶星表（1771 年），太阳的末日（约 50 亿—70 亿年）

17 世纪望远镜的发明，以及 18 世纪为了探测暗天体对望远镜尺寸和功能的大幅改进，使启蒙时代的天文学家做出了令人兴奋的发现。不仅是更暗的星，整个新类型的天体都呈现在人们眼前。最大的一类新发现包括模糊的、延展的恒星之间一种暗云构成的斑块。天文学家称它们为星云（nebula），源于拉丁语的"云"。

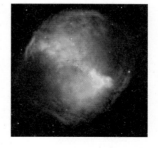

1764 年

古代和中世纪天文学家记录过大量明亮的星云，比如**猎户座大星云**和**仙女座大星云**。其中仙女座大星云被 20 世纪天文学家确认为是一个单独的旋涡星系。1715 年，哈雷发表了一份星云简表。但 18 世纪观测星云的权威当属法国天文学家查尔斯·梅西叶，他总结了一份包括 100 多个星云的权威星云列表。

梅西叶把一种星云用 1764 年发现的天体 M 27 做代表。M 27 和与其相似的天体呈现一种环状的模糊外表，看上去很像是当时用望远镜看到的巨大行星，因此英格兰天文学家威廉·赫歇尔称它们为行星状星云。

行星状星云这个名字并不能准确反映实质。现代光谱观测已经证明，这些星云与行星完全没有任何关系。人们已经发现，行星状星云是红巨星临近生命的终点时抛射的炽热、明亮的大量外层气体。典型的行星状星云可以达到 1 光年宽，在它们的前身星塌缩过程中产生带电的碳、氧、氮及其他比氢重的元素和氦，这些带电粒子发射出明亮的光辉。就这一点来说，行星状星云是宇宙循环计划的一部分，氢和氦元素在行星状星云中转变为更重的元素，生命所必需的元素。■

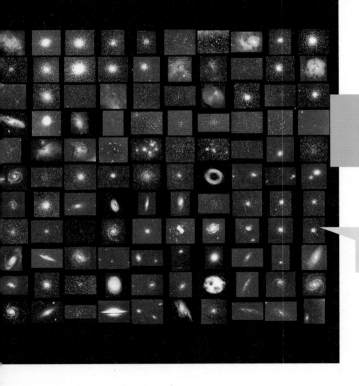

梅西叶星表

查尔斯·梅西叶（Charles Messier，1730—1817）
皮埃尔·马查因（Pierre Mechain，1744—1804）

空间探索和发展项目的学生们及巴黎莫东天文台拍摄的所有 110 个梅西叶天体的完整照片。

仙女座大星云（约 964 年），球状星团（1665 年），行星状星云（1764 年）

1771 年

法国人查尔斯·梅西叶在他小时候兴奋地目睹了 1744 年的大彗星和 1748 年的日食这些天文现象之后，便一生热爱天文学。他对观测的热情使他在巴黎找到一份工作，给法国海军的职业天文学家做仓库职员，这份工作使梅西叶有机会试用克吕尼（Cluny）宅子屋顶上的天文台。

梅西叶有充足的时间进行观测，前工业化时代的巴黎提供了很好的夜空条件。他早期的热情集中在观测发现彗星方面。梅西叶是最早验证了哈雷彗星在 1758—1759 年回归的天文学家之一。在他观测金牛座的另一颗彗星状斑点时，他发现这个斑点相对恒星没有运动。他把这一结果做了记录。

在接下来的十几年间，梅西叶继续观测彗星，他持续碰到这种模糊的云状星云，他将这些天体用字母 M 加上一个序号标明。其中有一些，比如梅西叶在 1665 年发现的 M 22，可以被分辨为大量恒星聚集的巨大球状结构（后来被称为**球状星团**）。还有一些星云，比如 M 31，呈现出细长的形状，是之前就认识的**仙女座大星云**。许多天体是梅西叶首次发现并进行了描述。到 1771 年为止，他收集了如此多新天体，因此重新出版了包含 45 个天体的《星云和恒行星团表》。1781 年他和他的同事、未来的巴黎天文台台长皮埃尔·马查因收集了更多的新发现，最终这份星表包含 103 个天体。

1781 年之后，20 世纪的天文学家又发现了 7 个新天体，使梅西叶天体的总数达到 110 个。它们当中包含星团、行星状星云、分子云和星系。一些天文爱好者和天文社团会在春天的夜晚尝试观测所有的 110 个梅西叶天体，这样的活动叫"梅西叶马拉松"。谁知道这些活动会不会激励另一个孩子的天文学热情呢？■

拉格朗日点

牛顿（Isaac Newton，1643—1727）
约瑟夫 - 路易斯 · 拉格朗日（Joseph-Louis Lagrange，1736—1813）
皮埃尔 - 西蒙 · 拉普拉斯（Pierre-Simon Laplace，1749—1827）

太阳 - 地球 - 月亮系统中的引力等强度图和引力平衡的 5 个特殊拉格朗日点（L1 到 L5）。这幅图的绘制没有按照实际比例（L2 距离地球只有 150 万公里，太阳在另一个方向上有 100 倍远）。

土卫三（1610 年），行星运动三定律（1619 年），牛顿万有引力与运动定律（1687 年），木星的特洛伊小行星（1906 年）

1771 年

在 1687 年发表的《原理》中，**牛顿**将开普勒的**行星运动三定律**扩展为引力和运动的普世定律，因此创建了一个基本框架，天文学家、物理学家和数学家可以以此为基础理解行星、卫星和彗星在天空中如何以及为什么运动的错综复杂的细节。在牛顿定律的应用中最具挑战性的是所谓的三体问题。牛顿方程可以容易地用来理解支配两个质量的运动的力，比如地球和月亮，或是太阳和地球。但是计算三个天体之间的引力效果却非常棘手。

第一个成功解决特定三体问题的是法国数学家拉格朗日，他在 1772 年预言任何包含 2 个大质量和 1 个小质量的三体系统中都存在 5 个特殊的点，在这些特殊点上三个天体的引力相互平衡。这些特殊点叫作拉格朗日点。20 世纪发现的**特洛伊小行星**，被限制在太阳和木星系统的 L4 与 L5 拉格朗日点上，这一发现验证了拉格朗日的预言。

1799 年法国数学家拉普拉斯创造了"天体力学"这个新词，用于描述研究复杂的太阳系运动的物理和数学。因为假设了一个小天体与两个大天体相互作用，拉格朗日将三体问题转化为相对简单的情况，两个大天体彼此围绕对方旋转。天体力学将拉格朗日的解发展为更精细的适用于更普遍的三体问题。21 世纪研究者通常用高速计算机计算更复杂的 N 体问题，为了理解、解释和预测太阳系中非常复杂的运动，人们用计算机处理这种大量单独天体组成的牛顿运动系统。■

上图：凯克 II（Keck II）望远镜 2007 年 5 月 28 日拍摄的天王星合成图像。

下图：赫歇尔的望远镜在 1781 年发现了天王星。

天王星（约公元前 45 亿年），天卫三（1787 年），天卫四（1787 年），天卫一（1851 年），天卫二（1851 年），天卫五（1948 年），天王星光环的发现（1977 年），旅行者 2 号在天王星（1986 年）

1781 年

在 1781 年之前，还没有人发现过行星。地球之外的五颗肉眼可见的行星自从史前时代就被人们所知。利用新发明的**天文望远镜**，伽利略、惠更斯和卡西尼发现了新的卫星，但还没有发现过新行星。

第一个发现全新行星的荣誉当属英国音乐家和天文学家威廉·赫歇尔。赫歇尔的音乐才能使他对天文学和光学产生兴趣，在结交了英国皇家天文学家内维尔·马斯卡林（Nevil Maskelyne）之后赫歇尔开始制作他自己的望远镜。

1781 年 3 月，赫歇尔观测到一颗 6 等的延展天体（不像是恒星），他的第一反应是发现了一颗彗星。他追踪和报告了这一天体的位置，其他天文学家得以在 1783 年验证了这个天体是一颗行星，距离太阳 19 个天文单位，在土星轨道之外。赫歇尔不是第一个辨别出行星的人，但却是第一个注意到它存在的人。他将这颗星命名为"乔治星"（Georgium Sidus）献给国王乔治三世，没有遵循之前的天体命名习惯。后来的天文学家将这颗行星以希腊天空之神的名字命名为天王星（乌拉诺斯，Uranus）。

现代望远镜观测和 1986 年**旅行者 2 号**空间探测器飞临**天王星**发现它是一颗冰质的巨行星，密度 1.3 克 / 立方厘米，直径是地球的 4 倍，质量是地球的 15 倍。天王星的大气比土星和木星的大气宁静得多，也同样富含氢和氦。甲烷使它呈现蓝绿色的大气，内部是地球大小的冰盖，再往里是岩石的核心。天王星的自转倾角很大，使它看上去好像是在滚动前进而不是自转。这颗行星有 27 颗已知的卫星，包括 5 个大型的冰卫星（赫歇尔发现了其中的 2 个）。1977 年，观测天王星在环中穿行而引发的断断续续的闪烁令人们发现了它薄而暗的光环。2007 年我们的目光穿透了天王星光环。天文学家现在正处在研究第七颗行星的最初阶段。■

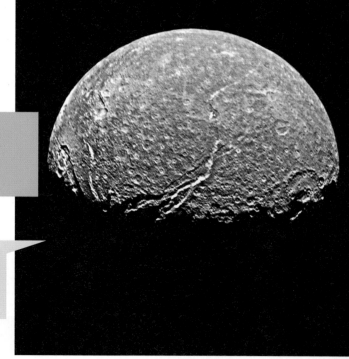

天卫三

威廉·赫歇尔（William Herschel，1738—1822）
卡罗琳·赫歇尔（Caroline Herschel，1750—1848）
约翰·赫歇尔（John Herschel，1792—1871）

1986 年 1 月 24 日，旅行者 2 号拍摄的天卫三最高分辨率的照片。右侧的大陨石坑叫作乔特鲁德（Gertrude）。中间明亮的斑纹是墨西拿峡谷，长1 500 公里。

 天王星的发现（1781 年），天卫四（1787 年），天卫一（1851 年），天卫二（1851 年），天卫五（1948 年），光谱学的诞生（1814 年），旅行者 2 号在天王星（1986 年）

1781 年发现天王星之后，英国天文学家威廉·赫歇尔继续用他的大望远镜观测这颗行星。更好的技术与更仔细的观测，再加上他妹妹卡罗琳·赫歇尔的协助，使威廉发现了天王星和土星的新卫星。

1787 年早些时候的一天夜里，赫歇尔发现了天王星的两颗卫星。通过跟踪它们的运动和假设卫星在接近行星赤道的轨道上运动，赫歇尔和其他天文学家很快推算出天王星的自转轴倾角与其他行星有很大的不同。天王星歪着自转，自转轴倾角达到 98 度。行星的倾斜是产生季节的原因。地球的自转轴倾角是 23.5 度，导致了我们熟悉的春夏秋冬，在北极和南极则是长达 6 个月的极昼和极夜。在天王星和它的卫星上，整个北半球和南半球经历长达 42 年的极昼和极夜。极端的自转轴倾角产生了极端的季节。

赫歇尔没为他发现的两颗天王星的卫星命名。他的儿子，约翰·赫歇尔也是一位出色的天文学家，他选择莎士比亚和亚历山大·蒲柏作品中的角色为这些卫星和之后发现的其他天王星卫星命名。他把天王星两颗卫星中更亮的卫星称为泰坦尼亚（Titania，天卫三），这是莎士比亚作品《仲夏夜之梦》中的仙后。

旅行者 2 号在 1986 年遇见天王星，发现天卫三遍布陨石坑，直径 1 577 公里，相当于月亮大小的一半。它的密度是 1.7 克 / 立方厘米，天文学家推断它的内部同时含有冰和岩石。最近的**光谱分析**发现天卫三表面上有水和干冰，与木星的冰质卫星**木卫三、木卫四**类似。可能天卫三上最神秘的特征是贯穿表面的峡谷和悬崖。这些巨大的峭壁可能是天卫三曾经液态壳层和内部喷发后冰冻的遗迹。■

天卫四

威廉·赫歇尔（William Herschel，1738—1822）
约翰·赫歇尔（John William Herschel，1792—1871）
威廉·拉塞尔（William Lassell，1799—1880）

上图：詹姆斯·戈德比（James Godby）的版画，描绘了在双子座的背景下的威廉·赫歇尔，1781 年赫歇尔在双子座的群星中发现了天王星。
下图：旅行者 2 号拍摄的天卫四最高清晰度的照片，显示卫星呈自然的红色。

 天王星的发现（1781 年），天卫三（1787 年），天卫一（1851 年），天卫二（1851 年），天卫五（1948 年），旅行者 2 号在天王星（1986 年）

1787 年

英国天文学家威廉·赫歇尔在 1787 年的一天夜里发现了**天王星**的两颗新卫星。两颗都很暗（大约 14 等，比天王星本身暗 1 500 倍），很难在行星的明亮光辉中分辨出来。

赫歇尔之后的英国天文学家威廉·拉塞尔在 1851 年又发现了天王星的两颗卫星，他决定沿用赫歇尔的卫星命名方式，将一共四颗卫星命名为天卫一到天卫四。1852 年，拉塞尔请威廉·赫歇尔的儿子、天文学家约翰·赫歇尔重新命名这些遥远的世界。约翰将他父亲发现的两颗卫星中较暗的一颗命名为奥伯龙（Oberon，天卫四），莎士比亚戏剧《仲夏夜之梦》中的仙王。与他父亲的另一个发现（天卫三，以莎士比亚作品中的仙后命名）成为很好的呼应。

天卫四是天王星的五颗卫星中最遥远的一颗，围绕天王星一圈要 13.5 天。现代望远镜的光谱分析发现，天卫四的表面主要成分是水冰，暗红色的部分是甲烷和其他含碳的冰暴露在阳光的高能辐射下产生的简单有机分子。天卫四是所有天王星卫星中最红的一颗。

1986 年**旅行者 2 号**飞临天王星，让我们了解了这个小世界的地质学和内部情况。天卫四直径 1 520 公里，几乎和天卫三相当，密度大约为 1.6 克/立方厘米，比天文三略小一点，表明内部含有岩石成分。天卫四是所有天王星卫星中陨石坑最多的，表面几乎被陨石坑盖满（甚至新的陨石坑侵蚀了老的陨石坑）。一些深谷切割了天卫四的表面，表明了它可能曾经温暖、活跃的历史。■

土卫二

威廉·赫歇尔（William Herschel，1738—1822）

上图：美国宇航局卡西尼轨道器拍摄的土卫二照片，显示了土卫二表面丰富的地形特征：密布的陨石坑、没有陨石坑的平原、山谷、山脊、南极附近的蓝色冰隙虎纹，其中发现了冰的喷发和喷泉管道。

下图：卡西尼号拍摄的土卫二的新月形和水蒸气喷流的照片。

木卫一（1610 年），木卫二（1610 年），木卫三（1610 年），土星有光环（1659 年），土卫四（1684 年），土卫一（1789 年），旅行者号交会土星（1980 年，1981 年），卡西尼号探索土星（2004 年）

英国天文学家赫歇尔并不满足于用他那越做越大的望远镜只观测**天王星**，他开始尝试搜寻土星的新卫星。1789 年 8 月，赫歇尔发现了土星的第六颗卫星；差不多六十年之后，赫歇尔的儿子约翰将这颗卫星命名为希腊神话中的巨人恩克拉多斯（Enceladus，土卫二）。

几个世纪以来对土卫二的观测发现，它的轨道周期是 1.4 天，它非常亮（它的表面几乎反射了 100% 的阳光），它伴随着土星光环一起出现。对土卫二的光谱分析证明土卫二表面覆盖着薄薄的水冰。

1980 年和 1982 年**旅行者号**以及 2004 年**卡西尼号**土星轨道器的探测真正揭示了这个奇怪的小世界的本质。它的直径只有 500 公里，但是展现出太阳系中的各种地质构造。土卫二表面一部分有大量古老的陨石坑，但另一部分非常年轻，因此看不到陨石坑。有些地方有深邃的峡谷、陡峭的山脊和锋利的纹路，表明土卫二上曾经有剧烈的地质活动。

最令人兴奋的发现是来自土卫二南极区域水蒸气的羽毛状结构。卡西尼探测器飞越这些地带证明它们当中包含少量的氮、甲烷、二氧化碳甚至丙烷、乙烷、乙炔。这表明土卫二正在向太空中排出冰和有机分子，就好像它是一颗巨大的彗星而不是土星的卫星。

是什么为土卫二的这些活动提供能量？土卫二的密度是 1.6 克／立方厘米，表明其内部存在岩石物质，因此土卫二活动的能量可能来源于放射性加热。如同**木卫一**、**木卫二**和**木卫三**，由于土卫二与土卫四的轨道共振，可能也存在潮汐加热。卡西尼的数据提供了证据表明，土卫二的表面以下是含盐的液态水层——海洋——潜伏在冰壳内。这一重要发现已经引起天体生物学家的关注。■

1789 年

土卫一

威廉·赫歇尔（William Herschel，1738—1822）
卡罗琳·赫歇尔（Caroline Herschel，1750—1848）
约翰·赫歇尔（John Herschel，1792—1871）

上图：美国宇航局卡西尼号轨道器在 2010 年 10 月拍摄的土卫一照片。130 公里宽的环形山是卫星表面最大的特征。
下图：赫歇尔著名的 12 米长望远镜，用它发现了土卫一和土卫二。

土星有光环（1659 年），土卫八（1671 年），土卫五（1672 年），土卫四（1684 年），土卫二（1789 年），旅行者号交会土星（1980 年，1981 年），卡西尼号探索土星（2004 年）

1789 年

发现土卫二之后不久，1789 年 9 月，威廉·赫歇尔发现了土星的第七颗卫星。这一次，新发现的卫星是最靠近土星的天体，轨道周期不到 1 天。威廉的儿子，约翰·赫歇尔，用希腊神话中泰坦族的米玛斯为土卫一命名。

赫歇尔设计的望远镜使他能探测靠近明亮行星的暗卫星，这些望远镜可以拍摄前所未有的暗源照片。例如，他用主镜直径 1.2 米、总长度 12 米的反射望远镜发现了土卫一和土卫二，这是当时世界上最大的望远镜。

土卫一的光谱分析证明，它的表面以水冰为主，与土卫六以外的土星其他卫星类似。直到**旅行者号**和**卡西尼号**探测器的近距离成像观测，人们才得以研究土卫一的更多特征。成像观测发现土卫一的直径只有 400 公里，比月亮的八分之一还小。密度小于 1.2 克／立方厘米，表明其内部以冰为主。天文学家相信土卫一可能是通过自身引力能形成球形的最小天体。实际上，由于土星强大引力的拉扯，土卫一有一点扁，赤道大约比两极宽 10%。

土卫一遍布陨石坑，但并不均匀。再加上峡谷和断裂带的存在，都表明土卫一的部分区域可能是在地质活动或地质喷发活动后重新形成。土卫一上最独特的特征，是一个巨大的陨石坑，几乎达到整个卫星直径的三分之一，使土卫一看起来酷似《星球大战》电影中的"死星"太空站。■

天文之书 The Space Book

来自太空的陨石

恩斯特·奇洛德尼（Ernst Chladni，1756—1827）
让 - 巴蒂斯特·毕奥（Jean-Baptiste Biot，1774—1862）

2008 年在沙特阿拉伯的鲁卜哈利沙漠坚硬的卵石表面发现的一块小型的（408 克）典型球粒陨石。陨石穿越地球大气层时短暂而炽热的燃烧形成了其黑色熔融的薄层外表。

暴躁的原太阳（约公元前 46 亿年），主小行星带（约公元前 45 亿年），亚利桑那撞击（约公元前 5 万年）

我们认为石头有时候从天上掉下来是理所当然的，但是在人类历史的大部分时间里，这么想就是疯了。很多古人和土著文明注意到一种特殊的石头带有独特的磁场属性或是高度聚集的铁。但是直到 18 世纪末和 19 世纪初，人们才了解到这些石头来自地球之外的**主带小行星**或是**近地小行星**。

德国物理学家恩斯特·奇洛德尼在 1794 年提出，1772 年在俄罗斯城市克拉斯诺雅茨克附近发现的一种被他称为帕拉斯铁的特殊石头包含丰富的金属，来源于外太空。这一主张遭到很多科学家的耻笑，他们都相信这种石头来自火山或是雷击产生。19 世纪初，人们开始对陨石进行细致的实验室研究。1803 年法国物理学家和数学家让 - 巴蒂斯特·毕奥证明了奇洛德尼的主张，他发现一场壮观的流星雨发生之后不久，在艾格勒小镇附近发现的陨石的化学组成与地球上任何已知岩石都不一样。从此，这种石头被称为陨石，研究陨石的科学领域由此诞生。

科学家现已在全世界范围收集了 3 万多块陨石，许多来自与世隔绝的沙漠或是南极的冰雪中，这些地方相对容易发现从天上闯入的古怪石头。落到地球上的绝大多数陨石（86%）由简单的硅酸盐矿物质和细小的球状颗粒组成，科学家认为这些物质是太阳星云最初的物质保留至今，正是这样的物质形成了小行星和行星。大约 8% 的陨石是不含球粒的硅酸盐矿物质构成，这些陨石来自较大的小行星、月亮、火星壳层的地质活动形成的火成岩。只有 5% 的陨石由铁和铁镍合金组成（如奇洛德尼和毕奥最初研究的样本），它们是古老的、现在已经碎掉的小行星和星子核心的碎片，这些小行星和星子已经增长得足够大，在太阳系早期混乱的历史中被撞击摧毁之前形成了壳层、幔层和核心各个部分。■

1794 年

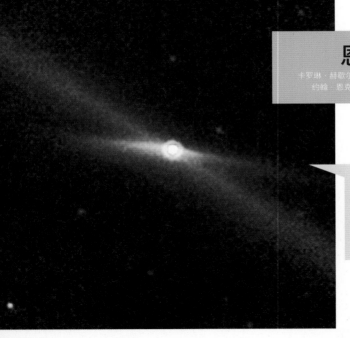

上图：2005 年，美国宇航局斯皮策空间望远镜拍摄的恩克彗星和它不稳定的、破碎的尾部（对角线的亮条）的红外图像。彗星石质和冰质的核心喷发出来的尘埃与气体形成了另一条水平方向的亮条。

下图：1829 年的卡罗琳·赫歇尔画像。

哈雷彗星（1682 年），梅西叶星表（1771 年）

1795 年

在过去几十年的科学实践中，性别平等已经取得了长足的进步，然而在天文观测和发现的历史上，从古至今都是男性主导的世界。最早闯入这个古老的男孩俱乐部的女性先驱者是英国天文学家卡罗琳·赫歇尔，天王星的发现者威廉·赫歇尔的妹妹。

卡罗琳是一位杰出的歌手，经常和她哥哥威廉一起在音乐会上演出。与她哥哥同时开始对天文学有了兴趣。在威廉开始花更多时间制作望远镜并进行观测的时候，卡罗琳一直是威廉的助手。她逐渐熟练掌握了天文计算，并且在打磨镜片和望远镜机械方面的声誉超越了她哥哥。1782 年，在她哥哥的催促下，卡罗琳自己开始从事观测工作。

小卡罗琳把主要精力放在研究彗星上，一生中一共发现了 8 颗新彗星。卡罗琳发现于 1795 年的一颗彗星之后得到德国天文学家约翰·恩克的确认，这是已知的第二颗周期彗星（在**哈雷彗星**之后）。天文学家一直关注着恩克彗星，因为它是已知周期最短的彗星，围绕太阳运动一圈只需要 3.3 年。由于恩克彗星的频繁光顾，它成为人们研究得最多的彗星之一。

卡罗琳·赫歇尔在 1798 年也发表了一份星表，她还独立发现了仙女座大星系的一个伴星系 M 110。卡罗琳·赫歇尔是有史以来最杰出的女性天文学家，她也是第一位被选为英国皇家天文学会荣誉成员的女性，并一直保持这项纪录，直到天文学会八十年后正式接受女性成员。在长期被男性主导的领域，作为技术出众的观测者和女性科学工作者的楷模，卡罗琳为后世留下了长久而深刻的印象。■

谷神星

朱赛普·皮亚齐 (Giuseppe Piazzi, 1746—1826)

2003 年，哈勃空间望远镜拍摄的矮行星谷神星。

 主带小行星（约公元前 45 亿年），灶神星（1807 年），冥王星的发现（1930 年），冥王星的降级（2006 年）

18 世纪末，天王星和十几颗太阳系新卫星的发现激励天文学家投身于天空中做更细致的分类和搜寻工作。其中最一丝不苟的星图绘制者当属巴勒莫天文台的意大利神父、数学家、天文学家朱赛普·皮亚齐。1789—1803 年，皮亚齐神父监制了巴勒莫星表，一份包含将近 8 000 颗恒星的巡天星表。

1801 年 1 月 1 日，作为星表工作的一部分，皮亚齐注意到一颗 8 等亮度的暗星在鲸鱼座头部，此前它没有出现在任何其他星表中。皮亚齐接连几个夜晚观测到这颗星相对恒星的运动，从而认为自己可能发现了一颗新彗星。但是皮亚齐没有看到这颗"彗星"的任何彗发和彗尾的迹象，他怀疑自己发现了更重要的东西。

事实上，皮亚齐和其他人后续的观测使人们在 1801 年末认识到，这颗像恒星一样的天体其实是围绕太阳运动的行星，位于火星和木星之间，大约距离太阳 2.7 个天文单位。皮亚齐用希腊神话中掌管种植的神和自己的赞助者西西里国王费迪南德三世的名字将这颗行星命名为"谷神费迪南德"。天文学家还没有搞明白这颗星的归属，它太小太暗够不上行星，但又肯定不是恒星、彗星、卫星。1802 年天文学家威廉·赫歇尔创造了"小行星"这一名词用于描述谷神星和新发现的智神星。

现代天文望远镜观测已经证明，谷神星是最大的**主带小行星**，直径 950 公里，密度大约为 2 克/立方厘米，表明它可能存在一个富含冰的核心。由于谷神星足够大，以至于可以凭借自身的引力形成球状外观。天文学家今天将它分类为矮行星（如同**冥王星**）。我们对这个小世界还缺乏足够的了解，但这一切将随着 2015 年美国宇航局的曙光号探测器近距离接触谷神星的计划而改变。

到 2012 年 6 月，天文学家已经确定了超过 50 万颗小行星的轨道，在更细致的巡天发现更暗天体的帮助下，这一数字还将继续增加。太阳系是一个热闹的小行星家族！ ■

1801 年

灶神星

海因里希·奥伯斯（Heinrich Wilhelm Olbers，1758—1840）
高斯（Carl Friedrich Gauss，1777—1855）

2007 年 5 月，哈勃空间望远镜拍摄的灶神星 5.3 小时周期的快速自转的多个面。南极的大陨石坑让灶神星呈椭圆形。

主带小行星（约公元前 45 亿年），谷神星的发现（1801 年），曙光号在灶神星（2011 年）

1801 年谷神星被发现之后不久，第二颗小行星智神星紧接着于 1802 年被发现，第三颗小行星婚神星于 1804 年被发现。德国天文学家海因里希·奥伯斯直接参与了其中两颗小行星的发现，1801 年末再次在预测的位置确认谷神星，1802 年发现并命名了智神星。奥伯斯白天是内科医生，晚上是天文学家。他认为，谷神星和智神星这样的天体可能是一个存在于火星和木星轨道之间的大行星碎裂的残骸。

奥伯斯开始着手搜寻更多潜在的行星碎块。1807 年，他发现了第四颗已知的小行星。数学家高斯计算了它的轨道，并用罗马女灶神将其命名为灶神星。高斯发现，和谷神星、智神星和婚神星一样，灶神星的轨道属于**主小行星带**，距离太阳 2.1~3.3 个天文单位，中间值为 2.7 个天文单位。天文学家现在知道这四颗小行星占主小行星带全部质量的大约 50%。它们通常被当作新的行星而写入 19 世纪早期的天文学教科书。今天我们可以称它们为矮行星。

灶神星是主带小行星中最亮的一颗。地面天文观测，哈勃空间望远镜和美国宇航局的**曙光号探测器**发现，它直径 530 公里，密度 3.4 克 / 立方厘米暗示了其岩石内部。两个位于南极附近的巨大撞击盆地使它呈扁球形。光谱数据表明，这颗小行星曾经融化，就像是大部分类地行星那样分化为核心、幔、火山壳层几部分。今天在地球上发现的古铜钙无球粒陨石（Howardites）、钙长辉长岩（Eucrites）和奥长古铜无球粒陨石（Diogenites）这几种类型的陨石，可能是灶神星南极撞击过程中飞溅的物质。

在曙光号 2011—2012 年围绕灶神星的任务中，提供了研究灶神星地质、化学组成和历史的大量细节。已经发现这颗小行星是古老的过渡天体的罕见幸存者，它的特征介于小行星和行星之间。灶神星是理解地球这样的类地行星形成过程的重要线索。■

光谱学的诞生

牛顿（Isaac Newton，1643—1727）
威廉·沃拉斯顿（William Hyde Wollaston，1766—1828）
约瑟夫·冯·夫琅禾费（Joseph von Fraunhofer，1787—1826）

亚利桑那美国国家天文台的太阳光谱显示出一系列高分辨率的可见光谱线，称为夫琅禾费线。在每一行中，波长从左向右增加，从左下角的紫色开始，直到右上角的红色结束。

1814年

 牛顿万有引力和运动定律（1687年），光速（1676年），氦（1868年），皮克林的"哈佛计算机"（1901年）

1672年，牛顿的实验证明太阳光不是白色或黄色，而是由许多不同颜色的光组成。这些光可以分解为一条光谱，因为不同颜色的光在穿过介质（比如棱镜）时的折射方向不同。包括英国科学家威廉·沃拉斯顿在内的其他人重复和扩展了牛顿的实验。沃拉斯顿在1802年第一个观测到太阳光谱的一部分显示出神秘的暗线。

为了理解这些暗线和它们准确出现的位置，科学家需要工具和方法。1814年，德国眼镜商夫琅禾费开发了一种叫作光谱仪的工具。这种仪器带有一个特殊设计的棱镜，用于测量实验技术中谱线的位置或波长，我们现在称这项工作为光谱学。用他的光谱仪，夫琅禾费观测了500多条太阳光谱中的暗线——天文学家今天称这些谱线为夫琅禾费线。1821年，他用光栅替换棱镜制作了一台高分辨率光谱仪，并用来观测天狼星等亮星的光谱，发现恒星光谱上有不同于太阳的谱线。

19世纪中期，物理学家和天文学家能在实验室中利用光穿过不同气体的实验重建这些谱线，从而发现这些谱线是不同种类的原子吸收不同种类、非常窄的特定波长的光造成的。光谱学立即成为测量远距离光源的原子和分子组成的主要方法，天文学家可以不需要直接接触这些遥远的天体，就能测量太阳、行星大气、恒星或是星云的化学成分，所有这些只需要望远镜和某种光谱测量设备或光谱仪。事实上，基于地面或太空望远镜的，以及基于轨道器或是着陆器的光谱学在现代天文学和太空探索中仍发挥着重要作用。■

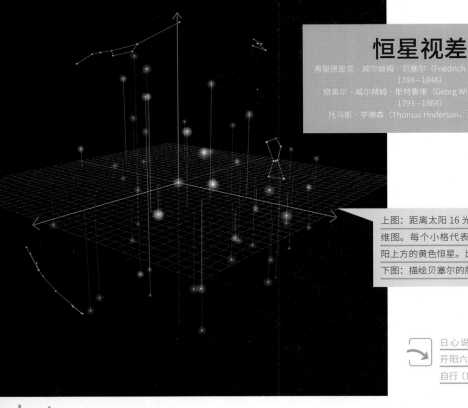

恒星视差

弗里德里克·威尔赫姆·贝塞尔（Friedrich Wilhelm Bessel, 1784—1846）

格奥尔·威尔赫姆·斯特鲁维（Georg Wilhelm Struve, 1793—1864）

托马斯·亨德森（Thomas Hnderson, 1798—1844）

上图：距离太阳 16 光年以内的 50 颗恒星的三维图。每个小格代表 1 光年。天鹅座 61 是太阳上方的黄色恒星。比邻星位于太阳左下方。

下图：描绘贝塞尔的版画（1898 年）。

 日心说的宇宙（公元前 280 年），开阳六合星系统（1650 年），恒星自行（1718 年），白矮星（1862 年）

1838 年

视差是因为观测者的位置变化而产生的天体的视运动。举起一根手指放在面前，然后交替闭上左右眼，你会发现手指相对于背后的景物移动了位置，这就是视差。

在实际情况中，可以利用更大的位移做类似的实验。地球轨道的直径可以用来搜索恒星之间的视差运动，从而确定它们到地球的距离。回到阿里斯塔克的时代甚至到第谷时代，天文学家没能观测到恒星的视差，因此他们认为地球处在宇宙的中心，没有运动。哥白尼的日心说创立之后，依然没有观测到任何恒星的视差，这意味着恒星距离我们可能非常遥远。但是具体是多远呢？

1838 年，德国数学家和恒星星图专家贝塞尔终于最终赢得了这场测量恒星视差的竞赛。他用了相隔六个月的时间（地球位于太阳的相反方向）测量出天鹅座 61 这颗星的视差为 0.314〔角〕秒（0.000 087 度）。地球在两次测量中的位置变化了 2 个天文单位（3 亿公里），贝塞尔估算出地球与天鹅座 61 的距离大约是 9 万亿公里，或将近 10 光年。

贝塞尔的估计非常接近现代接受的 11.4 光年的结果。1838 年，天文学家斯特鲁维和亨德森也报告了类似的视差发现。这些发现估计织女星距离我们大约 25 光年，比邻星距离我们大约 4.3 光年。比邻星也是已观测到的天空中恒星自行最大的天体之一，它是距离我们太阳系最近的恒星系统，接近地球平均轨道距离的 272 000 倍。■

最早的天文照片

约翰·威廉·德雷柏 (John William Draper, 1811—1882)
亨利·德雷柏 (Henry Draper, 1837—1882)

1839 年和 1840 年的冬季，约翰·德雷柏在纽约拍摄的接近满月的银版照片，这是人类已知最早的天文摄影。德雷柏用一个 7.6 厘米的镜头将月亮聚焦在一块镀银的铜板上，必须令铜板的某些部分保持稳定 20 分钟。

 猎户座大星云 (1610 年)，光谱学的诞生 (1814 年)，天文学走向数字化 (1969 年)

大部分 19 世纪之前的成功的天文学家都有必要有艺术天赋，因为记录他们观测结果的唯一方式就是把他们眼睛看到的东西画下来。但是，1839 年照相技术的发明很快改变了这个状况。随着时间的推移，新改进的照相方法将永久地改变天文学的面貌。

早期的照相方法笨重、简陋、危险。法国发明家、艺术家路易斯·达盖尔和约瑟夫·涅普斯发明了银版照相技术，能在镀银的铜板上产生相对锐利的图像，但是这项技术要求摄影师在靠近有毒的水银、碘、溴的蒸汽环境下工作。法国政府在这项技术发明后不久就将其免费推广到全世界使用。

美国医生、化学家、摄影师约翰·威廉·德雷柏迅速发展了银版照相技术。他的科学兴趣驱动他将设备指向天空。1839—1843 年，他拍摄了一系列高质量的月亮银版照片。德雷柏的月亮照片是人类第一次记录了可分辨的天体的影像，因此他被誉为天文照相的发明者。

19 世纪 70 年代发明的干板照相技术帮助天文照相成为用于记录图像和光谱的重要科学研究工具。约翰·德雷柏的儿子亨利·德雷柏继承了他父亲的遗产，1872 年他将照相机装在大型望远镜上第一次记录了织女星的光谱，1880 年第一次获得了**猎户座大星云**的照片。

胶片最终取代了干板，到 20 世纪中期，类似的照相技术已经达到了敏感度的极限。20 世纪 70 年代发展的电子成像技术（主要是电荷耦荷设备）在科学和民用方面都已经取代了照相底片的使用。■

1839 年

海王星的发现

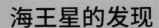

奥本·勒维耶（Urbain Le Verrier，1811—1877）
约翰·柯西·亚当斯（John Couch Adams，1819—1892）

旅行者 2 号接近海王星时拍摄的近乎完整的海王星照片。在行星临近中心的位置上可以看到大黑斑，这是一个类似木星大红斑的旋涡风暴。

海王星（约公元前 45 亿年），牛顿万有引力和运动定律（1687 年），天王星的发现（1781 年），海卫一（1846 年），旅行者 2 号在海王星（1989 年）

1846 年

在发现天王星之后的几十年间，天文学家已经仔细地跟踪了它的位置并修正了运动轨道。有些人注意到，利用**牛顿万有引力**定律预测的轨道与天王星在天空中实际经过的路线有些许差异。两个有特殊才干的理论家，英国天文学家约翰·柯西·亚当斯和法国数学家奥本·勒维耶认为，这些差异可能是由另一颗未见的行星的引力拉扯导致的。

1845—1846 年，勒维耶和亚当斯各自独立工作，分别发展了关于天王星引力扰动的假设预测。亚当斯使他在剑桥的同事们确信可以找到另一颗对天王星产生引力摄动的行星，但是观测者已经搜索了大面积的天空，没有发现恒星以外的天体。

相反，勒维耶的预测集中在一个较窄的天区里。在 1846 年 9 月 24—25 日的夜里，他和德国天文学家约翰·加勒一起在柏林天文台只花了几个小时就发现了它，并且确认它就是第八颗大行星。这项发现宣告了牛顿引力理论的胜利，法国数学家和政治家弗朗西斯科·阿拉戈赞扬道："勒维耶用钢笔发现了一颗新行星。"勒维耶以罗马海神的名字将它命名为**海王星**。海王星的发现将太阳系的范围又扩大了一倍。

海王星的平均轨道距离大约 30 个天文单位，轨道周期接近 165 天。海王星的直径不大，运动缓慢，这些解释了为什么包括伽利略在内的几位早期天文学家已经观测到了海王星，但是包括亚当斯及其剑桥同事在内的天文学家却把它当作一颗蓝色的恒星。**旅行者 2 号**在 1989 年飞临海王星的时候对它进行了近距离观测，这些观测给科学家提供了一个机会可以目睹这个遥远而美丽的蓝色暴风雨世界。■

海卫一

约翰·赫歇尔（John Herschel, 1792—1871）
威廉·拉塞尔（William Lassell, 1799—1880）

1989 年 8 月 25 日，旅行者 2 号拍摄的海卫一的伪彩色照片。图像显示海卫一由氮和甲烷冰组成的明亮的南半球冰盖，以及山脊和氮气的类似间歇泉的活动形成的斑点。

冥王星和柯伊伯带（约公元前 45 亿年），土卫一（1789 年），海王星的发现（1846 年），冥王星的发现（1930 年），旅行者 2 号在海王星（1989 年）

1846 年**发现海王星**给天文学家提供了一个寻找卫星的新目标，但是因为海王星距离太阳太远，这项工作很有挑战性。英国商人、从业余转为专业的天文学家威廉·拉塞尔在发现海王星之后 17 天就发现了海王星的卫星。拉塞尔靠酿造啤酒赚来的钱打造了他自己的望远镜，自己打磨镜片并安装了直径 61 厘米的牛顿式反射镜，成为当时世界上最大的可动望远镜。威廉·赫歇尔听说海王星发现后，建议拉塞尔用他的望远镜搜寻海王星的卫星。

仅仅 8 天之后，拉塞尔就找到了一颗奇怪的星星。经过跟踪它的轨道，拉塞尔发现和其他已知的太阳系卫星相比，它逆行围绕海王星旋转。更特殊的是，与海王星的轨道平面相比，它的轨道高度倾斜，以至于它的两极有时候完全指向太阳，这一点类似于天王星高度倾斜的自转。拉塞尔没有为他的发现命名，之后的天文学家同意用海神波塞冬之子特赖登（Triton）来为之命名。

在**旅行者 2 号**与海卫一交会之前，我们对它缺乏更多的了解。直到 1989 年，通过旅行者 2 号我们知道它的直径是 2 700 公里，表面反射率为 70%~80%，冰岩混合的密度为 2.1 克 / 立方厘米。最令人惊讶的是发现了海卫一非常稀薄的氮气大气层和缓慢喷发的喷流管道，这些喷流沿着年轻的地质结构（少见陨石坑）分布，通过冰火山持续地喷发重新构造新的卫星表面。

最近发现海卫一地貌更奇特的是，氮、水、干冰组成了只有绝对零度之上 30~40 ℃的表面，它的内部可能有温暖的放射性加热。海卫一就像是冥王星的孪生兄弟，许多天文学家相信海卫一和冥王星一样都是形成于柯伊伯带的天体，之后被海王星以某种方式捕获，落入倾斜旋转的卫星轨道。■

右侧竖排：1846 年

米切尔小姐彗星

玛莉亚·米切尔（Maria Mitchell，1818—1889）

楠塔基特岛历史学会提供的 1865 年前后的玛莉亚·米切尔照片，同一时间，她成为世界上第一位女性天文学教授。

 恩克彗星（1795 年）

1847 年

尽管 18 世纪英国天文学家卡罗琳·赫歇尔已经开创了女性研究天文学的先河，但很长时间以来，在该领域鲜有取得成功的女性。半个多世纪以后，才有另一位女性科学家在天文学领域作出了学术贡献。

这位女性是居住在楠塔基特岛的玛莉亚·米切尔，一位有经验的观测天文学家和教育家。米切尔在岛上她父亲创立的学校帮忙教书，并最终成为图书馆员。那段时间米切尔不断从书籍中汲取科学知识和文学素养，同时继续丰富她对夜空的观测经验。1847 年，利用她父亲的小天文台，米切尔发现了一颗只能用望远镜看到的暗弱的彗星。这颗彗星最终被命名为"米切尔小姐彗星"。

米切尔的天文学工作涵盖多个领域。她旅行到欧洲，见到其他天文学家，并被授予奖励，最终获得一份为航海年历出版商计算金星位置的工作。她成为美国艺术与科学学院的第一位女性成员，以及美国科学促进会的第一位女性会员。

如同她对天文学研究的热爱，米切尔小姐始终热衷于她在楠塔基特岛创立的教育事业。1865 年富有的纽约商人马修·瓦萨（Matthew Vassar）给米切尔提供他所创办的女子大学的教职，米切尔接受了这份工作，她不仅成为瓦萨大学的第一位女教员，同时也是世界上第一位女性天文学教授。米切尔后来成为萨瓦大学天文台台长，用天文台的设备作为教学工具指导她的学生，同时继续开展对太阳黑子的研究和木星、土星、卫星面貌的重新认识。米切尔在瓦萨大学执教了 23 年，培养了大量女性继续从事科学事业。在她去世后，用她的遗产创立了玛莉亚·米切尔协会。1908 年，协会在楠塔基特岛开设了玛莉亚·米切尔天文台，用于天文学教学和研究。■

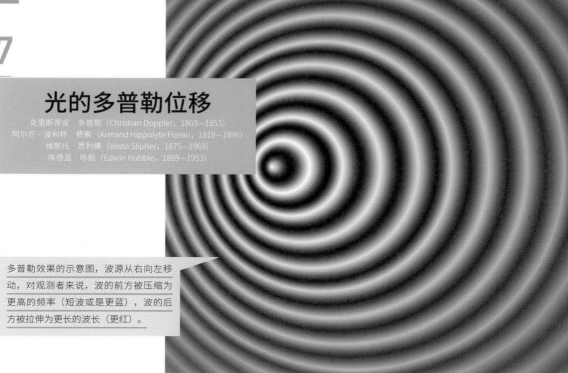

光的多普勒位移

克里斯蒂安·多普勒 (Christian Doppler, 1803—1853)
阿尔芒·波利特·费索 (Armand Hippolyte Fizeau, 1819—1896)
维斯托·思利佛 (Vesto Slipher, 1875—1969)
埃德温·哈勃 (Edwin Hubble, 1889—1953)

多普勒效果的示意图，波源从右向左移动，对观测者来说，波的前方被压缩为更高的频率（短波或是更蓝），波的后方被拉伸为更长的波长（更红）。

1848年

大爆炸（约公元前 138 亿年），梅西叶星表（1771 年），光谱学的诞生（1814 年），哈勃定律（1929 年）

当一辆救护车或是火车呼啸而过，或是赛车接近我们之后再扬长而去，我们大部分人很熟悉这时听到的声音的变化。火车远去时的声音比接近时的声音频率要低。这种变化以奥地利物理学家克里斯蒂安·多普勒的名字命名为多普勒效应，多普勒在 1842 年首先提出，观测到波的频率应该依赖于波源和观测者之间相对速度的变化。

1845 年，荷兰气象学家柏斯·巴洛特用实验证实了声波的多普勒假设。他雇用音乐家在运动的火车上弹奏音符，然后让静止的观测者在火车靠近和远离的时候报告他们听到的声音。1848 年，法国物理学家费索证明了多普勒假设如何应用于光波，他注意到恒星光谱中吸收线的频率有些许变化。

天文学家把这些频率改变称为多普勒位移，天体接近或远离我们的速度决定了频率变化的大小和方向。天体接近我们时，它们的光谱向高频或短波（蓝色）方向位移；相反，天体远离我们时光谱发生红移。19 世纪 60 年代，天文学家第一次精确测量了恒星的相对运动速度。19 世纪 70 年代，利用地球围绕太阳的周年运动探测恒星的多普勒位移成为可能。20 世纪初，美国天文学家维斯托·思利佛利用观测，证明大部分已知的星云（诸如**梅西叶**列表上的）是红移的，或者说是远离我们而去。不久之后，**埃德温·哈勃**，另一位美国天文学家，证明了这些星云其实是远离银河系的其他星系。哈勃的工作直接得出了一个概念：宇宙正在膨胀和**大爆炸**理论。■

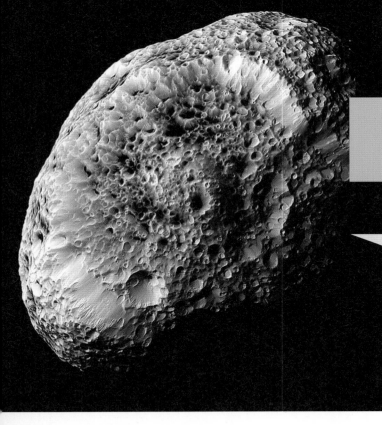

土卫七

威廉·邦德（William Bond，1789—1859）
威廉·拉塞尔（William Lassell，1799—1880）
乔治·邦德（George Bond，1825—1865）

2005 年 9 月，美国宇航局卡西尼号土星轨道器拍摄的不规则的海绵状土卫七。卫星的长轴大约 330 公里，长达 120 公里的环形山是卫星表面的主要特征。

土卫八（1671 年），土卫一（1789 年），土卫九（1899 年），卡西尼号探索土星（2004 年）

1848 年

自从 1789 年威廉·赫歇尔发现**土卫一**之后，长达半个世纪的时间没有再发现木星、土星、天王星的新卫星。1848 年末，两个研究团组在几天之内，前后独立发现了土星的第八颗卫星。美国父子天文学家团队威廉·邦德和乔治·邦德首先目视观测到新卫星，但是英国天文学家威廉·拉塞尔首先公开了他的观测。三位天文学家都因这项发现而载入史册。就在仅仅一年之前，约翰·赫歇尔发表了用希腊神话泰坦族命名土星卫星的方案，拉塞尔赞同这个方案并建议新发现的卫星用希腊泰坦族神话命名为许珀里翁（Hyperion）。

人们对土卫七的了解只限于旅行者 2 号和卡西尼号轨道器飞临土星时的发现，它的运动轨道有较大的偏心率，距离土星的平均距离大约是土星半径的 25 倍（恰好在土星光环系统之外）。土卫七是望远镜发现的第一个最大的不规则卫星。空间探测器拍摄的照片显示，它的尺寸大约是 328 公里 ×260 公里 ×214 公里，最近的光谱研究发现它的表面由暗红色的脏脏的水冰组成，可能与**土卫八**的暗面类似。土卫七有着极为奇怪的像海绵一样的表面，大量环形山、锋利的凹陷和峭壁是土卫七表面的显著特征。一个宽 120 公里、深 10 公里的巨型环形山削掉了土卫七的整个侧面，这意味着土卫七可能是一颗大卫星被撞击后的碎片。土卫七的密度只有 0.56 克 / 立方厘米，表明主要部分是多孔的冰体。天文学家认为土卫七内部的40%~50% 的部分是冰块之间的空间。■

傅科摆

莱昂·傅科（Jean Bernard Léon Foucault，1819—1868）

西班牙瓦伦西亚艺术和科学城博物馆菲利浦王子制作的大傅科摆。由于傅科摆的平面保持在惯性参考系中，相对于地面缓慢旋转，所以地面上作为标记的小球每 3 分钟被撞倒一次。

 牛顿万有引力和运动定律（1687 年）

1851 年

　　在空间时代，地球自转已经成为一个常识。但想象一下，回溯到没有卫星、空间探测器、超级计算机天文馆的时代，要令人相信地球自转并不容易。直觉上，人们觉得运动的是太阳和天空，不是地球。如果地球自转的速度达到每天一圈（赤道上的速度大约每小时 1 600 公里），我们为什么没有被甩到太空里去？甚至在今天，对某些人来说，相信地球在自转也很困难。我们所需要的是提供一个可重复的、简单的物理实验证明地球在旋转。

　　虽然已经有大量的实验成功证明了地球自转，但其中最著名的一个当属 1851 年法国物理学家莱昂·傅科的。傅科像每一位优秀的物理学家一样，理解了**牛顿定律**并利用第一定律做了这个实验（处于静止和运动中的天体总是保持静止或运动状态，除非有外力的作用）。他用大球建造了一个又长又重、稳定的单摆，长 67 米的线上挂上镀铅的铜球从巴黎先贤祠的天花板上垂下来。傅科知道如果没有外力的作用，当单摆开始摆动之后，将稳定在一个固定的平面内摆动。这个固定的平面是和恒星同样的惯性参考系下的平面，不是相对于地球的平面。像日晷一样摆上一圈标记物，会很容易发现单摆的摆动平面开始缓慢旋转。接下来的一年里，傅科基于同样的原理完善了陀螺仪的制造。

　　因为实验的简单易行，傅科摆成为 19 世纪的一场轰动。直到今天，还能在大学、博物馆和科学中心找到几百个傅科摆的复制品。■

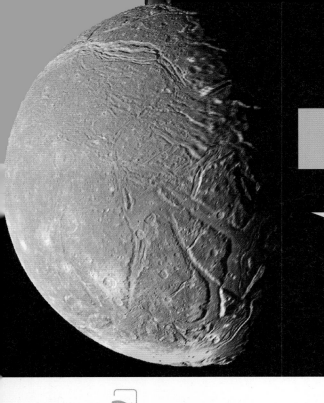

天卫一

威廉·拉塞尔（William Lassell，1799—1880）

1986 年 1 月 24 日，旅行者 2 号拍摄的天卫一最近距离的彩色拼接照片。复杂的山脊和峡谷表明天卫一的冰世界表面上曾经经历过地质活动。

 天卫三（1787 年），天卫四（1787 年），海卫一（1846 年），土卫七（1848 年），天卫二（1851 年）

英国实业家和业余天文学家威廉·拉塞尔因为 1846 年发现**海卫一**和 1848 年共同发现**土卫七**而闻名。拉塞尔在一个恰当的观测地点作出了这些发现，这个天文台在英格兰利物浦的拉塞尔附近，名叫赛特菲尔德。这座天文台采用了拉塞尔新发展出来的望远镜桁架方式（他完善了赤道式望远镜设计，直到今天还在广泛应用）和新的镜片加工与打磨技术。

拉塞尔的同乡，威廉·赫歇尔，在 1787 年利用口径 47 厘米的望远镜发现了天卫三和天卫四。当 1851 年拉塞尔用口径 61 厘米的牛顿式反射望远镜（当时世界上最大的可转动望远镜）指向天王星系统的时候，他期待发现更暗、可能更靠近天王星的新卫星。他的耐心终于取得了回报。他发现了围绕天王星的两颗新卫星。1852 年，他的同事约翰·赫歇尔用蒲柏和莎士比亚作品中的虚构人物为其中最靠近天王星的一颗卫星命名为阿里尔（Ariel，即天卫一）。

1986 年 1 月，旅行者 2 号空间探测器飞临天王星系统时，用高分辨率成像观察了天卫一被日光照射的南半球（这颗卫星和天王星一样躺着运动，旅行者 2 号靠近的时候，卫星的南极始终指向太阳）。数据显示，天卫一直径大约是 1 160 公里，密度大约是 1.7 克 / 立方厘米，表明它的内部结构为冰石混合。长网状的复杂山脊和平坦的峡谷意味着天卫一过去经历过地质活动，这些活动可能由天王星或是其他更大卫星的潮汐作用驱动。

最近的地面望远镜观测已经可以分辨出天卫一表面的水和干冰。二氧化碳主要出现在天王星磁场强烈影响着的半球上，这表明在太阳系外层空间中与磁场相互作用可以产生有趣的化学现象。■

1851 年

天卫二

威廉·拉塞尔（William Lassell，1799—1880）

上图：英国天文学家威廉·拉塞尔的肖像。

下图：1986 年，旅行者 2 号飞临天王星系统时拍摄的天卫二照片。

↳ 天卫三（1787 年），天卫四（1787 年），海卫一（1846 年），土卫七（1848 年），天卫一（1851 年），旅行者 2 号在天王星（1986 年）

英国天文学家威廉·拉塞尔一共发现了四颗太阳系卫星，其中两颗发现于 1851 年 10 月 24 日的同一个夜晚。这两颗新发现的卫星比另外两颗（天卫三、天卫四）更靠近天王星。采用拉塞尔的同事约翰·赫歇尔提议的英国景点戏剧人物主题的命名方法，新发现的两颗卫星分别被命名为阿里尔（天卫一）和昂布雷尔（Umbriel，天卫二）。昂布雷尔的名字来源于英国诗人亚历山大·蒲柏的作品《夺发记》中的角色"昏暗的忧郁精灵"。

拉塞尔没有接受过学院派天文学家的训练，相反，他因为商业上的成功而著名。他将自己的财富用于制造望远镜和观测星空的热情上。他似乎有着卓越的设计和机械工程技术。他不满足为他的牛顿式反射望远镜建造简单的大镜片，他利用高级技术完善了用于镜片的反射合金制造——通常选用含砷的铜锡合金。另外，他发展了镜片打磨的新技术和机器，大大提升了望远镜的光学性能。拉塞尔精心打造的光学系统口径为 61 厘米，具有优秀的集光能力。这些高敏感度的设备帮助他探测到天王星余晖中像天卫一和天卫二这样的暗弱卫星。

1986 年，**旅行者 2 号**飞临天王星的时候发现，天卫二是天王星卫星中最暗的一个，除了少数一些明亮的年轻环形山以外，大部分表面仅反射阳光的 10%（相比之下，天卫一表面反射阳光的 25%）。旅行者号只发现了天卫二表面遍布陨石坑，没有发现更复杂的地质活动线索。天卫二与天卫一直径相当，但不知道为什么缺乏天卫一那样的山脊和峡谷。可能关键因素在于天卫二的密度较低（1.4 克 / 平方厘米），内部缺少岩石成分。目前，人们只完成了天卫二表面 20% 的高分辨率成像的观测。可能未来的空间探测器可以完成这个世界的地质勘查。■

1851 年

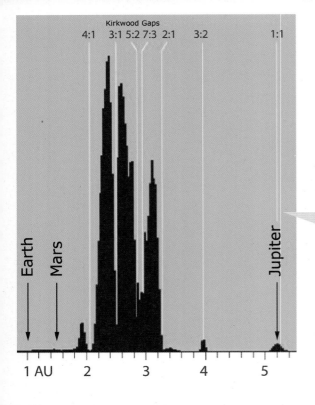

Kirkwood Gaps

4:1   3:1 5:2 7:3 2:1   3:2   1:1

Earth

Mars

Jupiter

1 AU   2   3   4   5

已知小行星的距离分布图，竖轴是小行星数目，峰值大约为 15 000，横轴是它们的平均距离，单位是天文单位。

主小行星带（约公元前 45 亿年），木卫三（1610 年），土星有光环（1659 年），谷神星（1801 年），灶神星（1807 年）

柯克伍德缺口

丹尼尔·柯克伍德（Daniel Kirkwood，1814—1895）

102

1857 年

19 世纪初发现的小行星——谷神星、智神星、婚神星、灶神星——开辟了太阳系研究的新时代，即小行星研究时代。1807 年，在发现灶神星 35 年后，没有发现新的小行星。19 世纪中期对望远镜敏感度的改进使已知小行星的数量爆发式增长。到 1857 年，已经发现了 50 颗小行星，它们全都是位于火星和木星轨道之间的**主带小行星**。

小行星星族引起了美国数学家丹尼尔·柯克伍德的注意。柯克伍德早在 1846 年就因为发现一种行星的自转周期与距离之间的关系而知名，这一关系起初看起来是对的。虽然这个理论最终被更好的数据证明是错误的，但他继续致力于其他太阳系动力学研究。柯克伍德考虑 50 颗已知小行星轨道属性的时候发现了一个值得注意的事实：小行星到太阳的距离既不是均匀分布，也不是杂乱分布，甚至不是钟形分布，而是聚集成某些集团，许多小行星只存在于特定的距离上，在某些特定距离上不存在小行星。

柯克伍德发现主小行星带上不存在小行星的位置，是那些同样时间里公转次数是木星整数倍的地方。举例来说，在大约 2.25 个天文单位的地方没有发现小行星，木星围绕太阳一圈的时间恰好可以让这个地方的天体围绕太阳运动三圈。他正确地提出了木星和某些特定位置天体之间的轨道共振，这些天体受到木星的引力拖拽倾向于远离这些特定区域，甚至最终离开主小行星带。

150 多年的数据已经验证了这个预言。为纪念柯克伍德的贡献，天文学家称这些缺口为柯克伍德缺口。这些缺口的位置即平均运动共振的地方。其他已发现的共振位置还有 5:2 和 7:3。在**土星光环**中也存在这样的平均运动共振。■

天 文 之 书 The Space Book

太阳耀发

理查德·卡林顿（Richard Carrington，1826—1875）

2010 年 3 月 30 日，美国宇航局太阳动力学天文台卫星拍摄的太阳耀斑中氦离子的极紫外光照片。耀斑的环中可以放入上百个地球。

 太阳的诞生（约公元前 45 亿年），中国古代天文学（约公元前 2100 年），米拉变星（1596 年）

太阳是太阳系中质量最大、能量最大和对我们来说最重要的天体，因此 19 世纪许多天文学家都把他们的望远镜对准这颗我们近邻的恒星以研究它的内部活动。利用滤光片和将太阳表面投影到屏幕上，天文学家能测量和监测像黑子这样的太阳光球表面特征。人们已经研究太阳黑子好几百年了，最早的观测可以追溯到 17 世纪早期。望远镜和观测技术的改进允许我们更细致地研究这些太阳表面特征。

观测到太阳黑子最多的人是英国业余天文学家理查德·卡林顿。1859 年 9 月 1 日，卡林顿观测到一团黑子附近有剧烈的增亮。这一事件仅仅持续了几分钟。第二天，有报道称出现了世界范围的极光、大量的电报和其他电子设备的工作中断。

卡林顿所发现的，是最早记录的太阳耀斑：太阳表面的剧烈爆发向太阳系高速地抛射高能粒子。太阳风冲入地球具有保护性的磁场后引发的剧烈效果就是太阳风暴。在此之后观测到了很多太阳耀斑和太阳风暴。但可视记录和冰核数据表明，1859 年的事件不仅是第一次也是有史以来记录的最大的一次，可能是千年一遇的巨大耀斑。

卡林顿的科学观测创立了太阳活动与地球环境之间的联系，激发了人们研究空间天气（即太阳风与所有大行星相互作用）的巨大兴趣。今天的地球轨道卫星阿玛达号上承载着价值上亿美元的技术和设施，它很容易受到太阳耀斑和继而发生的太阳风暴的影响进而毁坏。这就是为什么美国宇航局和其他空间机构坚持继续卡林顿的重要工作，预测、监测和理解空间天气的效果。■

1859 年

寻找祝融星

乌尔班·勒维耶（Urbain LeVerrier，1811—1877）

艺术家创作出来的祝融型小行星。

行星运动三定律（1619 年），牛顿引力和运动定律（1687 年），海王星的发现（1846 年），爱因斯坦奇迹年（1905 年）

1859 年

法国数学家乌尔班·勒维耶遇到新的理论挑战的时候，还沐浴在 1846 年**发现海王星**的荣光里。**水星**快速运动（围绕太阳一圈只需要 88 天）的天文学观测持续了几十年，天文学家们发现了一些运动中的矛盾。这些矛盾导致了水星凌日预测的不精确和其他与水星有关的观测现象。**开普勒定律**和**牛顿运动定律**对水星以外的太阳系行星、卫星、小行星的计算出奇地好用。为什么水星就是不行？

勒维耶猜测水星轨道问题的根源与十多年前发现天王星轨道问题的原因一样，都是由于另一颗行星的引力拖拽，影响了轨道。另一颗行星正在等待人们的发现！勒维耶做了一些计算后提出了这颗看不见的行星位置的预言，他指出这颗行星一定非常靠近太阳，轨道周期只有 20 天左右。他甚至用古罗马火神的名字给这颗行星命名为伏尔甘（Vulcan，祝融星）。1859 年，他向法国科学院宣布了他的发现，一场寻找火神星的运动上演了。

用望远镜观测水星很不容易，因为水星在天空中从来不会离开太阳超过 20 度，天文学家为了观测到水星必须对抗太阳的光辉。祝融星的搜索更是一种挑战，人们预言火神星不会离开太阳超过 8 度。大批专业的和业余的天文学家加入搜索的行列。勒维耶报告了几个在接近正确位置发现的凌日小天体，也报告了几个发现于日食期间的小天体，但这些报告没有得到后续观测的验证。直到 1877 年勒维耶去世前，他仍然认为祝融星就在那里，等待人们的发现。

天文学家没有找到祝融星，因为水星的轨道运动最终被发现是受到**爱因斯坦**广义相对论的启发，过于靠近太阳的时空曲率改变了水星的轨道运动。但是，勒维耶的搜索仍然以某种方式继续存在。现代天文学家正在寻找水星轨道以内的小行星星族，即祝融型小行星。■

白矮星

弗里德里希·威尔海姆·贝塞尔（Friedrich Wilhelm Bessel, 1784—1846）
阿尔文·克拉克（Alvan Clark, 1804—1887）
阿尔文·格雷姆·克拉克（Alvan Graham Clark, 1832—1897）

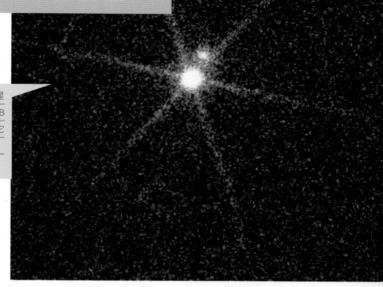

美国宇航局钱德拉 X 射线天文台拍摄的天狼星和它的伴星白矮星天狼星 B 的图像。天狼星 B 是图像中更亮的那颗，表面温度 25 000 K，它是一个巨大的 X 射线发射体。在可见光波段，天狼星 B 实际上比天狼星暗一万倍。

行星运动三定律（1619 年），开阳六合星系统（1650 年），恒星自行（1718 年），恒星视差（1838 年），中子星（1933 年），黑洞（1965 年）

1862 年

19 世纪下半叶，诸如英国的威廉·拉塞尔和美国的阿尔文·克拉克这样熟练的天文学家和仪器制造者们设计、建造、操作着更大、更高质量的望远镜。克拉克的专长是设计和打磨大口径折射镜片，这些镜片同时具有优秀的角分辨率和色差——没有出现之前大型折射镜中存在的彩色晕鬼影。阿尔文·克拉克和他的儿子们，麻省的望远镜制造者们，凭借制造高质量的设备获得了世界范围的声誉，许多由他们制造的望远镜直到今天还在使用。

克拉克的其中一位儿子阿尔文·格雷姆·克拉克经常把公司的新镜片用于自己的天文学研究。1862 年 1 月 31 日，在波士顿郊区的一次偶然观测中，年轻的克拉克使用口径 47 厘米折射望远镜对准明亮的临近恒星天狼星。1844 年，德国数学家弗里德里希·威尔海姆·贝塞尔预言天狼星和南河三（小犬座 α）的**自行**发生变化，这些变化由另一颗看不见的伴星导致。在极度晴朗的夜晚，优秀的望远镜使克拉克发现了天狼星的暗弱伴星，即天狼星 B。

20 世纪初，人们发现天狼星 B 的光谱更暗，但是接近天狼星自己。这颗星和其他一些新发现的可见的暗星都被列入了一个新的恒星类别，即白矮星。现在，人们已经知道白矮星是低质量、烧尽了氢燃料的类太阳恒星的演化终点，因为质量太小，不能爆发为超新星。

利用**开普勒定律**分析它们的轨道，人们发现像天狼星 B 这样的白矮星极为致密，相当于把 0.5~1.3 倍的太阳质量打包为地球的体积，密度超过 100 万克 / 立方厘米！就这点而言，白矮星是致密天体俱乐部的成员，这个俱乐部的成员还包括**中子星**和**黑洞**，都是宇宙中已知密度最高的天体。■

狮子座流星雨的来源

乌尔班·勒维耶（Urbain LeVerrier，1811—1877）

1888 年，艺术家描绘的狮子座流星雨每小时成千上万颗流星的壮丽场面。1833 年 11 月 12—13 日，这场天象贯穿整个北美，1866 年和 1966 年也报道了类似规模的流星雨。

 哈雷彗星（1682 年），海王星的发现（1846 年）

1866 年

在晴朗的无月夜，走到远离城市的黑暗中，把自己用毯子裹起来或是坐在躺椅里，往上看……一旦你的眼睛适应了恒星的微弱的光——这用不了太久——你的眼角就会瞥见一颗短暂划过夜空的明亮痕迹。你所看到的是一颗流星，一颗微小的石头或冰块从太空进入地球大气层因摩擦而燃烧。通常我们称之为流星的这种现象在晴朗的夜空每小时都能看到一些。在每年固定的时间里，认真细致的观测者能注意到每小时几十颗甚至上百颗流星，即流星雨。特别难得一见的是，有些流星雨可以达到每小时成千上万颗流星划过天空，简直是一场堪比新年或者国庆节烟花的宇宙焰火表演。

几千年来，流星雨被当作不祥的预兆。直到 19 世纪 60 年代末，天文学家拼凑出一些重要线索才确定了这些宇宙奇观的来源：流星雨和彗星有关。

1866 年的发现解决了这个谜团。法国和美国独立发现了一颗短周期（周期 33 年）彗星，后来被命名为坦普尔 - 图尔特彗星。其他天文学家，包括法国数学家和海王星的发现者勒维耶注意到，坦普尔 - 图尔特彗星的轨道非常接近每年 11 月中旬能看到的狮子座流星雨的轨道。这让天文学家能精确预测下一次大规模的狮子座流星雨的时间，它将发生在 20 世纪初。事实证明这场流星雨发生的时候正是之前彗星运动中遗留的冰和石块碎片穿越地球大气层的时候。

除了 11 月中旬的狮子座流星雨，你还可以欣赏到 8 月中旬的英仙座流星雨，它源于斯威夫特 - 图尔特彗星的遗迹，还有源于哈雷彗星的 10 月末的猎户座流星雨，以及每年可以看到的十几次其他彗星产生的流星活动。■

氦

朱尔斯 · 詹森（Jules Janssen, 1824—1907）
诺曼 · 洛克伊尔（Norman Lockyer, 1836—1920）

这幅加强处理过的照片显示了 2008
年 8 月 1 日亚洲中部发生日全食时太
阳日冕的独特细节。

大爆炸（约公元前 137 亿年），第一代恒星（约公元前 135
亿年），太阳的诞生（约公元前 46 亿年），光谱学的诞生(1814
年），北美日全食（2017 年）

1868 年

日全食是月亮完全盖住太阳表面并把自己影子落在地球的部分表面上。日全食是壮观和
精彩的天象。对于大部分人类历史来说，日全食的出现总是被当作恐惧、厄运、变化的征兆。
19 世纪，科学家已经可以精确预测日食的发生，并有机会在特定条件下研究太阳的大气。

法国天文学家朱尔斯·詹森组织了前往印度的观测队观测 1868 年 8 月 18 日的日全食，他
们利用**光谱仪**观测了太阳日冕。他的观测数据在太阳光谱中发现了一条新的未被验证的夫琅
禾费发射线。几个月之后，英国天文学家诺曼·洛克伊尔找到了一套方法，在没有日食的情况
下获取太阳大气的光谱，他观测到同样的新谱线。洛克伊尔将这种新元素命名为氦，即希腊
语中太阳的意思。氦元素的发现归功于詹森和洛克伊尔。

19 世纪末，在地球上的放射性铀矿的气体中也发现了氦元素。科学家开始研究这种元素
的细节，了解它的特殊属性。例如，液氦在绝对零度以上 4 ℃和非常接近绝对零度的时候，
会变成超流体——一种几乎没有摩擦、没有黏性的材料。

超过一个世纪的实验和观测研究已经发现，氦有着相对简单和稳定的结构，它的原子核
大部分有 2 个质子和 2 个中子，但也有少部分的氦只有一个中子（即同位素氦 3）。氦是宇宙
中第二丰富的元素，大部分氦形成于宇宙大爆炸。今天的放射性元素例如铀的衰变也会形成
一部分氦。

詹森和洛克伊尔的发现给我们上了生动的一课。这种在宇宙中占了将近 25% 的物质无色、
无味、无毒、惰性，我们花了那么长时间才发现它。■

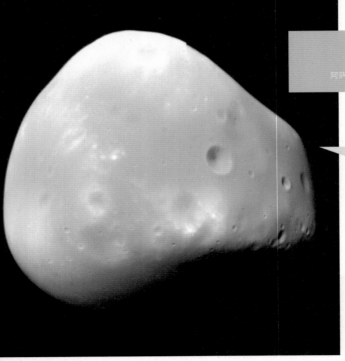

火星勘测轨道飞行器 2009 年 2 月 21 日拍摄的火星卫星火卫二那奇特、光滑、红色的表面。这颗卫星只有大约 12 公里长。

火星（约公元前 45 亿年），来自太空的陨石（1794 年），寻找祝融星（1859 年），白矮星（1862 年），土卫一（1877 年）

1877 年

　　19 世纪中期到 19 世纪末，望远镜的使用和改良使天文学家得以在外太阳系发现两颗新行星和十几颗新卫星。但是，除了一些主带小行星以外，还没能在太阳系内区有所发现。

　　美国天文学家和海军天文台教授阿萨夫·霍尔发现，竟然还没有天文学家试图寻找过**火星**的卫星。毫无疑问，这并不容易，因为火星自身的光辉太过绚烂。但是霍尔知道，他拥有独特的观测设备——一台口径 66 厘米的望远镜，是阿尔文·克拉克和他的儿子们制造的折射望远镜，也是当时世界上最大的折射望远镜。

　　火星和地球大约每 26 个月靠近一次，被称为火星冲日，即火星位于太阳的反方向。霍尔充分利用 1877 年的火星冲日和高质量图像观测设备搜寻火星的卫星。1877 年 8 月 11 日，他发现了火星附近跟随火星运动的一个暗弱的天体，连续几个夜晚他确认了这个天体是围绕火星运动的卫星，陪伴它的还有第二颗更靠近火星的卫星。霍尔的一位同事建议，用希腊神话中战神的两个儿子为这两颗卫星命名为"敬畏"（Deimos）与"恐惧"（Phobos）。

　　霍尔和其他人意识到，火卫二一定非常小，除此之外我们对它缺少更多的了解。直到空间探测器开始探索火星和观测这些卫星，才给我们提供了丰富这些知识的机会。现在已经发现火卫二的确非常小，只有 15 公里 ×12 公里 ×10 公里，不规则，形状像小行星，带有陨石坑，但同时具有光滑、成熟的混合表面特征。密度为 1.5 克 / 立方厘米，表面没有发现存在冰的证据，天文学家推测火卫二可能是相对多孔的岩石天体，化学组成与组成地球和其他行星的球粒状陨石类似。天文学家正在考虑发射专门研究火卫二的空间探测器来研究它是否真的来源于小行星的捕获。■

火卫一

阿萨夫·霍尔（Asaph Hall，1829—1907）

上图：2008 年 3 月 23 日，美国宇航局火星勘测轨道飞行器拍摄的红色的火卫一，宽 21 公里。
下图：2006 年 1 月 21 日，美国宇航局火星车机遇号拍摄的火卫一凌日时的照片。

 火星（约公元前 45 亿年），来自太空的陨石（1794 年），火卫二（1877 年）

1877 年 8 月 11 日发现了火卫二之后，美国天文学家阿萨夫·霍尔利用美国华盛顿海军天文台直径为 66 厘米的折射望远镜继续扫描**火星**附近的天空。霍尔的工作频繁地被雾气和坏天气打断，但他的坚持最终有了回报。他不仅确认了火卫二是围绕火星的卫星，还在 8 月 17—18 日发现了更靠近火星的第二个暗弱的小卫星，最终被命名为 Phobos（火卫一）。

霍尔和其他天文学家迅速意识到火卫一比其他任何一颗已知的卫星都更加靠近它的行星。实际上，火卫一的轨道周期只有 7.5 小时，它围绕火星旋转比火星的自转还要快。这意味着站在火星表面的观测者将看到火卫一西升东落，即使它围绕火星运动的方向与火星自转方向相同。

现代空间任务发现这颗卫星是红色的，体积很小，类似于一颗小行星，但还有很多未解之谜。火卫一的不规则尺寸为 27 公里 ×22 公里 ×18 公里，密度将近 1.9 克 / 立方厘米，表明其多孔的岩石结构，球粒陨石的组成与火卫二类似。火卫一表面密布陨石坑，一个大陨石坑（以霍尔的妻子安吉丽娜·斯蒂克尼的名字命名）周围环绕着一系列覆盖火卫一表面的深槽。

火卫一是火星从**主小行星带**中以某种方式捕获来的吗？或者它是火星遭受巨大撞击后的碎片？ 1988 年发射的两个苏联探测器计划在火卫一上着陆，但一个在途中失败，另一个在抵达火星轨道几个月后任务失败。2011 年俄罗斯发射了新的火星探测器，在发射后几个月也失败了。新的探测器想法还在酝酿中，与此同时，火卫一将继续保持它的神秘。■

1877 年

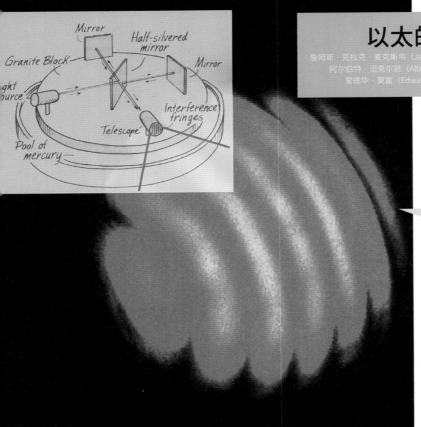

 1887 年，迈克尔逊和莫雷实验测量了不同方向上的光速，氦氖激光器产生的两束叠加的光波图案显示的草图。

光速（1676 年），傅科摆（1851 年），爱因斯坦奇迹年（1905 年）

1887 年

广泛认为丹麦天文学家奥勒·罗默和他的荷兰同行惠更斯是最早发现光速有限的科学家，他们在 1676 年最早测定的**光速**比真实值小了一点。19 世纪 60 年代，物理学家**让·傅科**测得了最接近现代结果的数值，即 299 792 公里每秒。

对 19 世纪的科学家来说，仍然不确定的是光的传播是否需要某种特定的介质。牛顿沿用亚里士多德的观点，认为光粒子的传播需要在一种叫作"以太"的物质中进行。19 世纪 70 年代末，苏格兰物理学家詹姆斯·克拉克·麦克斯韦描述了一种方法，搜索光速在沿着地球运动和背对地球运动方向之间的变化，可以让物理学家检验以太是否存在。

1887 年，美国物理学家阿尔伯特·迈克尔逊和爱德华·莫雷将麦克斯韦的思想实现为一套精密的实验装置用以验证以太是否存在。迈克尔逊 - 莫雷实验将一束光分解为两个分支，用反射镜和小望远镜再合并它们。靠调整反射镜的距离，可以让光速彼此叠加或者抵消，直到望远镜里出现光波的特定干涉图案，就像往池塘里扔一颗石头激起的波纹。

旋转漂浮在液态水银表面的整套装置，如果光与以太相互作用而改变了速度，科学家将看到非常敏感的图案变化。但是，实验中并没有观测到这种变化，证明光速是绝对常数，也提供了以太并不存在的证据。实验使 20 世纪物理学和天文学迈上一个台阶，促进了包括爱因斯坦的狭义和广义相对论在内的新发展。■

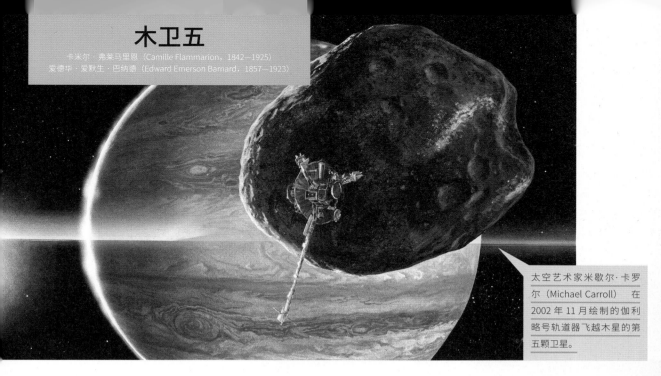

木卫五

卡米尔 · 弗莱马里恩 (Camille Flammarion, 1842—1925)
爱德华 · 爱默生 · 巴纳德 (Edward Emerson Barnard, 1857—1923)

太空艺术家米歇尔·卡罗尔（Michael Carroll）在2002年11月绘制的伽利略号轨道器飞越木星的第五颗卫星。

木卫一（1610年），木卫二（1610年），木卫三（1610年），木卫四（1610年），白矮星（1862年），木星光环（1979年），伽利略号环绕木星（1995年）

尽管望远镜的改进发现了一系列的土星、天王星、海王星的卫星，但自从伽利略1610年发现四颗**伽利略卫星**之后的280多年观测中还没有发现**木星**的卫星。美国天文学家爱德华·巴纳德认为这颗巨大的行星肯定存在更多的卫星，他决定利用每周的望远镜时间去寻找。

巴纳德是里克天文台的职员。坐落在圣荷塞山上的天文台在1889年建造了一台口径为91.4厘米的里克折射望远镜，直到1897年这台望远镜一直是世界上最大的望远镜，今天仍然是世界上第三大的折射望远镜。凭借阿尔文·克拉克父子镜片公司望远镜的优质工艺，巴纳德可以单独使用这座世界上最好的望远镜之一开展他的研究。

三个月的时间里，巴纳德耐心地扫描了木星周围的空间，最终，于1892年9月9日发现了木卫三附近的一颗暗星正在伴随着木星移动。接连几个夜晚巴纳德跟踪这颗星的运动并确认它的确是木星的一颗新卫星。巴纳德简单地将它命名为木卫五，法国天文学家卡米尔·弗莱马里恩建议用希腊神话中哺育过宙斯的女神阿马尔塞（Amalthea）作为木卫五的官方命名。

直到1979年旅行者号探测器和1995年伽利略号轨道器飞临木星之前，木卫五都仅仅是一个小光点。空间探测器发现木卫五是一个充满陨石坑的不规则卫星，长宽高分别为250公里、146公里、128公里。卫星的化学组成尚不清楚，它的密度是0.9克/立方厘米，可能是冰质或多孔的内部结构。木卫五在相对较近的距离上围绕木星运动，仿佛是木星尘埃光环的一部分。陨石对木卫五的撞击将尘埃扬起达到逃逸速度，久而久之，大量的尘埃云进入空间中成为弥漫的、轻薄的木星光环。■

1892年

恒星颜色即恒星温度

古斯塔夫·基尔霍夫（Gustav Kirchhoff，1824—1887）
马克斯·普朗克（Max Planck，1858—1947）
威尔海姆·维恩（Wilhelm Wien，1864—1928）

哈勃空间望远镜拍摄的球状星团人马座欧米伽（NGC 5139），在引力作用下，星团聚集了超过一千万颗恒星。宽泛的恒星颜色表明其中恒星温度范围较大，从蓝白色的最热的恒星，到橘红色最冷的恒星应有尽有。

光谱学的诞生（1814 年），量子力学（1900 年），皮克林的"哈佛计算机"（1901 年），主序（1910 年），爱丁顿质光关系（1924 年）

1893 年

　　19 世纪下半叶，物理学家在光和能量方面取得了巨大进展。例如，德国物理学家古斯塔夫·基尔霍夫发展了用于描述一种完美的光的吸收体的基本方程。这种吸收体即黑体，会在特定温度下发射电磁辐射。基尔霍夫发现在现实世界的温度下，黑体会发射连续的能谱，从长波部分的射电和红外光谱到更高能的短波可见光和紫外光。

　　德国物理学家维恩扩展了这些思想，在 1893 年推导出一个简单的关系，即现在我们所说的维恩定律，表达为物理发射能量的峰值波长反比于它的温度。也就是说，更热的物体发射的能量大部分集中在短波的紫外光和可见光范围，而较冷的物体发射的能量大部分集中于红外波段。另一位德国物理学家马克斯·普朗克，进一步发展了这些关于黑体和光的思想，并帮助建立了**量子力学**领域。

　　天文学家利用这些对光和能量的全新理解，开始去研究可以目视观测的天体。维恩定律尤其适用于帮助天文学家推断恒星的辐射温度：更热的恒星应该发射更多的短波，因此呈现更蓝的颜色；较冷的恒星在更长的波段上发射，光谱的峰值位于黄色、橘色和光谱末端的红色。以我们的太阳为例，它是一颗黄色的恒星，

　　因此恒星的颜色成为一个关键的观测参数，可以利用颜色根据恒星的温度进行分类。20 世纪，天文学家可以利用这样的办法系统地理解恒星的起源、演化、内部机制和最终命运。■

银河系暗条

爱德华·爱默生·巴纳德（Edward Emerson Barnard, 1857—1923）
马克斯·沃尔夫（Max Wolf, 1863—1932）

科罗拉多国家公园 4 346 米高的长峰上方壮丽的银河系和它的暗条。

银河系（约公元前 133 亿年），太阳星云（约公元前 50 亿年），最早的天文照片（1839 年）

足够幸运的人才有机会，或者至少偶尔生活在完全漆黑的夜晚中，没有光污染，没有月色笼罩，可以见到极致美丽的景象：明亮光带和墨色暗条的延展，壮丽的银河横跨整个天空，如同杰克逊·波洛克（Jackson Pollock）泼洒的宇宙画布。在如此美妙的夜晚，更容易理解我们的祖先对夜空的敬畏之情，他们需要试着将所见到的景象赋予必要的意义。

19 世纪末，世界上许多主要城市依然能被当作适合暗夜观测的地点。夜晚的黑暗状态一直维持到第二次世界大战之后。因此，美国天文学家巴纳德抓住机会于 1895 年搬到芝加哥大学，得以有机会使用当时世界上最大的折射望远镜——叶凯士天文台 102 厘米口径望远镜。拥有如此巨大的望远镜，再加上对新兴天体照相领域的兴趣，巴纳德开始收集有史以来最好的亮星和暗场数据，他的目光指向了银河系中看起来空无一物的暗条。

巴纳德银河系研究的重要合作者是德国天文学家、天体摄影家马克斯·沃尔夫。沃尔夫意识到许多天文学家都对银河系的暗条感到困惑——英国天文学家威廉·赫歇尔所称的天空之洞。巴纳德的照片和沃尔夫的分析发现，这些洞不是真的完全真空，经过仔细观测会发现其中隐含着暗星，甚至是背景恒星，这些恒星可以用来推导银河系暗条的属性。

沃尔夫给出了令人信服的精确证据，他提出银河中的暗区是大量相对不透明的尘埃云，它们阻挡了背景中的星光，使人们难以看到它们的闪耀。他注意到暗条通常和明亮的星云有关，这些星云有可能形成新的恒星。沃尔夫推导出暗区可能是宇宙的蚕茧，这些地方的尘埃和气体被压缩增厚并形成新的太阳。沃尔夫和巴纳德关于暗条起源的最初推断已经被证明是准确的。■

1895 年

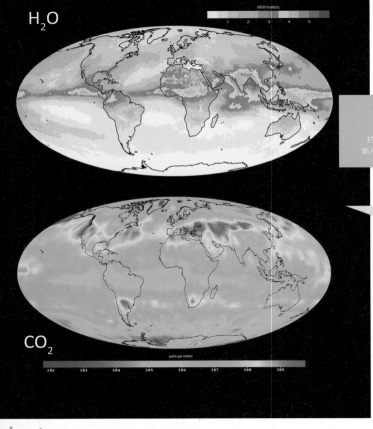

H₂O

CO₂

温室效应

约瑟夫·傅立叶（Joseph Fourier, 1768—1830），
斯凡特·阿伦尼斯（Svante Arrhenius, 1859—1927）

上图：2000 年 7 月，全球大气中水蒸气含量分布。

下图：2009 年 7 月，全球大气中二氧化碳含量分布。

信息来自美国宇航局大气红外测深仪卫星。

金星（约公元前 45 亿年），地球上的生命（约公元前 38 亿年），寒武纪大爆发（约公元前 5.5 亿年），杀死恐龙的撞击（约公元前 6500 万年），火星上有生命？（1996 年）

1896 年

　　我们通常认为我们的地球是自然的天堂，既不是靠近太阳的地狱般炙热的**金星**，也不是远离太阳的冰冻的**火星**。直到 19 世纪末，地球都有最适宜的温度，但是科学家意识到地球保持宜居是受到两个不起眼却极端重要的气体的影响：水蒸气和二氧化碳。没有它们，海洋会冻结为固体，地球上的生命将变得非常不同，如果我们还有机会发展出生命的话。

　　19 世纪 20 年代，法国数学家约瑟夫·傅立叶最早意识到地球的平衡温度（单纯考虑阳光效应产生的温度）位于冰点以下。那么为什么海洋是液体的？傅立叶推测大气可能扮演了重要角色，海洋吸收了大量的热量，就像是温室的玻璃窗。但是傅立叶的推断错了。

　　瑞典物理学家和化学家斯凡特·阿伦尼斯提供了正确答案。他证明地球大气的平衡温度的确升高了 30 度左右，使地球没有彻底被冻成冰的世界。这些起作用的气体主要是水蒸气和二氧化碳。这些气体是透明的，使阳光可以穿透到达地球表面。但是它们吸收了绝大部分地球发射的红外热能，使空气变得温暖起来。尽管这种温暖不同于封闭的玻璃盒子，但这些效果还是获得了一个温室效应的名字，部分原因是傅立叶早期讨论的思想和实验。

　　阿伦尼斯知道温室效应加热是地球上水和二氧化碳自然含量丰富简单而幸运的结果。他推测历史上二氧化碳的含量要低一些，可以解释曾经出现过的冰河时代。他最早提出，未来化石能源燃烧会增加二氧化碳的含量从而导致全球变暖。地球的气候比阿伦尼斯设想的更为复杂，但是他对人类活动在地球气候变化中所扮演的角色的预言的确有先见之明。■

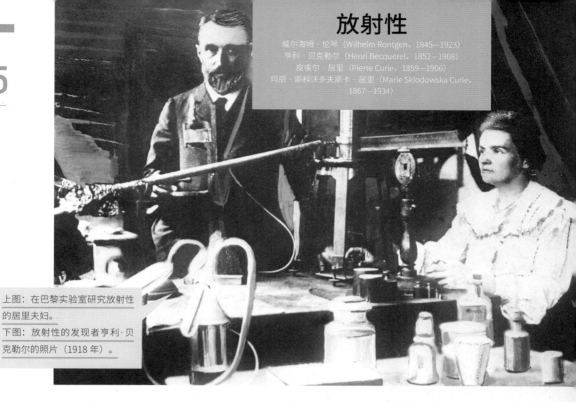

放射性

威尔海姆·伦琴（Wilhelm Rontgen, 1845—1923）
亨利·贝克勒尔（Henri Becquerel, 1852—1908）
皮埃尔·居里（Pierre Curie, 1859—1906）
玛丽·斯科沃多夫斯卡·居里（Marie Sklodowska Curie, 1867—1934）

上图：在巴黎实验室研究放射性的居里夫妇。

下图：放射性的发现者亨利·贝克勒尔的照片（1918 年）。

太阳的诞生（约公元前 46 亿年），地球（约公元前 45 亿年），月亮的诞生（约公元前 45 亿年），绘制宇宙微波背景（1992 年），宇宙年龄（2001 年）

1896 年

19 世纪末欧洲和美国的物理试验室因为电磁学上的新发现而热闹非凡。产生和储存高电压和强电流的新发明可以用于不同的物理实验，并总能激发新的发现。如 1895 年德国物理学家伦琴研究高压阴极射线管，发现它可以产生一种神秘的新型辐射，伦琴称其为 X 射线。

法国物理学家亨利·贝克勒尔研究了一些自然材料产生荧光的能力，认为这些现象可能和 X 射线有联系。1896 年贝克勒尔安排了一系列实验来确定这些材料暴露在阳光下时是否会发射 X 射线，他发现其中一种材料——铀盐——自发地发出辐射。这便是放射性线性。

贝克勒尔与他的合作者法国物理学家居里夫妇一起研究这种新发现的自发辐射。居里夫人对铀的研究使她发现了两种新的放射性元素，钋和镭。为了表彰他们的基础性贡献，贝克勒尔和居里夫妇被授予 1903 年诺贝尔物理学奖。

一个多世纪以后，由于放射性元素释放能量并衰变为另一种元素的变化过程严格遵循一定的速率，因此放射性被当作自然时钟广泛应用。放射性可以用来精确测定地球、月亮、陨石和整个太阳系的年龄，进而用于研究太阳系的演化。由于贝克勒尔、居里夫人等科学家的先驱性工作，我们现在精确地知道，地球的年龄是 45.4 亿年，太阳系形成于 45.67 亿年以前。■

土卫九

爱德华·查尔斯·皮克林（Edward Charles Pickering，1846—1919）
威廉·亨利·皮克林（William Henry Pickering，1858—1938）
迪莱尔·斯图尔特（DeLisle Stewart，1870—1941）

美国宇航局卡西尼号轨道器拍摄的土卫九遍布环形山的黑暗表面的局部照片。明亮的环形山是更暗物质中的冰沉积层。

土星有光环（1659 年），土卫八（1671 年），最早的天文照片（1839 年），土卫七（1848 年），人马座小行星（1920 年），皮克林的"哈佛计算机"（1901 年），旅行者 2 号交会土星（1980 年、1981 年），卡西尼号探索土星（2004 年）

1899 年

　　19 世纪末，大部分天文学家意识到单纯建造越来越大的望远镜不是研究暗天体的唯一方法。更重要的是增加集光能力以增加记录光子的探测器的敏感程度。因此，更多的天文台从用肉眼观测转换到利用照相底片作为观测工具。

　　哈佛大学天文台也不例外。事实上，爱德华·查尔斯·皮克林，19 世纪末哈佛大学天文台台长，是使用**天文照相法**收集和记录光分辨率恒星光谱的先驱。皮克林的兄弟，威廉·亨利·皮克林也是哈佛大学天文台的天文学家。1899 年，他分析了天文台职员斯图尔特早年间拍摄的**土星**附近天空的照相底片，发现了围绕土星的新卫星。但这颗卫星太古怪了：和土星的其他卫星相比，它反方向旋转，轨道偏心率很高，轨道倾角是另一颗较近的卫星（土卫八）的四倍。威廉·亨利·皮克林将这颗卫星命名为菲比（Phoebe），采用了希腊神话中泰坦族的主题。土卫九是太阳系里第一颗运用照相底片而不是人眼发现的卫星。

　　直到 1981 年**旅行者 2 号飞临土星**和 2004 年**卡西尼土星轨道器**任务开始，天文学家才开始了解到土卫九的更多信息。它相对更大，呈球状，直径 220 公里，表面反射率较低（大约 6%），密度中等（1.6 克／立方厘米）。明亮的冰斑块黑暗表面层的下方，光谱观测显示出一些干冰。土卫九的化学组成和奇怪的轨道意味着它可能是捕获的**人马座天体**——一种从柯伊伯带以某种方式来的闯入者。对土卫九的撞击产生了一个围绕土星的、巨大的、倾斜的、暗淡的和弥漫的冰和岩石物质的遥远光环，这是"双面"土卫八的前导面变暗的部分原因。■

量子力学

马克斯·普朗克（Max Planck, 1858—1947）
阿尔伯特·爱因斯坦（Albert Einstein, 1879—1955）

上图：马克斯·普朗克在办公桌前的照片，拍摄时间未知。
下图：普朗克的能量量子化使尼尔斯·波尔（Niels Bohr, 1885—1962）完成了围绕原子核的电子能级理论。在波尔的等级模型中，电子在等级之间获得或丢失能量，可以解释原子光谱在特定波长处的明线和暗线。

光速（1676 年），光谱学的诞生（1814 年），以太的末日（1887 年），恒星颜色即恒星温度（1893 年），爱因斯坦奇迹年（1905 年）

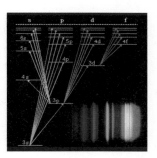

光是什么？这个问题已经困扰了哲学家和物理学家几千年。亚里士多德和他的追随者认为，光是穿过空气传送的波的扰动。而德谟克利特的追随者用所谓的原子理论描述光的本质，认为光以粒子的形式存在。光的波粒二象性之争影响了文艺复兴时期的物理学：牛顿相信只有粒子可以解释光学现象；惠更斯坚持光一定是波，因为光的传播需要介质，并且可以被折射。19世纪末的物理学家对这些困扰的最终解释，推动了我们对物质本质的科学理解。

革命开始于德国物理学家马克斯·普朗克的数学技巧。普朗克是试图理解为什么给定温度的物体，无论原子、分子还是恒星，都会释放和吸收能量，以及为什么它们经常在光谱中产生特别明亮的发射线和暗的吸收线。普朗克跨世纪的技巧是假设光只能一份一份地被发射和吸收，这一份叫作光量子，它的能量依赖于光的频率或波长。

对普朗克来说，能量的量子化是需要解方程时采用的简单数学假设（就像物理学的笑话"假设一头球形的奶牛"），但不是任何物理现实的必要表达。与他同时代的科学家，包括物理学家**爱因斯坦**，从普朗克的工作中看到了更深刻的真理。爱因斯坦提出，光包含的能量量子叫作光子，光子与物质相互作用遵从波动方程。与其说光量子是一个难题，倒不如说光的波粒二象性成为物理学整个新分支的基础，即量子力学。■

1900 年

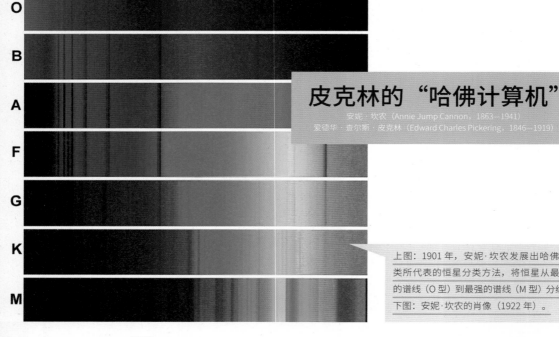

O

B

A

F

G

K

M

皮克林的"哈佛计算机"

安妮·坎农（Annie Jump Cannon，1863—1941）
爱德华·查尔斯·皮克林（Edward Charles Pickering，1846—1919）

上图：1901 年，安妮·坎农发展出哈佛分类所代表的恒星分类方法，将恒星从最弱的谱线（O 型）到最强的谱线（M 型）分组。
下图：安妮·坎农的肖像（1922 年）。

 星等（约公元前 150 年），光谱学的诞生（1814 年），恒星颜色即恒星温度（1893 年），主序（1910 年）

1901 年

天文学家和其他科学家一样，喜欢将他们研究的物体分组为方便理解的类别，使它们更容易相互比较彼此的属性和历史。对肉眼可见的几千颗星和望远镜观测到的上百万颗星，用合适的方式将恒星分类是天文学中特别重要的工作。

伊巴谷、托勒密和苏菲的早期星表记录了相对明亮的恒星星等和与它们相关的颜色。19 世纪 60 年代，意大利天文学家安杰洛·沙奇神父收集了上千颗恒星的光谱数据，第一次发展了恒星分类方法，基于光谱特征，他将这些恒星分为 5 大类。

许多天文学家致力于细化和扩展沙奇的分类，将之应用于几百万颗恒星的分类，其中包括哈佛大学天文台台长爱德华·查尔斯·皮克林。皮克林可以使用最好的望远镜来从事这项研究，像当时的其他天文台台长那样，他雇人充当计算机帮助筛选和分析所收集的大量的数据（几千张照相底片）。

大部分参与计算工作的人是妇女，酬劳很少甚至没有。这些妇女所做的测量恒星谱线的工作在她们的男性雇主看来是卑微和沉闷的。她们中的一些人成为了训练有素的恒星光谱测量员，对这一领域做出了巨大贡献。其中最杰出的当属安妮·坎农，她能用她所学到的关于恒星吸收线强度的知识识别和简化已经变得极为复杂的分类方法。坎农 1901 年命名的 OBAFGKM（从较弱的蓝线到较强的红线）分类直到今天还在天文学家中使用。之后，她的分类被证明与恒星温度和恒星演化有直接的联系。■

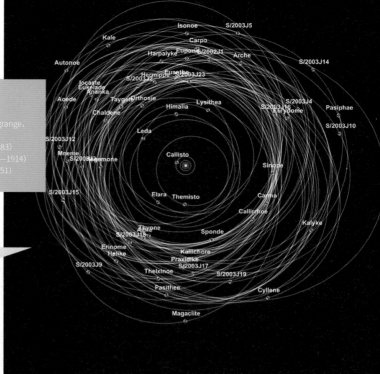

木卫六

约瑟夫·路易斯·拉格朗日（Joseph-Louis Lagrange, 1736—1813）
爱德华·罗奇（Édouard Roche, 1820—1883）
乔治·威廉·希尔（George William Hill, 1838—1914）
查尔斯·佩兰（Charles Perrine, 1867—1951）

马里兰大学在线太阳系可视化程序展现的围绕木星的小型不规则卫星群的快照。木卫六位于大卫星木卫四上方。

 拉格朗日点（1772 年），土卫九（1899 年），柯伊伯带天体（1992 年）

从 1898 年发现土卫九开始，为了发现新的卫星，天文学家开始搜索大行星附近的更大空间。如爱德华·罗奇和乔治·威廉·希尔等 19 世纪天文学家提出更精确的方法估计卫星距离行星有多远，以及卫星如何保持在稳定的轨道上，这样的位置今天称为行星的希尔球。

1904 年，里克天文台天文学家查尔斯·佩兰发现木星的一颗暗而远的卫星，轨道距离是最远的伽利略木星木卫四的四倍。直到 1975 年人们才以希腊神话中为宙斯生育三个儿子的女神将其命名为希玛利亚（Himalia）。

木卫六距离**木星**太远，以至于**旅行者号**和**伽利略号**任何分辨率的图像都不能拍到。但是卡西尼号任务在前往土星的途中，拍摄了木卫六的照片，从中发现，它的直径大约是 150 公里。它是希玛利亚卫星群中 50 多个小型不规则卫星中最大、最亮的一颗。并不仅仅是木星才有不规则的卫星，土星有 38 颗，天王星有 9 颗，海王星有 6 颗。

许多不规则卫星反方向绕着行星运动，许多轨道还具有较大的倾角。不像那些主要的卫星和我们的月亮，不规则卫星不会发生潮汐锁定现象，不会一个面总是朝向行星。这些特征让天文学家相信，像木卫六这样的外层不规则卫星是被捕获的天体。它们可能在附近形成，但最终因为过于靠近行星而被引力束缚落入希尔球内。或者它们可能是主带小行星或**柯伊伯带天体**，受到引力摄动而被捕获。要找出真实的原因，还需要更为精密的空间探测器去拜访这些世界。■

1904 年

1921 年在维也纳讲学期间的爱因斯坦。

 光速（1676 年），量子力学（1900 年），天文学走向数字化（1969 年），引力透镜（1979 年）

1905 年

请想象这样的状况：你知道还不为人所知的宇宙最本质的关于空间与时间的知识。再想象一下，当你谈起这些知识的时候，没有人愿意相信你、理解你。做出科学史上最重要的发现的乐趣，会不会被如此大的挫折浇灭？这就是物理学家和梦想家爱因斯坦所面对的困难。

爱因斯坦生在一个德国中产阶级家庭。爱因斯坦很早就在学校中展现了数学和物理学的天赋，同样出名的还有爱因斯坦不合传统的思想以及他对权威的抵触。从瑞士一所大学毕业取得物理学位后，他无法找到教职，因此从 1902 年开始在伯尔尼专利局工作，分管电磁专利。同时，他继续研究物理学。

在一个伟大的年份——1905 年——爱因斯坦发现了光的粒子性质和所谓光电效应的细节，它成为现代数码相机 CCD（电荷耦合器件）探测器的基础；他用分子的细微随机运动解释布朗效应；他阐述了狭义相对论，提出光速的不变性，这意味着如果某人接近光速运动，空间和时间都将变得怪诞；还有更重要的，他通过著名的方程 $E=mc^2$ 证明了能量和质量能联系起来，这个强有力的新概念最终导致我们今天生活在核时代。新思想和新解释的频繁涌现为爱因斯坦赢得了苏黎世大学博士学位，之后不久，他的才华为他带来了诺贝尔奖。

爱因斯坦的一生，一直致力于发展新的思想和扩展他之前的理论。在他最著名的广义相对论中，引力被解释为正常的四维空间与时间（物理学家称为时空）的变形。天文学家和物理学家已经在检验爱因斯坦的相对论和其他概念的工作上努力了一百多年，几乎所有的结果都证明爱因斯坦是正确的。■

木星的特洛伊小行星

马克斯·沃尔夫（Max Wolf, 1863—1932）
约翰·帕丽萨（Johann Palisa, 1848—1925）
约瑟夫·路易斯·拉格朗日（Joseph-Louis Lagrange, 1736—1813）

4 079 颗木星的特洛伊小行星（黄点）的位置和轨道示意图。"希腊"群位于上方的 L4 点，"特洛伊"群位于右下方的 L5 点。木星位于右侧。

主小行星带（约公元前 45 亿年），拉格朗日点（1772 年），银河系暗条（1895 年），木卫六（1904 年）

1906 年

由于照相底片相比人眼的敏感性更高，所以天文学照相的发明使发现暗星成为可能，同时也有利于发现如小行星这样快速运动的天体。它们在天空中的运动速度与恒星不同。19 世纪末和 20 世纪初，天文学界的领军者是德国天文学家马克斯·沃尔夫。

在他的职业生涯中，沃尔夫用他的照相方法发现了近 250 颗小行星。他最重要的发现之一是 1906 年 2 月 22 日发现的第 588 号小行星。与其他小行星不同，这颗小行星位于**主小行星带**之外，到太阳的平均距离大约 5.2 个天文单位，几乎与木星相同。奥地利天文学家约翰·帕丽萨也是一位杰出的小行星发现者，他发现沃尔夫发现的这颗小行星差不多在与木星相同的轨道上围绕太阳运动，但位于木星前方 60 度。同样的区域发现了更多的小行星，一些位于木星前方 60 度，另一些位于木星后方 60 度。可以清晰看到的是，它们位于与木星引力平衡的位置上，这些区域叫作**拉格朗日点**，由法国数学家约瑟夫·路易斯·拉格朗日于 1772 年提出，现在已经得到证实。沃尔夫发现了第一颗特洛伊小行星，帕丽萨用特洛伊木马为其命名。沃尔夫的 588 号小行星，位于木星太阳系统的第四个拉格朗日点，这颗小行星最终被命名为荷马史诗《伊利亚特》中的希腊英雄阿喀琉斯。其他位于第四拉格朗日点区域的小行星用希腊阵营的其他英雄命名，位于第五拉格朗日点的小行星以特洛伊阵营的英雄命名。

在这两个阵营中已经发现了四千多颗特洛伊小行星。天文学家估计可能总数有一百万颗超过 1 公里的小行星被束缚在木星的第四和第五个拉格朗日点上。它们中的大部分是黑暗的、红色的，就像不活跃的彗星，我们对这个小天体集群还缺乏更多的了解。■

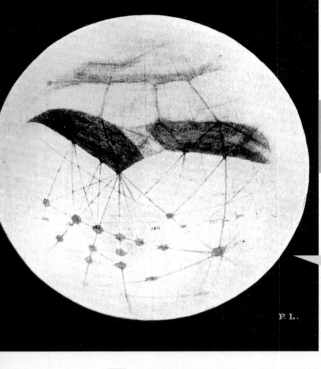

《火星和它的运河》

乔凡尼·夏帕雷利（Giovanni Schiaparelli，1835—1910）
帕西瓦尔·罗威尔（Percival Lowell，1855—1916）

上图：1900 年前后，帕西瓦尔·罗威尔手绘的火星草图之一，图中线状网络的结构被认为是火星上有运河的证据。通过这些工作，罗威尔传播了火星上有生命的想法。

下图：帕西瓦尔·罗威尔的肖像（摄于 1895 年前后）。

 火星（约公元前 45 亿年）；火卫二（1877 年），火卫一（1877 年），第一代火星轨道器（1971 年），维京号在火星（1976 年），第一辆火星车（1997 年），火星全球勘探者号（1997 年），勇气号与机遇号在火星（2004 年），第一次登上火星？（约 2035—2050 年）

1906 年

火星冲日期间，地球和火星之间的距离前所未有地接近，因此天文学家在 1877 年火星冲日期间发现了火卫一和火卫二。意大利天文学家乔凡尼·夏帕雷利也利用这个机会观察了火星。他绘制了大量火星表面的地图，其中包括海洋（暗区）和大陆（亮区）的拉丁文和和地中海名。他也观测了火星表面纤细的、暗的、线状特征，认为它们可能是某种管道。意大利语"管道"（canali）被错误地翻译为英语的"运河"（canals）。

马萨诸塞州的实业家、作家和天文学发烧友帕西瓦尔·罗威尔对夏帕雷利等人描绘的火星表面的线状特征着了魔，他寄希望于高质量的观测可以揭示这些特征的更多细节。1894 年，他用一部分个人家庭财产在亚利桑那州旗杆镇建造了一座高海拔的天文台，装配了阿尔文·克拉克父子望远镜公司制造的 61 厘米口径的折射镜。罗威尔天文台迅速成为世界天文学研究的中心之一，罗威尔本人用他自己的观测设备观测和绘制火星的表面细节。

在罗威尔眼中，火星上纵横交错着复杂的暗线网络，他认为这只能是智慧物种的杰作。

在他 1906 年出版的畅销书《火星和它的运河》中，罗威尔想象这些结构是外星人设计的水渠，用来将两极冰盖的融冰运输到火星赤道地区的城市中。火星上生活着技术高度进步的生物的想法很快流传开来。

现代摄影技术和空间任务已经证明，夏帕雷利和罗威尔的运河只是光学错觉。但是公众对火星可能存在生命的幻想仍然根深蒂固。■

通古斯大爆炸

里昂尼德·库里克（Leonid Kulik，1883—1942）

上图：艺术家和行星科学家威廉·哈特曼（William K. Hartmann）描绘的爆炸后一分钟内通古斯森林的场景。1980 年，圣海伦斯火山爆发时产生了类似通古斯的场景，给了画家创作的灵感。

下图：1927 年，库里克探险时拍摄的照片。

寒武纪大爆发（公元前 5.5 亿年），杀死恐龙的撞击（公元前 6 500 万年），亚利桑那撞击（约公元前 5 万年）

1908 年

在遥远的中西伯利亚，通古斯河附近的克拉斯诺亚尔斯克地区，许多居民都被 1908 年 6 月 30 日清晨突如其来的事件惊醒了。据目击者报告，大约早上 7 点 15 分，西伯利亚上空出现耀眼的闪光，之后紧跟着雷鸣般的爆炸。地面的震动相当于一场 5 级地震，猛烈的热风和火雨推倒了 2 100 平方公里内的 8 000 万棵树。地震冲击波信号穿越亚洲和欧洲，全世界的夜空都在随后的几天里出现光辉。

行星科学家对撞击体性质的争论已经持续了一个多世纪。许多人认为这是冰彗星碎片进入大气层，其他人认为这一定是小型的岩石小行星。无论是哪一种情况，一个直径 10 米的天体以 10 公里 / 秒的速度运动，在地面以上 10 公里处爆炸，会产生大约一千万吨级 TNT 爆炸的威力，相当于第二次世界大战中一颗原子弹威力的 1 000 倍。

令人惊讶的是，在通古斯爆炸中没有人员伤亡。通古斯事件引发了人们对撞击的关注，特别是理解小天体以极高的速度撞击带来的灾难性结果对地球环境的偶然影响。■

造父变星和标准烛光

亨利埃塔·勒维特（Henrietta Swan Leavitt, 1868—1921）
爱德华·查尔斯·皮克林（Edward Charles Pickering, 1846—1919）
艾希纳·赫茨普龙（Ejnar Hertzprung, 1873—1967）

上图：1994 年 5 月，哈勃空间望远镜拍摄的 M100 星系中一颗造父变星的亮度变化。将造父变星当作标准烛光，可以估计出 M100 的距离是（56±6）百万光年。

下图：亨利埃塔·勒维特的肖像。

1908 年

星等（约公元前 150 年），恒星视差（1839 年），米拉变星（1596 年），皮克林的"哈佛计算机"（1901 年）；主序（1910 年），哈勃定律（1929 年）

天文学家已经知道了可以利用地球一年中围绕太阳运动产生的恒星**视差**来测量最近的恒星的距离。但是更遥远的恒星，即使用世界上最大的望远镜也不会显示出可探测的视差，如何测定它们的距离呢？

哈佛大学天文台台长爱德华·查尔斯·皮克林的**哈佛"人工计算机"**之一的女性雇员亨利埃塔·勒维特的工作回答了这个问题。她的任务是在几千张照相底片中分析几百万颗恒星。勒维特的分析集中在恒星亮度的周期性或脉动性变化方面，即寻找变星。她检查了几千颗变星，发现一种称为造父变星的特定变星中存在着有趣的特征。1908 年，她发表了她最初的发现，更亮的造父变星有更长的周期。造父变星的周期光度关系意味着同样周期的造父变星的亮度不同，只是因为和我们的距离不同。如果能够独立确定它们的距离，造父变星可以用来当作量天的尺子，即标准烛光。

1913 年，丹麦天文学家艾希纳·赫茨普龙用敏感的视差方法独立确定了几颗造父变星的距离。这些数据提供了估计其他造父变星距离的关键信息。很遗憾勒维特没能预见到之后的重大发现。对仙女座大星系中造父变星的距离估计，证明了仙女座大星系和其他相似的星云是独立的星系，远在银河系之外几百万光年的距离上。■

主序

艾希纳·赫茨普龙（Ejnar Hertzprung，1873—1967）
亨利·罗素（Henry Norris Russell，1877—1957）

恒星的内在光度（Y 轴）与它们的颜色（或相当于有效温度，X 轴）的示意图。图中存在一条恒星的对角线，即主序，以及更亮的蓝色恒星、红巨星和更暗的白矮星。

星等（约公元前 150 年），观测白昼星（1054 年），行星状星云（1764 年），米拉变星（1596 年），恒星颜色即恒星温度（1893 年），白矮星（1862 年），皮克林的"哈佛计算机"（1901 年），造父变星和标准烛光（1908 年），爱丁顿质光关系（1924 年），核聚变（1939 年），太阳的末日（50 亿—70 亿年）

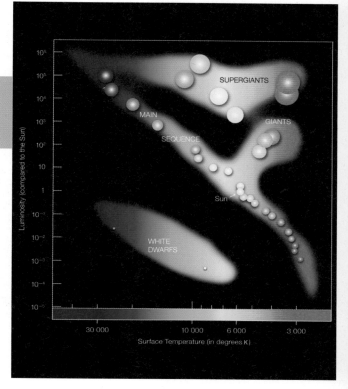

1910 年

在 20 世纪初，全世界的天文学家都在用大量恒星的颜色和谱线做识别和分类的工作，这一方法扩展了爱德华·皮克林的哈佛团队的先驱工作。其中最重要的进展是丹麦天文学家艾希纳·赫茨普龙和美国天文学家亨利·罗素独立做出的观测。他们注意到，如果将恒星的光谱类型或者温度与它们的实际亮度（它们在天空中的视亮度改正了距离之后）画成图，大部分恒星集中在从左上方到右下方的宽带中。赫茨普龙用"主序"表述这些恒星的趋势。自 1910 年开始使用的这种图表被称为赫茨普龙·罗素图（赫罗图）。

接下来的几十年，天文学家开始理解主序恒星不仅仅是随机分布，它代表着追踪恒星年龄和最终命运的演化轨迹。大部分恒星诞生于中心压力和温度足够高的**核反应**。在恒星生命的核反应期间，一颗正常的恒星将位于主序带上，具体位置依赖于它的质量。明亮的恒星是太阳质量的几十倍（蓝巨星），它们位于赫罗图左上方蓝色区域；暗星只有太阳质量的十分之一到一半（红矮星），它们位于赫罗图右下方。恒星的氢燃料耗尽后，它们将脱离主序带，它们的质量决定其最终的死亡方式。

恒星内部的细节到后来才被天体物理学家亚瑟·爱丁顿和汉斯·贝瑟理解，这些知识使我们可以预测特定质量的恒星如何诞生和死亡。我们的太阳质量适中，中等年龄，位于主序上。大约 50 亿年之后，太阳将膨胀为一颗红巨星，抛出它的外层物质成为**行星状星云**，之后以**白矮星**落幕。■

银河系的尺寸

哈罗·沙普利（Harlow Shapley，1885—1972）
埃德温·哈勃（Edwin Hubble，1889—1953）

哈勃空间望远镜拍摄的星系 NGC 1309，明亮的蓝色区域是悬臂上新形成的恒星，中心的红色部分是老年的黄色恒星，这个星系可能非常接近我们的银河系从上方俯视的样子。

银河系（约公元前 133 亿年），仙女座大星云（约 964 年），球状星团（1664年），造父变星和标准烛光（1908 年），哈勃定律（1929 年）

1918年

1908 年发现**造父变星**可用于在宇宙中测量距离后的十年间，为了了解某些天体到底位于银河系之内还是银河系以外，大量天文学家用造父变星确定了旋涡状星云、**球状星团**和其他神秘的天体。银河系的尺寸本身就是辩论的焦点，不少天文学家相信银河系就是整个宇宙。18 世纪哲学家康德提出，遥远的星云都是和银河系一样的相互独立的"宇宙岛"。另有很多天文学家相信，银河系只是众多分离的"宇宙岛"中的一个。

第一位实验性地估计了银河系尺寸的天文学家是美国人哈罗·沙普利，他研究了天空中球状星团的分布。造父变星可以用来测量临近的球状星团的距离。因此沙普利假设，球状星团的尺寸都一样，它们的视直径就代表了它们距离的大小。1918 年，他确定了球状星团围绕在盘状的银河系盘的周围，基于此，他估计银河系的直径大约是 20 万光年，太阳不在银河系的中心，而是位于距离中心 5 万光年处。这个结果比许多人认为的星系尺寸要大得多。这样的结果让沙普利相信，宇宙中没有额外的孤岛，球状星团和旋涡星云都位于银河系之内。

沙普利对银河系尺寸的估计是真实情况的 3 倍大，主要是因为它假设全部球状星团大小都相同，但实际情况并非如此。银河系的盘的真实直径是 10 万光年，厚度大约为 1 000 光年（在中央核球处更厚一些），太阳位于距离中心 2.7 万光年的地方。沙普利正确地发现球状星团属于或者接近银河系弥漫的晕，但他错误地看待了旋涡状星云。**埃德温·哈勃**和之后几十年的其他天文学家证明，旋涡状星云和许多其他形式的星云实际上都是彼此独立的星系，一部分像银河系一样，一部分很不同，但所有的星系都位于几百万到十几亿光年以外。 ■

半人马小行星

沃尔特·巴德（Walter Baade，1893—1960）

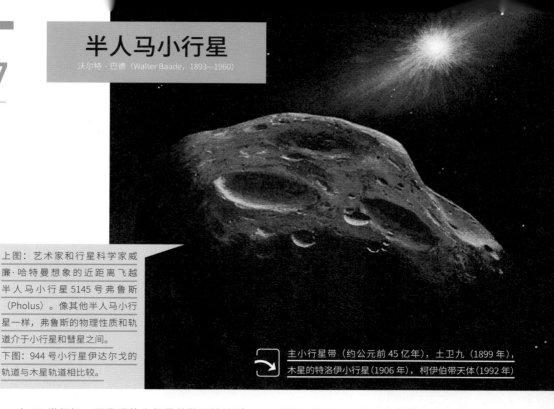

上图：艺术家和行星科学家威廉·哈特曼想象的近距离飞越半人马小行星 5145 号弗鲁斯（Pholus）。像其他半人马小行星一样，弗鲁斯的物理性质和轨道介于小行星和彗星之间。

下图：944 号小行星伊达尔戈的轨道与木星轨道相比较。

主小行星带（约公元前 45 亿年），土卫九（1899 年），木星的特洛伊小行星（1906 年），柯伊伯带天体（1992 年）

1920 年

在 20 世纪初，已发现的小行星总数开始接近 1 000 颗的时候，天文学家仍然惊讶于所发现的新的神秘小天体。1920 年德国天文学家沃尔特·巴德发现的 944 号小行星就是这样的例子。这颗小行星最终以墨西哥神父和独立领袖米盖尔·伊达尔戈（Miguel Hidalgo）命名。伊达尔戈星很像彗星，轨道是倾斜的（轨道偏心率为 0.66），轨道从**主小行星带**的内边缘（1.95 AU）延伸到比土星还远的地方（9.5 AU）。

1977 年发现的另一颗 2060 号小行星希龙（Chiron）也有着和彗星一样的轨道，运动轨道位于土星和天王星之间。之后，在木星到海王星之间发现了几百颗轨道偏心率更大的小行星。这些半小行星半彗星的成员以神话中半人半马的生物命名，统称为半人马小行星。

半人马小行星有一定范围的颜色，意味着一定范围的化学组成。事实上，望远镜光谱观测发现它们中的一些成员含有水冰、甲烷冰、有机酯等有机物，这些物质是甲烷和乙烷在太阳紫外辐射下的产物。许多成分在彗星上也有发现。已经发现包括希龙在内的三颗半人马小行星有着彗星头状的弥漫的晕，这是彗星活动的证据。

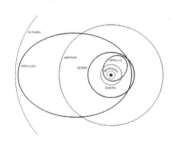

太空探测器还没有探测过半人马小行星，但许多天文学家认为，土星的卫星**土卫九**可能是一颗被捕获的半人马小行星，因此这可能是一个允许我们近距离观测半人马小行星的好机会。我们可能必须迅速研究更多问题，因为它们穿越大行星的轨道，在落入新轨道之前可能只有几百万年的寿命。■

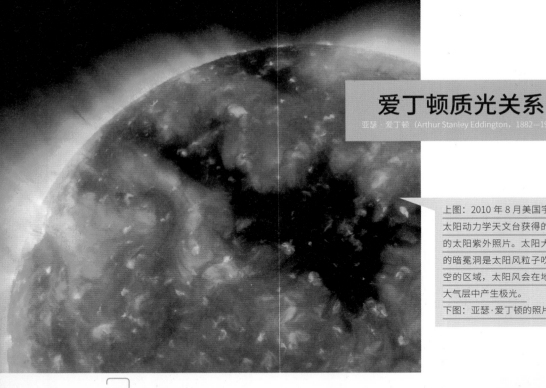

爱丁顿质光关系

亚瑟·爱丁顿（Arthur Stanley Eddington，1882—1944）

上图：2010 年 8 月美国宇航局太阳动力学天文台获得的壮观的太阳紫外照片。太阳大气中的暗冕洞是太阳风粒子吹入太空的区域，太阳风会在地球的大气层中产生极光。

下图：亚瑟·爱丁顿的照片。

 太阳的诞生（约公元前 46 亿年），恒星颜色即恒星温度（1893 年），主序（1910 年），核聚变（1939 年）

1924 年

尽管天文学家按照恒星的颜色、温度、亮度等属性进行分类，但对恒星如何产生能量还很不清楚。它们为什么发出耀眼的光？它们从哪里获得能量？恒星的内部发生着什么？英国天体物理学家亚瑟·爱丁顿是研究并回答这一问题的科学家。

爱丁顿的兴趣是理解星云气体和尘埃形成恒星的引力塌缩机制。天文学家知道，引力是将气体变成球状并进一步压缩的主要原因。但是什么机制抵抗了引力，使恒星没有塌缩成更小的尺寸？ 1924 年，爱丁顿发表了一个详细的辐射压力模型：恒星内部的超高温度和压力建立了向外的力量，平衡了引力，使恒星达到它们的平衡尺寸。

爱丁顿的恒星内部模型使他可以确定一个简单的主序恒星的光度和质量的关系：两倍的恒星亮度意味着十倍的恒星质量（光度与质量的 3.5 次方成正比）。因此，基于爱丁顿的工作，测量恒星的视亮度和距离就可以确定恒星的质量。天文学家可以证明主序是质量依赖的"生命线"，90% 的恒星位于这条演化轨迹上。

爱丁顿和其他人都不知道为什么会存在质量光度关系，也不知道辐射压力如何以及为什么在恒星内部产生。先驱理论认为是引力收缩提供了能量。爱丁顿推测，可能是**核聚变**产生了所需的能量，但直到 20 世纪 30 年代这一思想都未能被广泛接受。∎

液体燃料火箭

康斯坦丁·齐奥尔科夫斯基 (Konstantin Tsiolkovsky, 1857—1935)
罗伯特·戈达德 (Robert Goddard, 1882—1945)
韦纳·冯·布劳恩 (Wernher von Braun, 1912—1977)

罗伯特·戈达德与他的第一枚液体燃料火箭的火星。1926 年 3 月 16 日，这枚火箭从马萨诸塞州奥伯恩发射。不同于今天的常规火箭，这枚模型的燃烧室和喷嘴位于顶部，燃料罐位于下方。它飞行了 2.5 秒，升起 12.5 米高。

牛顿万有引力和运动定律（1687 年），伴侣 1 号（1957 年），第一次登月（1969 年），航天飞机 (1981 年)，宇航员登上火星？（约 2035—2050 年）

靠燃烧火药推进的火箭已经有超过一千年的历史。例如，中国人最早将火箭用于战争和娱乐（焰火）。但在 1903 年，俄国数学家康斯坦丁·齐奥尔科夫斯基写出了第一部关于将火箭应用于武器以外更多领域的学术著作，他将火箭看作潜在的空间旅行工具。他做了大量关于火箭理论的研究，最早提出了用液体燃料代替火药用以最大化利用燃烧效率和推力重量比。齐奥尔科夫斯基被认为是俄罗斯和苏联的现代火箭之父。

美国火箭科学家和克拉克大学物理学教授罗伯特·戈达德首先检验了齐奥尔科夫斯基和他自己的理论，并证明了液体燃料火箭是可行的，能提供足够的推力将较大的质量推到高空。他研发并获得了以天然气和液态一氧化二氮为燃料的火箭设计的关键技术，以及多级火箭的概念。戈达德称他的多级火箭技术最终可以使火箭到达极高的高空。尽管他自己的火箭飞行在今天的标准看来很普通，但戈达德的方法得以传播，包括火箭先驱韦纳·冯·布劳恩领导的战后空间竞赛团组在内的其他人扩展了戈达德的设计，使火箭可以飞得更高，飞行时间更长，最终进入地球轨道甚至超越轨道飞行。

像许多发明家一样，戈达德富有远见卓识，通常独自工作并且能发现其他人忽视了的可能性。他是早期火箭用于大气科学实验的推动者，如同齐奥尔科夫斯基，倡导最终将火箭用于太空旅行。可能有些许讽刺的是，战争刺激了火箭的发展。在戈达德死后，他太空旅行的梦想才成为现实。■

1926 年

银河系自转

贝蒂尔·林德布拉德（Bertil Lindblad，1895—1965）
简·奥尔特（Jan Oort，1900—1992）

围绕在银河系中心的恒星、气体和尘埃。这张照片是 2 微米全天巡天（2MASS）的红外图像的合成，红外照片可以让天文学家看透尘埃密集的区域。

1927 年

银河系（约公元前 133 亿年），球状星团（1665 年），银河系暗条（1895 年），银河系的尺寸（1918 年），暗物质（1933 年），旋涡星系（1959 年），黑洞（1965 年）

1918 年，美国天文学家沙普利利用银河系盘周围分布着的球状星团，以及银晕的距离和方向，对银河系的尺寸做了第一次量化估计。沙普利的研究也使他得到了银河系中心的位置。银河系中最亮的、最活跃的恒星集团，位于人马座方向。

我们越来越清楚地知道，我们身处的这个银河系，与其他我们可以用天文摄影和光谱学细致研究的旋涡星系非常相似。天文学家逐渐认识到，可能与其他旋涡星系所表现出来的一样，银河系中单个的恒星围绕着银河系中共同的引力中心旋转。20 世纪 20 年代，瑞典天文学家林德布拉德首先作出了细节假设。

1927 年，荷兰天文学家奥尔特利用几百颗恒星运动的精细测量数据，为林德布拉德的假设提供了第一个观测证据。奥尔特确认，银河系在旋转，更进一步地说，银河系在做着较差自转。较差自转是指，到旋转轴不同距离的恒星以不同的速度围绕旋转轴旋转，较远的恒星落在较近恒星的后方。我们的太阳，位于银河系中心到边缘一半的位置上，围绕银河系中心旋转一圈大约需要 2.5 亿年。

奥尔特和林德布拉德的工作帮助我们重新认识了沙普利之前所预测的星系旋转中心。在那时，天文学家很难通过目视观测得到更多发现，因为星系的中心包裹在巴纳德和沃尔夫 19 世纪末研究过的尘埃星云的暗带中。之后的天文学家利用 X 射线、红外和射电望远镜研究这一区域，最终发现这个被称为人马座 A* 的巨大能量源潜伏在银河系的中心，驱动它的可能是一个质量为太阳的 400 万倍的黑洞。■

哈勃定律

埃德温·哈勃（Edwin Hubble, 1889—1953)
维斯托·斯里弗（Vesto Slipher, 1857—1969)

上图：为纪念哈勃发现宇宙膨胀，用他的名字命名的哈勃空间望远镜在 2004 年连续曝光 11 天拍摄的前所未有的高敏感度照片，照片中几乎每个点都是一个星系。

下图：埃德温·哈勃。

 大爆炸（约公元前 138 亿年），光谱学的诞生（1814 年），光的多普勒位移（1848 年），爱因斯坦奇迹年（1905 年），宇宙年龄（2001 年）

1929 年

1848 年发现的**光的多普勒位移**为天文学家提供了确定天体相对地球运动速度的工具。这种方法要求具有探测和测量合适的光谱吸收线的能力。1912 年，罗威尔天文台天文学家维斯托·斯里弗获得了第一批旋涡星云和之后被识别为其他星系的光谱。斯里弗发现，大部分旋涡星云光谱的谱线向长波方向位移，它们的红移意味着正在远离我们。

美国天文学家埃德温·哈勃也开始研究旋涡星系。1919 年初，他有条件使用加州南部威尔逊山天文台新建成的 254 厘米口径胡克式反射望远镜，这是当时世界上最大最敏锐的望远镜。哈勃研究了斯里弗的星系红移数据，同时潜心十年收集更多的数据。

1929 年哈勃发表了里程碑式的论文，描述了他发现的初步结果。哈勃发现，星系的红移随着距离的增加而显著地增加。所有的星系看上去都在远离我们，越远的速度越快。这一观

测结果暗示了可观测的宇宙体积正在膨胀，这就是哈勃定律。这一令人惊讶的结果与之前俄罗斯宇宙学家亚历山大·弗里德曼基于**爱因斯坦**的广义相对论做出的理论预言一致。

哈勃定律意味着，过去的空间比现在小。今天的宇宙学家对数据的解释是，全部的空间和时间——我们已知的宇宙——开始于一场大约距今 138 亿年的剧烈**大爆炸**。哈勃的发现深刻地改变了我们对宇宙的理解。■

1930 年 1 月 23 日和 29 日，克莱德·汤堡在罗威尔天文台拍摄的照相底片上发现了冥王星。冥王星在两张照片中用白色箭头标出。

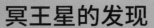

冥王星和柯伊伯带（约公元前 45 亿年），海王星的发现（1846 年），海卫一（1846 年），冥卫一（1978 年），柯伊伯带天体（1992 年），冥王星的降级（2006 年），揭开冥王星的面纱！（2015 年）

1930 年

　　法国数学家乌尔班·勒维耶计算了天王星轨道的变化，发现其中存在一颗行星质量的天体的位置，这一计算导致了 1846 年**海王星的发现**。对天王星和海王星的后续观测使一些天文学家注意到，仅靠海王星不能完全解释天王星的轨道变化，必然有另一个地球质量相当的行星隐藏在更远的地方。

　　帕西瓦尔·罗威尔，这位 1894 年在亚利桑那州旗杆镇创立了罗威尔天文台的英国商人，是相信这个未知行星存在的天文学家之一。他和美国天文学家威廉·亨利·皮克林分别预测了未知行星可能被发现的位置。从 1909 年到 1916 年罗威尔去世，罗威尔天文台始终没能成功发现这颗行星。在这之后，对这颗行星的搜寻因战争而暂停。与此同时，皮克林在 1919 年的搜寻工作也没有进展。

　　1929 年罗威尔天文台重新开始新行星的搜寻工作，着手负责此项工作的是 23 岁的克莱德·汤堡。早在汤堡青少年时期，他寄给罗威尔天文台的观测草图就给天文台台长维斯托·斯里弗留下了深刻印象。汤堡用口径 33 厘米的天体摄影仪（被设计为拍摄大型天文照片的天文望远镜）搜寻期待的区域，寻找海王星以外的移动天体。将近一年的努力之后，1930 年 1 月，汤堡在正确的位置发现了一个小的新世界。一位英国女孩在随后的新行星征名活动中胜出，以希腊神话中的冥王为新行星命名为冥王星。有趣的是，用现代手段重新分析天王星的轨道发现，海王星的存在可以解释天王星的全部轨道变化。冥王星的发现完全归功于汤堡的技术和巧合。

　　尽管如此，在超过 75 年的时间里，冥王星属于太阳系的第九大行星，轨道半径将近 40 个天文单位，现在已知冥王星有 5 个卫星（其中之一的沙戎相对大一些）。20 世纪 90 年代，人们意识到冥王星是**柯伊伯带**的小冰世界中最大的天体之一。2006 年，这颗第九大行星被降格为"矮行星"。■

1931 年，贝尔实验室无线电工程师卡尔·詹斯基建造的大无线电天线可以搜寻无线电噪声。这台射电望远镜天线长 30 米，高 6 米，能 360 度旋转，人送外号"詹斯基的旋转木马"。

观测白昼星（1054 年），银河系的尺寸（1918 年），黑洞（1965 年）

年轻的卡尔·詹斯基成长于俄克拉荷马州的物理学和无线电科学的环境中：他的父亲是电子工程教授、诺曼大学工程学院院长，他的兄长是无线电工程师。毫无疑问，他进入大学，学习物理学专业。1928 年詹斯基得到一份新成立的贝尔电话实验室的工作，这个相对新的研究机构是亚历山大·贝尔（Alexander Graham Bell）创立的美国电话电报公司（AT&T）的一部分。

在贝尔实验室，詹斯基研究噪声和静电干扰横跨大西洋的长途无线电话服务问题。他需要一种监测噪声源的强度和方向的设备，为此，他建造了一台射电望远镜，整个设备长 30 米，放置于一组 4 个福特 T 形轮胎上。望远镜可以探测到波长为设备长度一半，即频率为 20.5 MHz 左右的无线电信号。

1931 年夏天，詹斯基开始用他的射电望远镜观测。他成功地发现了背景的静电源，探测到了来自邻近和遥远风暴的无线电信号，还探测到较弱的、相对稳定的嘶嘶声，但没能分辨这是什么。久而久之，他发现这一信号的强度有着周期性变化，周期是 23 小时 56 分钟，精确地等于一个恒星日的长度（即地球相对恒星背景的自转周期）。当詹斯基把射电望远镜指向人马座的时候，观测到的噪声最强。天文学家已经知道这就是**银河系**的中心。

卡尔·詹斯基开创了射电天文学。他已经发现了 40 年之后才被识别的致密射电源（伴随 X 射线和红外发射）人马座 A*，这是一个质量为太阳的 4 000 万倍的**黑洞**，位于银河系的中心。詹斯基不是天文学家，但他创造的世界上第一台射电望远镜开启了天文学的新领域，以及看待和理解宇宙的新途径。■

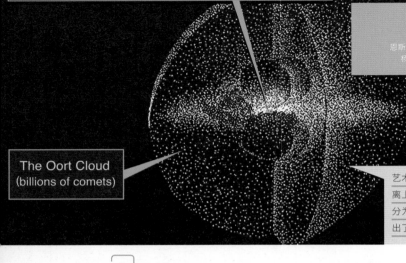

Kuiper Belt and outer
Solar System planetary orbits

Pluto's orbit

The Oort Cloud
(billions of comets)

奥尔特云

恩斯特·于匹克（Ernst Öpik，1893—1985）
杨·奥尔特（Jan Oort，1900—1992）

艺术家想象的在 5 000~50 000 个天文单位距离上围绕太阳的奥尔特云。奥尔特云看上去分为内层扁平部分和外层球状部分。图中画出了小得多的柯伊伯带作为比较。

 哈雷彗星（1682 年），柯伊伯带天体（1992 年），海尔 - 波普大彗星（1997 年）

1932 年

　　经过几百年的细致观测，20 世纪初的天文学家已经可以精确计算十几颗明亮彗星的轨道。这些彗星分为两类：一类是短周期彗星，周期为 20~200 年，运行轨道位于太阳系内区；另一类周期为几百年、上千年甚至更长（或者完全不再回归）的长周期彗星，运动轨道是偏心率很高的椭圆。

　　最长周期的彗星轨道可以达到距离太阳很遥远的地方，有些彗星需要行进 5 万 ~10 万个天文单位才能从远日点到达近日点，这个距离几乎是最近恒星距离的三分之一。一些研究者已经注意到，彗星远日点距离的集中分布，可能意味着在那些遥远的距离范围上储存着原始的彗星。长周期彗星来自于天空中所有方向（不像大行星和大部分短周期彗星那样只存在于赤道平面上），这一事实也意味着彗星储存在一个球形空间上，像巨大的云一样笼罩着整个太阳系。

　　1932 年，爱沙尼亚天体物理学家恩斯特·于匹克首先假定了这些储存中的彗星的存在。在一篇论文中，他提出附近经过的恒星会微弱地扰动来自遥远星云中的彗星，使彗星进入新的轨道，向着太阳运动。1950 年，荷兰天文学家杨·奥尔特也独立地提出了类似的观点，奥尔特另外还考虑了木星和其他巨行星的角色，它们也会把遥远地方的彗星拉入太阳系内区。

　　对新发现的长周期彗星（大约每年新发现一个）的后续研究确认了这个观点：虽然我们还没有直接观测到这个星云，但它包含着彗星存在于太阳系周围。天文学家现在称之为奥尔特云（或于匹克 - 奥尔特云）。据估计，有着几万亿甚至更多公里量级尺寸的彗星核心存在于奥尔特云中，它们中的一部分形成于靠近太阳的地方，但被抛射到了更远的距离上，其他一些形成于太阳引力范围的边缘，它们正在等待其他恒星的扰动帮助它们进入太阳系更温暖的怀抱。■

中子星

詹姆斯·查德威克（James Chadwick, 1891—1974）
华尔特·巴德（Walter Baade, 1893—1960）
弗里茨·兹威基（Fritz Zwicky, 1898—1974）

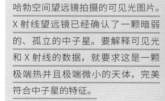

哈勃空间望远镜拍摄的可见光图片。X 射线望远镜已经确认了一颗暗弱的、孤立的中子星。要解释可见光和 X 射线的数据，就要求这是一颗极端热并且极端微小的天体，完美符合中子星的特征。

 观测白昼星（1054 年），白矮星（1862 年），爱丁顿质光关系（1924 年），脉冲星（1967 年）

1933 年

天文学在壮丽的宇宙尺度方面的进展，与 20 世纪初物理学和化学在分子、原子和亚原子水平的进展齐头并进。实际上，原子物理学帮助天文学家对难以直接观测到的过程形成理论和预测。

这种在宏观和微观之间协同作用的最佳范例是 1932 年英国物理学家詹姆斯·查德威克发现中子。中子是与质子质量相当的亚原子粒子，但与质子和电子不同，中子不带电荷。中子对原子核没有足够强的束缚力，带正电的质子彼此相互排斥，原子将变得不稳定进而分崩离析。

中子的发现对天文学的意义深远。举例来说，1933 年天文学家华尔特·巴德和弗里茨·兹威基开始思考导致引力塌缩和大质量恒星爆发（即兹威基所称的超新星爆发）机制的细节。他们推测，爆发的巨大中心压力和温度能将原子核分解，质子与电子复合后留下孤立的中子形成致密的遗迹。他们称这种假设中的天体为中子星。

在巴德和兹威基的计算中，中子星应该快速自转，应该是极端致密的天体，质量为太阳的 1~2 倍，直径却只有 10~12 公里，其重力是地球表面重力的 1 000 亿倍！他们的理论最终被证实。1968 年，在**超新星 1054** 生成的蟹状星云中发现了一颗微小的、每秒自转 30 次的恒星遗迹。今天，已经发现了几千颗炽热的、自转的中子星——**脉冲星**，它们给天文学家提供了非常精确的宇宙时钟用于研究致密天体的极端天体物理学。■

暗物质

弗里茨·兹威基（Fritz Zwicky，1898—1974）

地面麦哲伦望远镜、哈勃空间望远镜（橙色恒星）和钱德拉X射线天文台（粉色气体）观测的子弹星系团的图像中叠加的蓝色区域，计算机计算显示，集中了星系团的大部分质量。但是这些理论上的质量无法观测到。

1933年

 球状星团（1665 年），牛顿万有引力定律与运动定律（1687 年），光谱学的诞生（1814 年），旋涡星系（1959 年）

　　我们时刻都在受看不见的力量的作用——风吹过我们的头发，引力将我们向下拉。观测和实验可以证明这些力就在这里，并最终找到力的来源。1933 年，瑞士裔美国天文学家弗里茨·兹威基遇到了一些宇宙中看不见的力的新证据，但是这些证据成为改变天文学范式的路障，因为他所见到的东西无法测量和解释。

　　兹威基研究星系团——一种宇宙中已知的最大尺度结构。在一次研究中，他利用光谱学测量后发座星系团成员的红移和相对速度。后发座星系团包含超过一千个星系，距离地球大约 3.2 亿光年。兹威基发现，星系运动的速度与它们的质量所应该具有的速度不一致。当兹威基统计所有他能在可见光照片中见到的质量时，大约还有可见物质 400 倍的质量是看不见的。只有靠这些丢失的质量才能解释星系的引力运动。丢失的质量问题使兹威基假设一定存在某种看不见的物质，用当时的观测技术无法观测到的这些物质引起了观测到的运动。

　　随着射电、红外、X 射线和伽马射线等天文学新方法的发展，星系团中丢失的质量，以及银河系中通过球状星团运动发现丢失的质量，仍然无法观测到。天文学家称这种完全不可见的物质为暗物质。

　　许多研究发现这种不可探测的物质具有质量，并且与正常物质之间有引力作用。宇宙学家相信，暗物质占全部物质的 80%，这种神秘的物质有着极其重要的地位。我们只是宇宙中次要的材料构成的，我们甚至还没有完全理解这些次要的物质。■

椭圆星系

埃德温·哈勃（Edwin Hubble，1889—1953）

上图：哈勃空间望远镜拍摄的巨椭圆星系 M 87，包含几万亿颗恒星，15 000 个球状星团，和一个质量巨大的中心黑洞。

下图：《星云的领域》一书中埃德温·哈勃的"音叉"星系分类示意图。

造父变星与标准烛光（1908 年），银河系的尺寸（1918 年），哈勃定律（1929 年），旋涡星系（1959 年）

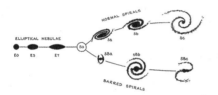

1936 年

20 世纪的前 10 年，哈罗·沙普利、维斯托·斯里弗、埃德温·哈勃和其他天文学家的工作确定了银河系的尺寸，并收集了大量旋涡星云的光谱数据。这些最终使人们意识到，这些旋涡星云是其他的星系，它们和银河系一样，各自包含着千亿颗恒星。随着越来越多的星系被识别出来，人们发现星系并不完全相同，天文学家需要将星系分门别类，就像他们为恒星分类一样。

作为星系观测的先驱者，哈勃可以使用一些世界上最好的望远镜。他在星系分类的研究中占有独特的地位。在一系列的课程和讲座之后，1936 年，里程碑式的著作《星云的领域》最终出版，哈勃为我们勾勒出一个河外星系的形态学（形状、尺寸、亮度）分类，这个分类现在被称为哈勃序列。

哈勃序列的一端是椭圆星云，即现在已知的椭圆星系。椭圆星系是三类主要星系类型之一，其他星系，比如我们的银河系，叫作**旋涡星系**，以及一类特殊的透镜（凸透镜形状）星系，位于椭圆星系和旋涡星系之间。

椭圆星系，如同名称所暗示的那样，外观呈椭球状或球状，从核心到外边缘的亮度变化非常平滑。现代巡天发现，10%~15% 的星系是椭圆星系，但在宇宙早期这个比例要小一些。椭圆星系包含大部分年老的、质量较小的恒星，大部分缺乏形成新恒星所需的气体和尘埃。椭圆星系的起源还不完全清楚，一些天文学家认为椭圆星系可能是曾经的旋涡星系之间的碰撞和合并形成的。■

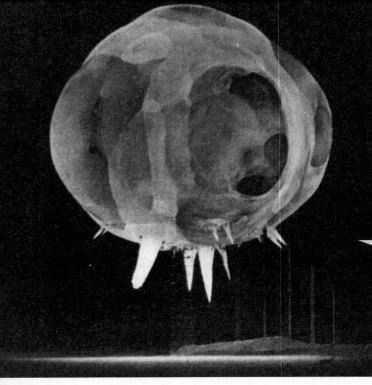

核聚变

汉斯·贝特（Hans Bethe，1906—2005）
卡尔·弗里德里希·冯·魏茨泽克（Carl Friedrich von Weizsacker，1912—2007）

发现像太阳（上图是美国宇航局和欧洲空间局太阳和日球天文台拍摄的太阳紫外彩色合成照片）这类恒星的内部能量产生于核聚变的直接结果是核武器的发展。可怕的核火球照片拍摄于 1952 年内华达沙漠的核弹引爆之后大约一毫秒时。

 放射性（1896 年），爱丁顿质光关系（1924 年），中微子天文学（1956 年）

1939 年

　　20 世纪 20 年代，亚瑟·斯坦利·爱丁顿等天体物理学家已经计算出恒星内部的一些主要特征，包括极端高温、高压。但是对恒星如何产生能量的问题仍然存在大量不确定性。爱丁顿已经考虑了核聚变是包括太阳这类恒星的能量来源的可能性（轻元素聚集为重元素，同时释放能量）。但这只是基于欧内斯特·卢瑟福等人早期的核转化实验（一种元素转变为另一种元素）而作出的推测。

　　物理学家很快就掌握了计算和验证恒星内部产能理论细节的手段。这一领域中的先驱者是德国物理学家卡尔·弗里德里希·冯·魏茨泽克和德裔美国核物理学家汉斯·贝特。在 1937—1939 年，在美国的贝特和在德国的魏茨泽克计算出靠近恒星中心的极端条件下氢原子聚变为氦原子的方式。贝特发表于 1939 年的论文《恒星中的能量产生》描述了类似太阳的中等质量恒星和大质量恒星内部作用的特定的核反应链。

　　这些发现的科学性令人兴奋。魏茨泽克、贝特和他们的同事知道，核妖怪被放出了瓶外。与恒星内部相同的一些核合成链式反应也可以人为地实现，释放出巨大能量。伴随着第二次世界大战的爆发，美国和德国政府安排各自的物理学家投身于核聚变的武器化工作。贝特成为美国曼哈顿计划的领导者。这一计划导致原子弹的开发和引爆，继而在之后长期的冷战时代诞生了氢弹。■

地球同步卫星

赫尔曼·奥伯特（Hermann Oberth，1894—1989），
赫尔曼·托波西尼克（Herman Potočnik，1892—1929），
亚瑟·克拉克（Arthur C. Clarke，1917—2008）

上图：美国宇航局轨道碎片计划办公室追踪的当前卫星的快照。地球同步轨道卫星呈现的圆环清晰可见。
下图：1985 年发现号航天飞机部署澳大利亚通信卫星 1 号。

行星运动三定律（1619 年），牛顿万有引力和运动定律（1687 年），液体燃料火箭（1926 年）

和行星围绕恒星，或是卫星围绕行星一样，**牛顿万有引力定律、运动定律**和开普勒的**行星运动定律**特别适用于人造卫星。20 世纪 20 年代，罗伯特·戈达德发明的液体燃料火箭可以达到较高的地面高度后，火箭技术和航天学（研究太空中航行的科学）迅猛发展。

几位戈达德同时代的学者已经开始思考火箭的轨道飞行和超越轨道飞行的力学和动力学。其中两位是匈牙利裔德国物理学家赫尔曼·奥伯特和火箭工程师赫尔曼·托波西尼克，他们扩展和计算了俄罗斯数学家康斯坦丁·齐奥尔科夫斯基首先提出的概念。这些概念中的一个是地球同步轨道。

地球同步轨道上的卫星围绕地球运动一圈与地球自转时间相同。以在地球表面的观察者的视角看来，卫星就像是停泊在高空中永远不动。给定地球质量和旋转速度，可以利用牛顿第二定律推导出地球同步卫星的轨道高度大约是地面上方 36 000 公里。

英国科幻作家和未来学家亚瑟·克拉克最早领悟了这些技术最终的方向。在杂志文章《地外转播——火箭站可以将无线电覆盖全世界吗？》中，克拉克描绘了一种最实际的卫星应用——全球通信。随着克拉克思想的普及，这些技术获得大范围的注意和支持。1964 年起，地球同步轨道卫星的实际应用远远超出了无线电转播领域。今天，它们也用来转播电视、互联网、全球定位系统信号，并帮助我们监测地球的天气和气候。■

1945 年

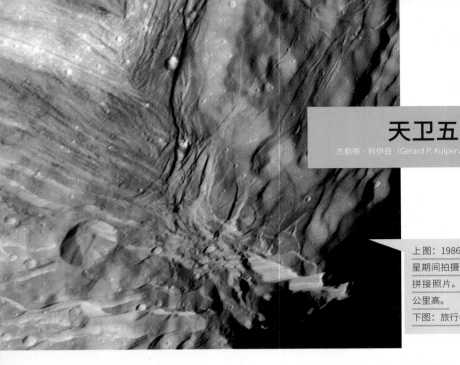

天卫五

杰勒德·柯伊伯 (Gerard P. Kuiper，1905—1973)

上图：1986 年，旅行者 2 号飞临天王星期间拍摄的天卫五冰表面的高分辨率拼接照片。右下方的峭壁可能超过 20 公里高。

下图：旅行者 2 号拍摄的天卫五表面。

 天王星的发现 (1781 年)，天卫三 (1787 年)，天卫四 (1787 年)，光谱学的诞生 (1814 年)，天卫一 (1851 年)，天卫二 (1851 年)，旅行者 2 号在天王星 (1986 年)

1948 年

尺寸达到几百公里的大型卫星的发现率在 1898 年发现土卫九后急剧下降。几十年来都没有大卫星被发现。20 世纪初的天文学家可能认为太阳系主要天体的普查已经相对完整，太阳系研究变得不再流行。

尽管如此，还是有一位继续研究和观测行星的科学家，他就是荷兰裔美国天文学家杰勒德·柯伊伯。柯伊伯从 20 世纪 30 年代末开始在芝加哥大学的叶凯士 (Yerkes) 天文台（世界上最大的折射望远镜所在地）和新建的德克萨斯州的麦克唐纳天文台工作，那里有柯伊伯搜索暗弱新卫星所需的分辨率和敏感度的望远镜。1948 年，他发现了天王星的第五颗，也是最靠里的卫星。沿用之前的命名方法，柯伊伯命名这颗卫星为莎士比亚的《暴风雨》中的人物米兰达 (Miranda)。

截止到 1986 年旅行者 2 号飞临天王星，我们目前只知道天卫五的轨道、微小的尺寸和由冰组成。天卫五的确很小，外形为球形，直径为 470 公里。但是它的表面出奇地多样化，有覆盖着或亮或暗的山脊和峭壁的补丁区域，也有遍布陨石撞击的地方，以及冰的地表。看起来，天卫五就像是被拆开之后，又笨拙地拼在一起。一些天文学家认为这些现象是一次古老的撞击导致的。

1949 年，柯伊伯发现了海王星的第二颗卫星，将其命名为海上女神。柯伊伯是现代行星科学之父，是利用**光谱学**研究行星和卫星的先驱者。他发现火星大气中的二氧化碳，**土卫六**大气中的甲烷，并帮助选取了 20 世纪 60 年代阿波罗登月的着陆点。■

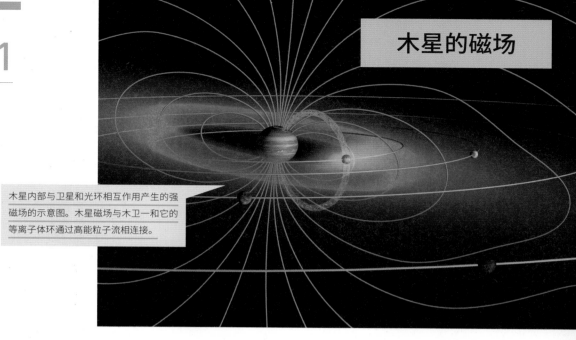

木星的磁场

木星内部与卫星和光环相互作用产生的强磁场的示意图。木星磁场与木卫一和它的等离子体环通过高能粒子流相连接。

暴躁的原太阳(约公元前 46 亿年),水星(约公元前 45 亿年),木星(约公元前 45 亿年),观测白昼星(1054 年),木卫一(1610 年),木卫三(1610 年),太阳耀发(1859 年),射电天文学(1931 年),先驱者 10 号在木星(1973 年),伽利略号环绕木星(1995 年)

和在标准的线圈发电机中旋转的电导体内部一样,行星和卫星的核心是磁场产生的主要地方。地球和**水星**的磁场被认为产生于自转的部分熔融、部分富铁的核心的电流。**木卫三**内部深层的高导电性可以解释卫星的磁场。

人们已经发现太阳系的气体和冰巨星有很强的磁场。1955 年,来自华盛顿卡内基研究所的射电天文学家注意到木星的强射电发射,这是第一次发现巨行星的磁场。自詹斯基 1931 年对银河系中心强射电源的先驱性研究以来,射电天文学家已经扫描了天空寻找其他天然外射电源。蟹状星云被证明为另一个强射电源。实际上,在研究蟹状星云时偶然发现的**木星**的磁场可以解释它的强射电发射。

对木星磁场更加细致的研究来自先驱者号于 20 世纪 70 年代对木星的飞越,其后是 20 世纪 80 年代旅行者号的飞越,在此之后是伽利略号轨道器与卡西尼号在 20 世纪 90 年代和 21 世纪初对木星的飞越。这些任务携带的敏感的磁力计发现木星的磁场比地球强 10 倍,大约能产生 100 兆瓦的电能,比地球磁场射电功率高 100 万倍。磁场产生于木星核心外层金属般的氢的电流。木星磁场与太阳风相互作用,也与卫星相互作用,特别是木卫一,那里的火山喷发出二氧化硫形成甜甜圈形状的等离子环,将木卫一包围并被木星磁场电离。

木星磁场在空间中所占的体积——木星磁层——是太阳系中除太阳本身的磁场以外最大的连续结构。如果我们的肉眼可以看到木星的磁场,它将比满月大 5 倍。■

1955 年

中微子天文学

沃尔夫冈·泡利 (Wolfgang Pauli, 1900—1958)

上图：超级神冈探测器内部有 11 200 个光电倍增管浸泡在 50 000 吨纯水中，用于探测和测量来自太阳和其他宇宙源的中微子。

下图：日本超级神冈探测器收集了 500 天的中微子呈现的太阳图像。

大爆炸（约公元前 138 亿年），放射性（1896 年），爱丁顿质光关系（1924 年），中子星（1933 年），核聚变（1939 年），黑洞（1965 年）

1956 年

20 世纪初的物理学家，如沃尔夫冈·泡利，试图理解特定元素的放射性衰变的本质，但在对原子的理解上明显不足。例如，仅用质子和电子的产生不能解释放射性衰变期间的能量释放。1933 年发现的中子也帮不上忙——它太重了。物理学家需要找到的是一种低质量的、电荷中性的基本粒子。泡利理论上预言了这种新的亚原子粒子的存在，这种粒子之后将被称为"中微子"（微小的中性粒子）。

1956 年，在高能粒子加速器碰撞实验中发现了中微子存在的实际证据。20 世纪 60 年代进行的一系列后续实验显示有多种类型（"味"）的中微子，每一种与其他种类的基本粒子相关联，中微子的每一种"味"都存在一个与之相应的反粒子。这些证据显示原子中正发生着复杂的物理过程。

中微子的发现打开了中微子天文学的全新领域。没有电荷，质量几乎可以忽略，中微子容易以接近光速穿透大量的常规物质，而不发生相互作用。中微子产生于太阳和其他恒星内部的**核聚变**反应，几乎毫不费力地穿透恒星达到地球并被探测到；相反，光子——太阳光——产生于太阳内部，要花费 40 000 多年才能逃离太阳内部致密的、不透明的环境。

今天，特殊的中微子探测器帮助我们理解一系列的核反应细节，包括太阳内部、超新星、**黑洞**，甚至**大爆炸**等难以企及的特殊环境。∎

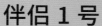

伴侣 1 号

谢尔盖·科洛列夫（Sergei Korolev, 1907—1966）

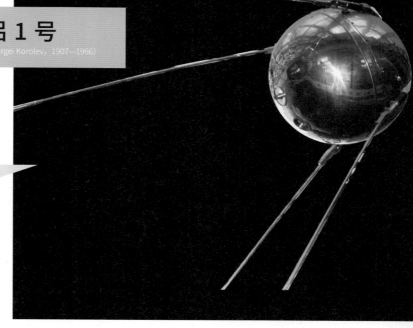

放置于华盛顿史密森学会国家航空航天博物馆中的伴侣 1 号复制品，这是世界上第一颗人造卫星。金属外壳直径大约 58 厘米，天线可以延伸到 285 厘米长。

液体燃料火箭（1926 年），地球同步卫星（1945 年），地球辐射带（1958 年），第一批宇航员（1961 年）

美国人倾向于生动地再现他们在标志性事件中的所作所为，这些事件定义了特定的年代。这样的例子包括珍珠港轰炸、暗杀肯尼迪总统、挑战者号航天飞机爆炸，以及 911 恐怖袭击。对于一代美国人来说，决定性的时刻是 1957 年秋天。

1957 年 10 月 4 日，苏联成为第一个将人造卫星发射上太空的国家。苏联火箭技术的工程师谢尔盖·科洛列夫带领的团队建立了苏联第一个洲际弹道导弹系统，并且游说政府允许他和他的团队修改 R-7 型火箭，使其能发射小型科学装备进入地球轨道。苏联政府批准了科洛列夫的计划，希望他能打败美国的太空项目。太空时代正式开启。

伴侣 1 号将在 3 个月的时间内每 96 分钟环绕地球一圈，同时用 1 瓦的无线电天线发射"哔哔哔"的信号。全世界的业余无线电台都能轻易地接收到这一信号。这颗卫星令美国人恐慌不已，公众担忧苏联发射洲际弹道导弹的能力，这种导弹如果装配了战术核弹头，将可以打击地球上的任何目标。美国政府加快了自己的太空计划，美国的第一颗卫星探险者 1 号在伴侣号升空 3 个月后成功发射。

伴侣号也开启了一场史无前例的美国科学和技术资助与教育革新，这场革新直到今天仍有影响力。伴侣号在美国引发的最大影响，当属美国为赢得太空竞赛而发起的阿波罗计划。1969—1972 年，先后 12 个人走上月球，而后是几十年的其他各项辉煌成就。■

1957 年

地球辐射带

詹姆斯·范·艾伦（James Van Allen, 1914—2006）

2005 年 1 月，在阿拉斯加大熊湖上空拍摄的北极光。极光的出现是因为太阳风携带的高能粒子与地球磁场相互作用，粒子落入范·艾伦带引起的现象。

暴躁的原太阳（约公元前 46 亿年），太阳耀发（1859 年），木星的磁场（1955 年），伴侣 1 号（1957 年）

1958年

1957 年秋天，苏联成功发射了伴侣 1 号震惊世界之后，美国政府紧锣密鼓地赶上。一个联合团队承担发射和操作小型卫星的任务，卫星上将搭载最小的简单科学装备。团队中包括美国洲际导弹局，负责发射卫星用于改进的丘比特 - 红石中等范围洲际导弹，还包括军方与帕萨迪纳附近的加州理工学院组成的喷气推进实验室，负责卫星探险者 1 号的科学实验。

探险者 1 号的科学装备是美国空间科学家詹姆斯·范·艾伦的独创，包括一个宇宙射线计数器，一个微陨石撞击探测器和一些温度传感器。实验比伴侣号简单的无线电发射要更复杂，但是质量要足够轻、电力和体积可以被丘比特火箭送入轨道。

美国的第一颗人造卫星（世界第三，在 1957 年 11 月的伴侣 2 号之后）于 1958 年 1 月 31 日在佛罗里达州卡纳维拉尔角导弹实验地区成功发射。探险者 1 号进入一个周期为 115 分钟的椭圆轨道，在电池衰竭之前，科学仪器工作超过 3 个半月。在科学任务期间，无线电传回数据流供喷气推进实验室的科学团队实时获取。

探险者 1 号传回的数据令人费解，因为围绕地球的特定纬度和位置上的高能粒子数目大幅度增加。艾伦和他的团队认为地球磁场的约束下存在一个高能粒子或等离子体的区域。几个月后，这一结果得到探险者 3 号的确认。这是人造卫星做出的第一次主要科学发现，为纪念科学团队的领导者，地球附近的高能粒子增丰的区域现在被称为范·艾伦辐射带。探险者 1 号是目前探险者系列卫星 84 个项目中的第一个。■

美国宇航局和深空网络

美国宇航局与喷气推进实验室的深空网络位于加州戈德斯通的 70 米口径射电望远镜，类似的望远镜坐落于西班牙和澳大利亚，成为守护星际探测飞船的卫兵。

1958 年

伴侣 1 号（1957 年），旅行者号交会土星（1980 年，1981 年），旅行者 2 号在天王星（1986 年），旅行者 2 号在海王星（1989 年），揭开冥王星的面纱！（2015 年）

伴侣 1 号的成功使美国政府陷入深思，苏联的捷足先登使其倍感尴尬。部分问题在于，在太空探索的过程中，大量的联邦机构和军事机构各自独立运作。其结果是，1958 年美国国会和艾森豪威尔总统成立了一个新的联邦机构——美国国家航天管理局（NASA）——监管国家的民用空间和宇航项目。与此同时，军方的平行项目高等研究计划局（现在称国防高等研究计划局）成立，用以监管用于军事目的的空间技术。

民用空间项目的巩固发展出了先进的通信基础设施，可以用于未来空间探索的联络与控制。为了早期的探索任务，美国军方的喷气推进实验室在加利福尼亚州、新加坡、尼日利亚部署了轻便的无线电追踪站用于维护卫星的正常通信。1958 年末，喷气推进实验室的控制权转交给了美国宇航局，喷气推进实验室负责领导未来充满野心的自动化空间探测任务，因此，需要一个永久的通信解决方案。

这个方案就是建立深空网络（DSN），一组小型、中型和大型射电望远镜等间隔地分布于世界各地，从而实现不间断地与美国宇航局的空间任务维持通信。深空网络基站坐落于加州戈德斯通、西班牙马德里附近和澳大利亚堪培拉，每个基站都配备了一台大型（70 米口径）和数台小型（34 米口径）射电望远镜以及它们的发射设备。

深空网络是地球的电话总机和行星际无线电通信的太阳系枢纽。一天 24 小时，一周 7 天，基站和它们专注的、不知疲倦的员工收集着数据和指令，有时甚至是救援。他们为 60 多个（很快增长为 90 个）由美国宇航局和其他国际空间机构控制的活跃的地球和行星际任务服务。■

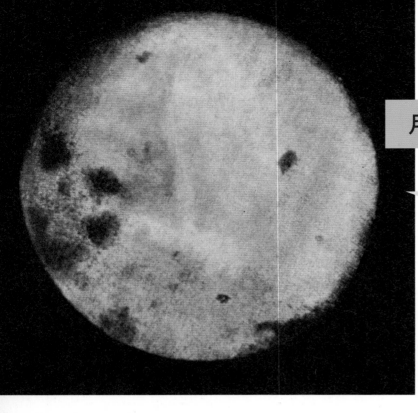

月球的背面

上图：1959 年 10 月，苏联月球 3 号卫星拍摄的月球背面照片之一。
下图：月亮正面的现代数码天文照片。

木卫一（1610 年），木卫二（1610 年），木卫三（1610 年），土卫八（1671 年），潮汐的起源（1686 年），土卫二（1789 年）

月球围绕地球同步旋转，即月球的自转周期等于围绕地球的公转周期。从地球上看，感觉不到月球在转，因为同步旋转使卫星总有一个面指向我们。我们熟悉的满月的样子，天文学家称为月球的正面，总是对着我们。

直到太空时代到来之前，还没有人见过远离我们的月球背面的样子，因为见到月球背面的唯一方法是发送飞船绕到月球背后拍一张回望的照片。1959 年苏联利用另一个空间项目即月球 3 号任务成功地做到了这一点。

1959 年 10 月 4 日，月球 3 号发射升空（仅仅在伴侣 1 号发射两年之后）。3 天以后，月球 3 号飞过月球的南极，成为人类第一个地面控制并直接拍摄月球背面照片的三轴稳定飞船。飞船拍摄了 29 张照片，经过扫描和数字化处理后用无线电传回地球。

月球 3 号的照片与现代空间照相技术相比质量不高，但是足够令苏联太空科学家绘制了月球背面的地图，并为可见的特征命名。月球背面更加均匀和明亮，暗的撞击盆地比正面少。1965 年，苏联的金星 3 号拍摄到质量好得多的月球背面的照片，照片显示明亮的部分是遍布陨石坑的、粗犷的高地区域。

同步旋转是大行星的卫星中常见的自然现象，所有的主要卫星都是同步旋转体。天文学家相信这是由于行星和卫星之间长时间的潮汐力作用。潮汐消耗能量，减慢了卫星的自转，使它达到一个稳定的所谓潮汐锁定轨道，造成正面总是面对行星，反面总是背对行星的现象。■

1959 年

旋涡星系

哈罗·沙普利 (Harlow Shapley, 1885—1972)
埃德温·哈勃 (Edwin Hubble, 1889—1953)
弗里茨·兹威基 (Fritz Zwicky, 1898—1974)
维拉·鲁宾 (Vera Rubin, 1928—　)

哈勃空间望远镜拍摄的旋涡星系 M 51，显示了新的恒星形成的明亮的氢发射（红色）区。

仙女座大星系（约 964 年），光的多普勒位移（1848 年），银河系自转（1927 年），暗物质（1933 年），椭圆星系（1936 年），黑洞（1965 年）

1959 年

20 世纪 20—30 年代，哈勃定义的星系分类系统中，旋涡星系代表了一种极端的情况（其他两种是椭圆星系和透镜星系）：大量恒星靠引力束缚在一起，带有 2~3 条旋臂围绕公共质心旋转。一些旋涡星系面向着我们，另外一些看上去侧向着我们。在侧向星系中发现，旋臂限制在较宽的扁平的盘中，中央带有一个隆起的核球，周围围绕着遥远恒星和**球状星团**组成的晕。哈罗·沙普利和其他人共同计算出我们的**银河系**的直径超过 10 万光年。

1959 年前后，射电天文学家发展了一项新技术，利用光谱探测氢的强发射线观测绘制出面向旋涡星系悬臂的旋转速度。人们预计着距离星系中心较远的恒星旋转速度更慢，如同行星围绕恒星运动一样遵循**开普勒定律**。但是观测发现，恒星的速度基本上是一个常数，与到星系中心的距离无关。越来越多的旋涡星系的观测确认了这个"星系旋转问题"。

20 世纪 70 年代中期，美国天文学家维拉·鲁宾提出一个解决方案：如果旋涡星系中的大部分质量不是我们能通过望远镜看见的物质，而是弗里茨·兹威基在 1933 年提出的一种看不见的**暗物质**，那么旋涡星系观测到的非开普勒运动就说得通了。大部分天体物理学家今天接受暗物质的存在，正是基于兹威基、鲁宾和其他人发现的这些证据。

旋涡星系是惊艳而古老的结构，这些结构形成于早期宇宙并继续演化到今天。神秘的暗物质隐藏在星系的晕中，质量是太阳的几百万倍的**黑洞**位于它们的中心，旋涡星系就像是宇宙中的巨大风火轮，在宇宙**大爆炸**后带着千亿颗恒星旋转。■

探索地外文明

朱塞佩·科克尼（Giuseppe Cocconi, 1914—2008）
菲利浦·莫里森（Philip Morrison, 1915—2005）
弗兰克·德雷克（Frank Drake, 1930— ）

哈勃空间望远镜拍摄的老鹰星云中恒星形成区和巨分子云，前景是著名的德雷克公式。

1960 年

《火星和它的运河》（1906 年），射电天文学（1931 年），研究嗜极生物（1967 年），第一批太阳系外行星（1992 年），宜居的超级地球？（2007 年）

　　在这个太阳系，这个星系，这个宇宙中，我们是孤独的吗？贯穿有记录的人类历史，我们已经问过太多次这样的问题，但直到 20 世纪，我们才开始发展出有意义的方式回答这个问题。1931 年发现外射电波的自然来源（来自星系中心和**中子星**，以及其他高能天体）为我们提供了回答这个问题的一条路径，因为天文学家认识到，射电信号可以远距离地在星际和星系际空间中传播。

　　当物理学家朱塞佩·科克尼和菲利浦·莫里森在《自然》杂志发表了一篇题为《搜索星际通讯》的论文之后，在广阔的星系距离上进行无线电通信的概念在 1959 年成为科学研究的严肃话题。在这篇论文中，他们描述了天文学家搜索可能由其他文明发射的射电信号的方法。这几乎立即就引起射电天文学家弗兰克·德雷克的响应。德雷克在 1960 年用美国国家射电天文台在西弗吉尼亚绿岸的 26 米口径射电望远镜，进行了第一次对临近类太阳恒星的非自然射电信号的细致搜索。德雷克的搜索不成功，但却激发了超过 50 年的探索地球以外文明（SETI）国际观测竞赛。德雷克给出了一个我们星系中潜在的地外文明数量（N_C）的粗略估计：恒星数目（N_*）× 带有行星的比例（f_P）× 宜居行星的数目（n_{HZ}）× 带有生命的比例（f_L）× 智慧生命的比例（f_I）× 文明发展出通信技术的比例（f_C）× 文明的寿命（L）。这个估计被称为德雷克公式，根据这个公式估计出我们银河系中智慧文明的数量范围从一到几百万。

　　结合最近在地球上发现的极端微生物形态和最近发现的宜居的太阳系外行星，许多探索地外文明的参与者（感谢互联网，现在参与者中也包括大量的公众）仍然对长期的可能结果持乐观态度。当然，如果我们不去聆听，就永远也不会知道……■

1961 年 4 月 12 日早晨，宇航员尤里·加加林准备登上东方 1 号飞船。坐在他身后的是他的替补宇航员戈尔曼·季托夫。季托夫于 1961 年 8 月乘坐东方 2 号成为第二个进入地球轨道的太空人。

第一批宇航员

尤里·加加林（Yuri Gagarin，1934—1968）
阿兰·谢巴德（Alan Shepard，1923—1998）

1961 年

 液体燃料火箭（1926 年），伴侣 1 号（1957 年），地球辐射带（1958 年），第一次登月（1969 年）

1957 年，苏联成功发射**伴侣 1 号**标志着太空时代的开始，也标志着与美国之间史诗般的地缘政治竞赛在技术、军事、道德优越感等层面展开。苏联已经将第一只动物送入太空——乘坐伴侣 2 号的一只名叫莱卡的小狗——美国正在发射猴子和猩猩，但两国政府都知道，要赢得下一场太空竞赛的胜利，只能将人送入太空。

苏联载人飞船计划名叫"东方号"，如同伴侣号计划一样，它基于已经存在的洲际弹道导弹火箭系统容纳一位旅客。苏联秘密筛选了大约 20 位空军飞行员成为光荣的第一批宇航员；首选者是尤里·加加林大尉。与此同时，美国载人飞船计划称为"水星计划"，采用改进的红石火箭容纳一位乘客。来自空军、海军、海军陆战队的 7 名试飞员最终被选择成为航天员。海军试飞员阿兰·谢巴德被选择执行第一次水星计划。

早期没有载人的东方号和水星计划都失败了。在领导人批准载人飞行之前，两国都必须测试验证他们的火箭可以完成这项任务。两个计划并驾齐驱，在 1961 年初都将人送入了太空。1961 年 4 月 12 日，尤里·加加林乘坐东方 1 号进入地球轨道，成为第一位太空人，苏联再次赢得了这场国际太空竞赛。3 周之后，谢巴德成为人类第二位，美国第一位太空人，乘坐自由 7 号成功完成亚轨道飞行。

苏联再次取得领先地位，但美国在谢巴德之后紧锣密鼓地赶超。总统肯尼迪致辞国会，要求美国宇航局将人送上月球。■

阿雷西博天文台半球形镜面直径305米，坐落于波多黎各西北山区。上方吊装了这重达900吨的结构，包含射电和雷达发射器、接收器和支撑系统。

 射电天文学（1931年），探索地外文明（1960年），脉冲星（1967年）

从17世纪初伽利略等人第一次用望远镜观测开始，天文学家就已经知道如何增加望远镜的灵敏度和分辨率，简单地说就是制造更大的望远镜。但是材料的强度和磨制、抛光大型玻璃镜片或银镜受物理条件的限制，建造口径1米以上有效的单镜面折射望远镜或是口径5米以上的单镜面反射望远镜在技术上不太可能。

但是在射电天文学中，反射和传送射电波的镜面可以用金属制造，就像天线那样。因此，射电望远镜可以制造得更大。20世纪50—60年代初，康奈尔大学的一组射电天文学家和大气科学家意识到，有可能利用一个碗状的形状铺设电路制造成巨大的、固定的射电望远镜。在波多黎各岛的阿雷西博镇附近的山地中，找到了一个符合条件的宁静地点，恰好这个地点也位于赤道附近，可以观测到尽可能大面积的天空。在美军与美国宇航局平行机构高等研究计划局的帮助下，1960年建造了巨大的半球面镜面天线，在其上方吊装了可操纵的射电发射器和接收器的支撑结构。1963年秋天，阿雷西博（Arecibo）射电望远镜开始工作，直到今天它仍然是世界上最大的单镜面望远镜。

在阿雷西博射电望远镜的帮助下，天文学家做出了许多重要的发现。水星的自转速度和金星云层覆盖的地形图都是这台望远镜早期雷达观测的结果。第一颗已知的脉冲星——一种快速自转的中子星——是天文学家利用阿雷西博望远镜在蟹状星云核心处发现的，第一颗毫秒脉冲星（每秒自转500~1 000次）也是利用阿雷西博望远镜发现的。阿雷西博的天文学家利用雷达波确定近地小行星的大小的形状，这台望远镜还是帮助人们确定有潜在危害的小行星轨道的首选设备，这些有危害的小行星有可能撞击地球造成巨大威胁。■

类星体

马丁·施密特（Maarten Schmidt, 1929— ）

太空艺术家唐·迪克森绘制的两个旋涡星系的碰撞，大量物质落入中心的黑洞产生强大的能量通过喷流辐射出来，类星体就是围绕着黑洞周围的星系核心区。

 中子星（1933 年），黑洞（1965 年），脉冲星（1967 年）

1963 年

和工作在可见光波段的天文学家（光学天文学家）一样，早期的射电天文学家也热衷于利用他们新近研发的射电望远镜搜索天空，寻找最感兴趣的射电源。除了那些有光学对应体的较强的射电源（像银河系中心或是超新星 1054 遗迹的蟹状星云中央的目标）以外，20 世纪 50 年代的天文学家发现了几百个没有光学对应体的强射电源。许多射电源在天空中非常微小，类似恒星，但确定不是恒星。天文学家称这样的天体为类似恒星的天体，简称类星体。

1962 年，已知最亮的类星体 3C 273 多次发生月掩星的现象，使射电天文学家可以非常精确地确定它的位置。荷裔美国天文学家马丁·施密特在帕洛玛山通过 5 米口径海尔望远镜用这些高精度位置数据搜索和识别类星体的光学对应体。海尔望远镜自 1948 年以来成为世界上最大的反射望远镜。施密特拍摄了 3C 273 的光谱，在 1963 年发现它实际上完全不是恒星，而是显示出氢元素谱线的多普勒位移，这意味着，这个天体有着较大的距离（根据**哈勃定律**）并且充满了极高速度（光速的 16%）的电离气体。

人们已经发现类星体是可观测宇宙中最亮的天体。类星体 3C 273 是其中较为接近我们的一个，但仍然有着 24 亿光年的距离，这告诉我们类星体是宇宙早期历史中常见的古老特征。天文学家现在相信，类星体是古老的活动星系核的暴躁的中心区域，那里的物质落入类星体宿主星系中心的黑洞释放出巨大的引力能量。盘旋在盘上的物质时常通过垂直于盘的喷流释放能量，那些最亮的类星体通常是喷流完全朝向我们释放的结果。■

宇宙微波背景

阿诺·彭齐亚斯（Arno Penzias，1933— ）
罗伯特·威尔逊（Robert Wilson，1936— ）

新泽西州霍姆达尔贝尔实验室的牛角天线的照片。在这里，彭齐亚斯和威尔逊发现了宇宙微波背景辐射的余辉，宇宙起源的大爆炸理论预言了这种余辉的存在。

大爆炸（约公元前 138 亿年），再复合时代（约公元前 138 亿年），第一代恒星（约公元前 135 亿年），射电天文学（1931 年）

1964 年

大部分宇宙学家将哈勃 1929 年发现空间的膨胀作为宇宙过去比现在小的证据。如果你能回到足够远的过去（根据最新的估计大约 138 亿年以前），你将会发现宇宙已经从一个极端热、致密的小点通过**大爆炸**膨胀变大。

但是，并不是所有的天文学家最初都接受大爆炸理论。1948 年，有人提出了其他的模型，假设空间正在膨胀，新的物质（大部分是氢）源源不断地创造出来以保持宇宙中的密度（单位体积的物质总量）不随时间变化。这种稳恒态宇宙理论模型描述了一个无始无终的宇宙，它与当时的天文观测数据是一致的。

宇宙学家需要某种方法在大爆炸和稳恒态宇宙模型之间进行检验。例如，在大爆炸模型中，今天的宇宙应该仍然残存一些余辉，来自早期重联纪元的特征是电子被耦合使光子可以在空间中透明穿行的结果。这些余辉的温度预测为只比绝对零度高 3~5 K。稳恒态宇宙模型不会产生这样的辐射背景。

射电天文学家知道这些辐射信号应该可以在微波波段被探测到（波长 1~2 毫米），于是开展了探测的竞赛。1964 年，竞赛的获胜者是阿诺·彭齐亚斯和罗伯特·威尔逊，他们探测到无法解释的几乎均匀的辐射背景温度大约是 3.5 K。这项在 1931 年诞生**射电望远镜**的贝尔实验室作出的发现，为彭齐亚斯和威尔逊赢得了 1978 年诺贝尔物理学奖。

后续的空间卫星测量发现，宇宙的微波背景温度是 2.725 K，具有非常微小的起伏，这些物质和空间的起伏是最终成长为恒星和星系的"种子"。■

黑洞

罗杰·彭罗斯（Roger Penrose，1931— ）

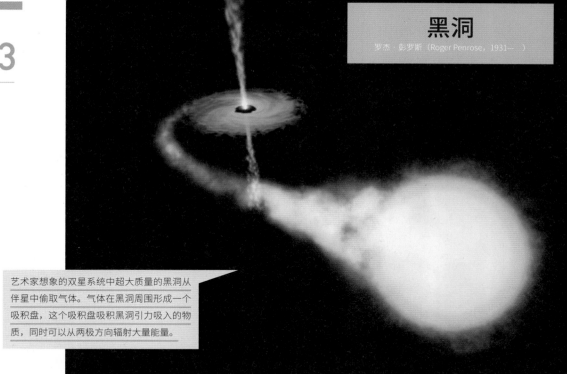

艺术家想象的双星系统中超大质量的黑洞从伴星中偷取气体。气体在黑洞周围形成一个吸积盘，这个吸积盘吸积黑洞引力吸入的物质，同时可以从两极方向辐射大量能量。

观测白昼星（1054年），中子星（1933年），类星体（1963年），引力透镜（1979年）

1965 年

　　黑洞可能是宇宙中最奇怪、最特别、最受误解的天体，但其实我们可以简单地把黑洞看成是恒星塌缩的结果。黑洞最神秘的部分来自它们基本上不可被观测的本质，以及我们观测它们的特殊方法。这些特殊的观测方法针对的是黑洞如何影响和改变周围的物质。

　　一颗足够大的恒星，在质量可能达到太阳质量的 5~10 倍时，将它全部的氢转化为氦和其他重元素，核合成反应就不再能继续平衡引力，恒星将塌缩。塌缩最终引起剧烈的超新星爆发，将恒星的大部分物质喷射到空间中。一部分能量进一步压缩恒星核心。如果塌缩的恒星质量继续增长（可能从伴星中偷取物质），在某一时刻，光也无法逃脱天体的引力。从外面看上去，这个区域就像是一个黑洞。物理学家知道没有什么力量可以阻止塌缩过程。1965 年，英国天体物理学家罗杰·彭罗斯在数学上证明，黑洞可以形成于塌缩的恒星，大质量恒星应该收缩为一个无限小的奇点。这的确是奇怪的事情。

　　但是当远离黑洞的时候，引力衰减，在某个距离（黑洞的视界）以外，光和其他辐射可以逃离黑洞并被我们观测到。大量观测到的辐射是被黑洞的巨大引力和磁场加速到较高速度的气体和尘埃的结果。**类星体**就形成在这样的区域里。

　　爱因斯坦的相对论预言了黑洞表面附近会发生很多奇怪的现象，比如外界的观测者看来，黑洞的时间本身停滞了。不幸的是，信息永远不会从黑洞中逃离，我们永远无法真正了解它们的内部状态。■

霍金的极端物理学

斯蒂芬·霍金（Stephen W. Hawking，1942— ）

2001 年，剑桥大学的天体物理学家和宇宙学家斯蒂芬·霍金。运动神经元病导致霍金的身体瘫痪，他用面部肌肉控制计算机和语音合成器写作、授课、演讲。

 大爆炸（约公元前 138 亿年），爱因斯坦奇迹年（1905 年），爱丁顿质光关系（1924 年），中子星（1933 年），黑洞（1965 年），脉冲星（1967 年）

1965 年

　　20 世纪初到 20 世纪中叶天文学家的研究不仅让我们知道恒星的内部机制，同时还让我们意识到恒星的寿命有限。恒星出生后，它们就良好地遵循共同的运转方式，直到它们死去，其中的全部细节大部分依赖于它们的质量。大部分大质量恒星结束于超新星爆发，留下高度致密的恒星核心，成为**中子星**、**脉冲星**，甚至如果质量足够大的话，成为**黑洞**。

　　许多天体物理学家对理解这些致密的高能天体感兴趣，因为它们和它们周围的区域是宇宙中研究最极端物理学的好地方。这些研究者中最有影响力的是英国宇宙学家斯蒂芬·霍金。1965 年，他在剑桥大学做研究生的时候开始发表关于黑洞物理学的论文。他也在改进量子引力、虫洞和**大爆炸**理论方面做出了重要工作。

　　霍金对研究奇点特别感兴趣。这个无限小的高密度点是大质量恒星核心塌缩的遗迹。他和他在剑桥大学的同事罗杰·彭罗斯都做出了关键性的发现。这些特殊的天体，是研究爱因斯坦广义相对论和量子力学极端范例的绝佳场所。霍金的理论研究使人们意识到，奇点不仅是一种可能，从类星体的宿主星系到恒星遗留的孤立黑洞，奇点在宇宙中可能大量存在。的确，霍金指出，大爆炸本身就开始于一个奇点，因此，研究奇点的起源和行为为我们提供了看待宇宙起源的独特视角。

　　霍金 21 岁时，遭受肌萎缩侧索硬化症（ALS）有关的运动神经元病的折磨。疾病使霍金瘫痪，只能依靠计算机与人交流。纵然身患重病，他依然坚持成为最杰出的物理学家、鼓舞人心的畅销书作者、科学教育和公众传播的坚定拥护者。■

微波天文学

2009 年，欧洲空间局的普朗克卫星绘制的全天微波发射图的局部。普朗克卫星测量来自早期宇宙的宇宙微波背景辐射，以及天然的射电源和银河系盘（图中白色带状）。

猎户座大星云（1610 年），射电天文学（1931 年），宇宙微波背景（1964 年）

20 世纪 60 年代，对宇宙学家预言的宇宙微波背景辐射的搜索激励人们研发敏感的新型射电望远镜和接收器。特别是由于背景辐射预言的温度很低（大约 -270 ℃），建造的仪器要在相应的波长范围做出灵敏的测量，这个大约 1 毫米~1 米的波长范围就是电磁波谱中的微波。

在扫描天空探测和分离暗弱的宇宙微波背景辐射的过程中，微波射电天文学家探测到大量强烈的、有趣的科学信号，其中大部分令人不解。例如，1965 年微波射电天文学家在 18 厘米（频率 1 665 兆赫）附近发现未知的强射电发射源，不久之后，在致密的星际云（如猎户座大星云）中辨别出孤立的致密高能射电源（如中子星和脉冲星）。来自遥远目标的射电波穿过中间的分子云，强烈的光谱吸收和发射线提供了诊断这些云的化学组成信息。由于射电波穿过分子云时在特定的频率上增强，这类天体称为"脉泽"（maser），来源于镭射（laser）这个词。脉泽的全称是"微波辐射的受激放大"（microwave amplification by stimulation of emission of radiation）。

微波天文学家利用脉泽光谱辨别星际云中的分子。起初，探测包括羟基和水分子，之后还包括甲烷和甲醛等有机分子以及氧化硅等硅化物。随后，在一些单独的恒星、整个星系、和一些太阳系彗星的彗发中也发现了脉泽。微波天文学现在通常可以用水和其他分子广泛描绘各种天体和环境。■

金星 3 号抵达金星

1966 年纪念金星 3 号抵达金星表面的苏联邮票。

金星（约公元前 45 亿年），伴侣 1 号（1957年），月亮的背面（1959 年），第一次登月（1969 年），第二次登月（1969 年），毛罗修士构造（1971 年），月球车（1971 年），月亮高地（1972 年），最后一次登月（1972年），麦哲伦号绘制金星地图（1990 年）

1966 年

大部分媒体关注了 20 世纪 60 年代，美国和苏联之间的太空竞赛，这场竞赛聚焦在载人太空飞行和载人登月方面。同时，竞赛也扩展了太阳系的边界。1959—1965 年，成功发射月球 3 号和探险者 3 号月球轨道器拍摄月球背面照片，以及流浪者 7、8、9 号月球撞击探测之后，苏联和美国都开始致力于利用自动化任务研究**金星**和**火星**。

在研究行星表面和气候变化的重要区别时，金星、地球和火星作为三颗类地行星要放在一起考虑。基于望远镜观测，金星表面覆盖着浓厚的云层，只有 20 世纪 60 年代初**阿雷西博射电望远镜**的雷达观测可以揭示金星云层以下的细节。1962 年，飞越金星的水手 2 号成为第一个自动化金星探测器，但是包括基本的金星表面温度和大气压力依然未知。

苏联开创的金星自动探索计划用一系列的飞越、轨道器、大气探测器和着陆器研究金星更多的细节。金星 1 号（1961 年）和 2 号（1965 年）飞越任务失败了，它们在到达金星之前与地球失去联系。尽管没有科学数据返回，金星 3 号成为第一个到达另一颗大行星的人造飞行器，于 1966 年 3 月 1 日撞入金星。

但是，苏联的坚持最终有了回报。1967—1969 年，后续的金星 4 号、5 号和 6 号任务取得了成功。金星 4 号提供了对金星表面化学、温度和大气压力的直接测量数据，金星 5 号和 6 号提供了风速、温度和压力测量数据。这些任务与美国 1967 年成功的水手 5 号飞越任务一起揭示了金星地狱般的世界，表面压力比地球高 90 倍，温度在 450 摄氏度以上。■

脉冲星

安东尼·休伊什（Antony Hewish, 1924— ），
萨缪尔·奥克（Samuel Okoye, 1939—2009），
乔伊斯·贝尔（Jocelyn Bell, 1943— ）

高分辨率的哈勃空间望远镜（红色）和钱德勒 X 射线天文台（蓝色）拍摄的蟹状星云（Messier 1）中央区域，即新星 1054 的爆炸遗迹。中央的能量源是脉冲星，一颗快速自转的中子星，旋转周期为 33 毫秒。

观测白日星（1054 年），中子星（1933 年），探索地外文明（1960 年），阿雷西博望远镜（1963 年），第一批地外行星（1992 年）

1933 年，天体物理学家沃尔特·巴德和弗里茨·兹威基提出**中子星**的概念：高密度，超新星爆发的致密遗迹。但是直到 1965 年，射电天文学家安东尼·休伊什和萨缪尔·奥克才发现中子星的第一个观测证据：来自蟹状星云的强有力却微小的强射电源，即著名的白昼超新星 1054 的爆炸遗迹。

休伊什和剑桥大学的同事们继续寻找新的中子星和其他射电源。仅仅两年以后，用剑桥西部新建的、更灵敏的、占地面积达四英亩的射电望远镜，休伊什的学生乔伊斯·贝尔在狐狸座发现了第一个快速旋转的脉冲射电星（即"脉冲星"），脉冲周期始终为 1.337 3 秒。

贝尔和休伊什考虑了如此怪异的有规律的射电信号是地外文明信号的可能性（他们开玩笑地将这个射电源命名为"小绿人 1 号"）。但是，1968 年他们和其他天文学家采用了一个更可靠的解释，部分原因是发现蟹状星云中的中子星也是一颗脉冲星，脉冲周期为 33 毫秒。脉冲星是快速自转的中子星，带有强磁场，朝着特定的方向（通常沿着或接近它们的自转轴）发射能量。如果从自转的脉冲星发射出来的电磁辐射恰好扫过地球，如同灯塔一样的脉冲星就会被射电望远镜观测到。

目前已经发现了几千颗脉冲星，包括几百颗像蟹状星云中那样的毫秒脉冲星。令人震惊的是，脉冲星 PSR B1257+12 的信号周期变化在 1992 年被解释为存在一颗围绕脉冲星的行星，即第一颗地外行星。■

研究嗜极生物

托马斯·布洛克 （Thomas Brock，1926—　）

美国怀俄明州黄石国家公园的温泉——牵牛花池，温泉边缘的颜色来自不同类型的嗜热菌，它们可以在温泉的高温（80 摄氏度以上）环境下生存和繁盛。

探索地外文明（1960 年），木卫二上的海洋？（1979 年），火星上的生命？（1996 年），木卫三上的海洋？（2000 年），惠更斯号着陆土卫六（2005 年）

1967 年

　　天体生物学研究宇宙中生命的起源、演化、分布以及宜居的环境。这是用一个数据点就得出结论的独特情况。目前为止，我们知道宇宙中唯一的生命就是地球上的生命，这些生命有着类似的基础，类似的 RNA 和 DNA，以及其他类似的碳基有机分子。

　　但是，寻找其他生命要比寻找我们这样的复杂生命形式更不容易，我们需要寻找的是适合地球上主导的生命形式——细菌和其他简单形式——存在的其他行星环境。开始寻找这些条件的最好的地方就是我们的地球，在过去五十年间，地球深化了我们对宜居的理解。

　　1967 年，美国微生物学家托马斯·布洛克发表了里程碑式的论文，描述了黄石国家公园的温泉里繁盛的耐热细菌（超嗜热菌）。他挑战了先前对生命所要求的适合温度的理解。布洛克的工作激发了人们研究嗜极生物——在严酷的环境中生存甚至繁荣的生命形式。

　　在深海火山口的热水附近也发现了超嗜热菌；在另一个极端，接近甚至低于冰点的环境里发现了嗜冷生物的生存和繁荣。在各种极端的环境中都发现了生命形式，包括高浓度盐环境中的嗜盐菌、酸碱环境中嗜酸菌和嗜碱菌、高压中的嗜压菌、低湿度环境的嗜干菌、甚至高强度紫外辐射和核反应环境中的抗辐射生物。

　　对于天体生物学家来说，地球上生命的历史已经给出了清楚的信息：生命可以在不同环境下繁荣。因此，在极端的地方搜寻过去或现在的嗜极生物或它们的宜居环境，比如在火星、木卫二和木卫三的深海，寒冷却富含有机物的土卫六表面，并不是疯狂的想法。■

第一次登月

尼尔·阿姆斯特朗（Neil A. Armstrong, 1930—2012）
埃德温·阿尔德林（Edwin G. "Buzz" Aldrin, 1930— ）
迈克尔·柯林斯（Michael A. Collins, 1930— ）

上图：阿波罗 11 号宇航员阿尔德林从着陆在静海的登月舱小鹰号（Eagle）上卸下科学设备（照片由阿姆斯特朗拍摄）。
下图：阿尔德林在纤细、粉末状的月亮土壤上留下的脚印。

 月亮的诞生（约公元前 45 亿年），液体燃料火箭（1926 年），第一批宇航员（1961 年）

尤里·加加林成为第一位太空人之后，美国和苏联之间的太空竞赛迅速聚焦下一个里程碑：将宇航员送上月球并安全返回地球。苏联东方号重新确定了登陆月球和返回所需的大型火箭和着陆系统。在美国，挑战是打败苏联，实现遇刺的肯尼迪总统 1961 年的遗愿"在这个十年结束之前做到"。

美国在 1961—1969 年取得了一系列的进展，起初是容纳一名宇航员的墨丘里飞船，紧接着是容纳两人的双子座地球轨道舱和交会飞船，然后是容纳三人飞向月球的阿波罗任务。1968 年，阿波罗 8 号实现了重要的第一次，首次把人送入了月球轨道，亲眼看到整个地球和月亮的背面。1969 年，阿波罗 10 号在飞行中重复了这些技术，在返回之前进行了月亮表面 16 公里以内的宇航员着陆彩排。同时，苏联继续推进他们自己的秘密月球宇航员计划。但是，1969 年的几次无人发射的失败严重推后了他们的计划，胜利的大门朝美国打开。

胜利终于在 1969 年 7 月 20 日到来了，整个世界都在观看宇航员阿姆斯特朗和阿尔德林在月亮上着陆、行走、工作，他们成为登陆月球的第一批人类。阿姆斯特朗和阿尔德林着陆在静海（Mare Tranquillitatis）环形山盆地（取回的样本显示这里的地质年龄大约为 36 亿—39 亿年）的古老的火山岩上，并且花了大约 2 个半小时收集样品和探索表面。不到一天之后，他们起飞，重新与服务舱驾驶员迈克尔·柯林斯在月球轨道汇合，以世界英雄的身份一起踏上重返地球的 3 天旅程。■

1969 年

1969 年 11 月，阿波罗 12 号任务期间，宇航员艾伦·宾在风暴洋的平原上装配科学仪器。这张照片由宇航员皮特·康拉德拍摄，他的影子是照片的前景。

 月亮的诞生（约公元前 45 亿年），亚利桑那撞击（约公元前 5 万年），第一次登月（1969 年）

1969 年

阿波罗 11 号成功仅仅 4 个月后，美国宇航局的航天员再次踏上前往月球的旅程。1969 年 11 月 19 日，宇航员艾伦·宾和查尔斯·康拉德要用登月舱无畏号在美国宇航局 1967 年勘探者号着陆器附近进行精准的着陆，指令长理查德·戈登继续在高空环绕飞行。艾伦·宾和查尔斯·康拉德成功地着陆在了预定地点 180 米之内。如此精确的着陆对未来的阿波罗任务至关重要。

康拉德和宾在月球上度过了 32 个小时，其中大约四分之一时间在登月舱之外度过，他们在风暴洋（Oceanus Procellarum）的平原上采集样品，进行科学实验。他们最远的太空行走是走到勘探者 3 号，并在那里取下一些仪器带回地球。勘探者 3 号已经停留在月球表面超过 3 年时间，取回的部件提供了真空条件下长期效果的数据，包括强烈的阳光、微流星撞击的细致信息。令人震惊的是，一些部件表面休眠的细菌在月亮上经历 3 年严酷的真空和紫外辐射的环境，返回地球后依然可以生存。

阿波罗 12 号在较长的任务时间里共收集了大约 34 公斤的月球样品（相比之下，阿波罗 11 号收集了 22 公斤），包括土壤、岩石、圆形巨砾的碎片和环形山堆积物。科学家分析了这些样品，发现来自风暴洋的黑色火山岩（大约 31 亿—33 亿年）比阿波罗 11 号带回的静海的岩石（大约 36 亿—39 亿年）年轻得多，表明月球表面的火山活动至少有 13 亿—15 亿年的历史。阿波罗 12 号收集到的样本也含有与静海看到的化学元素不同的岩石，包括黑色玻璃质岩石、混杂的撞击熔岩的新类型月岩，以及粘连在一起的岩石，即角砾岩。■

天文学走向数字时代

维拉德·鲍伊尔（Willard Boyle, 1924— ）
乔治·史密斯（George Smith, 1930— ）

现代 CCD 的样品，这种半导体探测器用于天文学和民用数码照相领域。

第一代天文望远镜（约 1608 年），最早的天文照片（1839 年），爱因斯坦奇迹年（1905 年）

1969 年

一千年以来，天文学家们全靠他们敏锐的视力和优秀的夜视能力去发现典型的天体。甚至在发明**望远镜** 200 年以后，天文学家唯一可用的探测器仍然是人眼。1839 年，**天文照相**的发明给天文学家提供了更加灵敏的光线探测设备：第一张银版照相底片和之后更敏感的照相胶片。虽然这是数据收集和观测的巨大进步，但是照相仍然难以记录暗弱天体的光线。

天文探测器敏感度的巨大进步是第二次世界大战期间发展出的雷达，飞机和武器的导航系统。1947 年，这些发展产生了第一代电子放大器，即晶体管。这种设备依赖特定元素的特性，比如硅或锗，不完全是导体也不完全是绝缘体。这种半导体通常不传导电子，但是可以靠电压或者某种光照强制变为导体。

美国物理学家维拉德·鲍伊尔和乔治·史密斯在贝尔实验室制造了一种半导体阵列，可以将照射进来的光子转化为电压信号，并将其存储、放大、转化为数字信号。1969 年的这项决定性的半导体发展对天文学家（最终对数码相机和手机用户）产生巨大推动作用。由于光在阵列上被耦合并产生电荷，因此这项发明称为电荷耦合器件（CCD）。

CCD 在 20 世纪 70—80 年代开始应用，天文学家深爱这件设备，部分原因是它们的输出信号的强度线性与天体呈现的亮度成正比，另一部分原因是它们比照相底片的灵敏度提高了 100 倍。CCD 相机现在是天文望远镜和空间任务的标准装备。■

默奇森陨石中的有机分子

年龄超过 45.5 亿年的碳质球粒默奇森陨石中镁（红色）、钙（绿色）、铝（蓝色）的 X 射线图像。这颗古老的陨石包含浓缩自太阳星云的原始矿物质、水和复杂的有机分子，包括 70 种以上的氨基酸。

1 mm

太阳星云（约公元前 50 亿年），地球上的生命（约公元前 38 亿年），土星有光环（1659 年），土卫八（1671 年），哈雷彗星（1682 年），土卫二（1789 年）

1970 年

太空探索的动机之一是搜索地球以外的生命。但是我们如何指引这样的搜索呢？一种方法是寻找地球上组成生命的化学元素——比如碳、氢、氮、氧、磷和硫。但这些元素本身就存在于宇宙中很多不可能出现生命的环境里。更有效的策略不是寻找特定化学元素，而是寻找特定的元素排列，即分子，可以提供生命的基本化学活动的证据。

地球上的生命基于有机分子。一些有机分子简单，像甲烷、甲醇、甲醛，还有一些要复杂得多，像蛋白质、氨基酸、核糖核酸（RNA）和脱氧核糖核酸（DNA）。超过半个世纪以来，天文学家在致密的星际云、彗星尾部、外层太阳系的冰质卫星和光环，以及土卫六和巨行星的大气中发现了许多简单的有机分子。

1969 年 9 月 28 日白天，一颗陨石带着火球闪现在澳大利亚维多利亚的默奇森镇上空。在这个地区找到了超过 100 公斤的陨石样本。通过之后的细致分析，科学家在 1970 年宣布这颗最古老、最原始类型的陨石（碳质球粒陨石）包含一些常见的氨基酸。后来的研究发现默奇森陨石中含有超过 70 种氨基酸以及许多其他或简单或复杂的有机分子。

我们所知道的生命需要液态水，像热量或是阳光这样的能量来源，丰富和复杂的有机分子。默莫奇森陨石和其他陨石中发现的氨基酸支持了这一理论：对生命至关重要的分子形成于非生物的环境，包括太阳星云盘、彗星、星子。生命在宇宙中或丰富或稀有，但生命的原料到处可见。■

金星 7 号着陆金星

上图：1982 年 3 月 1 日，苏联金星 13 号着陆器获得的金星表面全景照片的局部。照片中可以见到着陆器的一部分和支架，以及抛出去的相机盖。
下图：苏联金星 7 号着陆舱的工程实验模型。

 金星（约公元前 45 亿年），金星 3 号抵达金星（1966 年），麦哲伦号绘制金星地图（1990 年）

Don P. Mitchell

1970 年

尽管苏联 1969 年的登月计划失败了，但是他们继续实现了自动化探测行星的成功。从 1966—1969 年飞向金星的金星 3 号到金星 6 号没能抵达金星表面，但仍然提供了足够多的关于金星大气的新数据，使任务的控制者在随后的计划中设计出足够承受金星表面严酷环境的设备。1970 年 12 月 15 日，金星 7 号飞行成功，它成为第一个成功着陆在另一颗行星并发回数据的人造物体。

在金星大气中，金星 7 号靠降落伞在着陆之前漂浮了 35 分钟，在之后的 23 分钟继续发回数据。在这段时间里，着陆器探测温度数据显示金星表面温度大约 465 摄氏度，表面压力是地球表面的 90 倍。在如此灼热和沉重的条件下，着陆器还能幸存下来完全是奇迹。

金星 7 号的成功酝酿了 1972—1985 年苏联随后的一系列成功的着陆器、轨道器、大气探测器，这是迄今为止最有雄心的长期金星自动探索项目。项目任务包括：金星表面化学成分的地球化学测量（着陆地点的玄武岩附近的化学成分与夏威夷和冰岛的类似）；第一张金星岩石的照片，朦胧但足够被穿过厚厚云层的阳光照亮；金星 15 号和金星 16 号轨道器的雷达成像获得的第一张大尺度包含山地、山脊、平原和其他地质构造的火山特征地图。

除了地狱般的表面条件，金星探测器还帮助行星科学家发现金星中层和高层大气中的风速超过 100 米 / 秒，这比金星自转的速度还要快得多（金星的一天大约是 243 个地球日）。是什么导致了金星大气的超级自转还不得而知，这将是未来研究地球的这颗孪生行星的进一步计划。■

月球自动采样返回

1970 年，1972 年，1976 年苏联 3 次自动月球样本返回任务的登陆舱模型。

1970年

月亮的诞生（约公元前 45 亿年），月球的背面（1959 年），第一次登月（1969 年），创世记号捕捉太阳风（2001 年），星尘号交会怀尔德 2 号彗星（2004 年），隼鸟号在系川小行星（2005 年）

20 世纪 60—70 年代，苏联对月亮、金星、火星的自动化太空探索项目实现了一系列科学上重要的第一次。其中最重要和最有技术影响力的当属月球 16 号、月球 20 号和月球 24 号，世界上最早的自动采样返回任务。这些小探测器从地球上发射，经过 5 天的旅程到达月球。它们自动在月球表面软着陆，发掘浅洞收集月球样本，然后发射小型样本舱返回地球，经过 3 天的归途，在降落伞的帮助下着陆后被人们回收。

月球 16 号发射于 1970 年 9 月，是第一次自动收集样本并返回的空间任务，从丰富海环形山的熔岩平原带回了 100 克月球土壤和岩石碎块。月球 20 号在 1972 年重复了上述的过程，从丰富海附近的明亮高地收集了 55 克样本。月球 24 号在 1976 年从靠近月亮东部边缘的危海熔岩填充环形山再次收集了 170 克样本。月球样本由于含有独特的化学组成和矿物信息，而与阿波罗项目取回的样本相互补充。两者相结合，阿波罗和月球号样本提供了理解月球起源和演化理论的基本信息，包括提供关键证据支持月亮形成大撞击模型。

苏联月球样本返回任务是当时所尝试的最复杂的自动化任务。其他样本返回任务还包括星尘任务从彗星尾部取回样本，创世纪任务取回太阳风粒子，以及猎鹰号取回近地小行星上的碎片。月球样本返回任务仍然是它们当中最复杂的行星探索任务，依赖 20 世纪 60 年代的技术实现了非凡的成就。更多针对月球其他区域、火星、金星、近地小行星的自动化样本返回任务已经被提上议程。■

毛罗修士构造

艾伦·谢巴德（Alan Shepard，1923—1998）
埃德加·米切尔（Edgar Mitchell，1930—　）
斯图亚特·罗萨（Stuart Roosa，1933—1994）

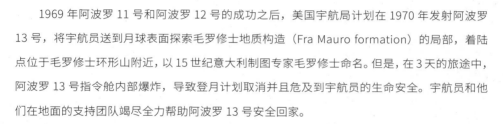

宇航员艾伦·谢巴德和埃德加·米切尔在毛罗修士环形山附近的月球平原上拍摄的阿波罗 14 号登月舱。照片中的两条白色曲线是宇航员的两轮手推车将细细的土壤压平后的轨迹在阳光下的反光。

第一次登月（1969 年），第二次登月（1969 年）

1969 年阿波罗 11 号和阿波罗 12 号的成功之后，美国宇航局计划在 1970 年发射阿波罗 13 号，将宇航员送到月球表面探索毛罗修士地质构造（Fra Mauro formation）的局部，着陆点位于毛罗修士环形山附近，以 15 世纪意大利制图专家毛罗修士命名。但是，在 3 天的旅途中，阿波罗 13 号指令舱内部爆炸，导致登月计划取消并且危及到宇航员的生命安全。宇航员和他们在地面的支持团队竭尽全力帮助阿波罗 13 号安全回家。

找到和修正灾难的原因之后，美国宇航局再次发射阿波罗 14 号前往阿波罗 13 号原先的着陆地点。毛罗修士构造是一个宽广、明亮、山峦起伏的地质构造，位于月球正面几处较大的黑色环形山之间。月球地质学家推测，撞击可能会抛撒出月面的物质，挖起的碎片再重新沉积在月球最大的环形山和盆地表面。不需要钻探和搜寻很远的范围，采集毛罗修士地区的样品就可以获得不同撞击事件和月面以下不同深度的物质。

艾伦·谢巴德，前墨丘里计划宇航员之一和第一位太空行走的美国人，与他的同伴埃德加·米切尔乘坐登月舱安达利斯号（Antares）于 1971 年 2 月 5 日着陆在毛罗修士地区。当斯图亚特·罗萨在指令仓小鹰号中绕轨飞行的时候，谢巴德和米切尔进行了 10 个小时的月面行走，收集了 42 公斤的样品。谢巴德还创造了第一次在月亮上打高尔夫球的历史。

月球地质学家和地质化学家对阿波罗 14 号带回的样品很兴奋。与阿波罗 12 号的样品一样，许多毛罗修士地区的岩石是撞击角砾岩，样品以或大或小的小行星撞击物质为主（包括 40 亿年前的雨海盆地），时间跨越超过 5 亿年的历史。这些样本是研究月球地质历史的珍宝，由于地球早期也遭受类似的撞击，所以这些样品对于研究地球的地质历史也有着重要意义。■

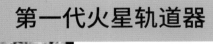

第一代火星轨道器

水手9号拍摄的迷宫般的山脊、低谷、平顶山和名为诺克提斯迷宫的环形山。这个区域宽300公里，位于火星上最大的峡谷附近，因为水手9号（下图）的探测，这里被命名为水手峡谷。

火星（约公元前45亿年），
维京号在火星（1976年），
火星全球勘探者号（1997年）

1971年

过去50年的自动化行星探索充满了前所未有的勇气，空间任务亦得到极大进展。最初，目标是了解如何控制太空中的远程探测器，使它们飞临或飞入月球和其他行星，以图像和其他测量形式传回数据。之后合乎逻辑的发展步骤是尝试建立环绕其他天体的轨道卫星，不仅可以让我们了解外部的自然环境，也可以绘制地外的表面或大气的地图。

实现这次跳跃从而完成下一代行星探索和围绕行星轨道运动的第一颗卫星是美国宇航局的水手9号空间探测器。水手9号在1971年11月抵达火星，期间一直处在天文学家已经注意到的整个行星的沙尘暴中。当飞船的光谱仪在获取沙尘属性和大气温度的数据时，探测器的摄像机拍摄到一个平淡无奇、满是灰尘的星球，一些黑色的斑块露出沙尘外。

在近一年的轨道飞行之后，尘埃已经足够澄清，足够进行绘制前所未有的细致火星地图的工作。水手9号获取的火星图片显示，这是一个地质奇境，有巨大高耸的火山（沙尘暴期间看到的黑斑），大量板块形成的峡谷系统、古老的河床和数不尽的环形山。这与1965—1969年的前一代水手号飞临任务所见到的环形山主导印象截然不同。

1971年，苏联也借机发射了火星轨道器火星2号和火星3号。两个探测器都在水手9号之后进入火星轨道停留了几个星期，都发回了关于大气和表面（尘埃已经澄清时）的重要科学信息。两个探测器还释放了小型着陆器和火星车探测火星表面。虽然着陆没有成功，它们仍然是撞击到火星表面的第一批人造天体。■

月球车

詹姆斯·欧文（James B. Irwin, 1930—1991）
戴维·斯科特（David R. Scott, 1932— ）
阿尔弗雷德·沃登（Alfred M. Worden, 1932— ）

宇航员斯科特拍摄的同伴欧文正在用从登月舱猎鹰号上取下设备启动他们的月球车。斯科特和欧文驾驶月球车在哈德利溪熔岩管道中行进了将近 28 公里。

1971 年

 月亮的诞生（约公元前 45 亿年），第一次登月（1969 年），第二次登月（1969 年），毛罗修士构造（1971 年）

　　美国宇航局的前三次阿波罗登月任务设计为简短的"到此一游"，主要目标是精确和安全着陆，然后回家。宇航员进行了一些科学活动，但他们在月球表面的机动性和时间受到严格限制。

　　后三次阿波罗登月计划做出了改变。美国宇航局为阿波罗 15 号、16 号、17 号调整了巨大的土星五型火箭，使它能携带过去两倍的质量到月球，这能让宇航员携带更多的补给便于在月亮上停留更长时间，开展更多实验，为了增加他们在月亮上的机动性，还携带了月球车。后三次阿波罗任务更多地聚焦于月球科学，在许多方面，它们是第一次也是最后一次太空中伟大的人类探索旅程。

　　阿波罗 15 号是这些任务中的第一个。它着陆在澄海和静海之间亚平宁山脉的崎岖区域。月球地质学家想让宇航员戴维·斯科特和詹姆斯·欧文用月球车探索 100 公里的古老碰撞熔岩管道，即沿着亚平宁峡谷开阔蜿蜒的哈德利溪。1971 年 7 月 30 日，斯科特和欧文从奋进号指令舱释放出登月舱猎鹰号，与指令舱驾驶员沃登暂时告别，执行精确着陆任务。他们避开了陡峭的山峰，着陆在哈德利溪边缘仅 1 公里的地方。

　　阿波罗 15 号任务取得巨大成功。斯科特和欧文在月亮上度过 3 天时光，他们驾驶月球车行进了几乎 19 个小时，前往带有不同样品和景色的地方收集了 77 公斤珍贵的月岩和月壤。这些样品确认了哈德利溪的火山起源，帮助人们了解月球曾经的火山活动，包括 33 亿年前独特的火喷泉爆发。■

月球高地

约翰·杨（John W. Young，1930— ）
查尔斯·杜克（Charles M. Duke, Jr.，1935— ）
肯·马丁利（T. Kenneth Mattingly II，1936— ）

由肯·马丁利驾驶的阿波罗 16 号指令与服务舱卡斯帕号（Casper）在月球轨道上，登月舱中的约翰·杨和查尔斯·杜克拍摄于释放登月舱并准备登月之后。

月亮的诞生（约公元前 45 亿年），第一次登月（1969 年），第二次登月（1969 年），毛罗修士构造（1971 年），月球车（1971 年）

1972 年

　　截止到 1972 年，四次阿波罗登月任务已经到过了月球平坦、黑暗、火山的盆地和靠近主要火山区域的连绵丘陵。选择着陆在这些区域是基于着陆的安全性考虑。月球科学家知道，暗的月海（平整的火山）区域覆盖了月球表面不到 20% 的面积，超过 80% 的月球表面是明亮的山地，即月亮高地，还有待探测。阿波罗 16 号任务的目标就是改正这种不平衡。

　　宇航员约翰·杨和查尔斯·杜克引导他们的登月舱猎户座号着陆在靠近笛卡尔环形山一片崎岖的高地区域，这里属于地质学家称为凯莱平原（Cayley Plains）的更平滑地带的一部分。着陆之前的预想是凯莱平原，一个相对平整，有许多环形山和峡谷的地区，位于月球可能很多的火山沉积高地之一。由于这个地区性质的多样，采集不同类型的样本对于研究月球的整体状况有重要作用。

　　杨和杜克用 20 个小时的时间进行了四次舱外活动，他们行走在月球上以及驾驶月球车行驶了超过 27 公里，收集了不同位置的各种高地样品。登月 3 天以后，他们乘坐登月舱重新对接指令舱与飞行员肯·马丁利会合，开始为期 3 天的返回地球之旅。

　　令人惊讶的是，阿波罗 16 号的采样没有显示出普遍分布的高地火山作用的证据。相反，相比月海区域，高地以低铁、低密度的硅酸盐矿物质为主，这意味着月亮曾经有一个熔融状态的岩浆海洋壳层，使更重的元素可以分化或沉降为月核和月幔。■

最后一次登月

尤金·塞尔南（Eugene A. Cernan，1934—　）
哈里森·施密特（Harrison H. "Jack" Schmitt，1936—　）
罗纳德·埃万斯（Ronald E. Evans, Jr.，1933—1990）

阿波罗 17 号宇航员塞尔南奔向他的下一个样本采集点。他的同伴宇航员施密特拍下了这张大幅全景照片。这里位于托罗斯－利特罗山谷中的卡米洛环形山边缘。

第一次登月（1969 年），第二次登月（1969 年），毛罗修士构造（1971 年），月球车（1971 年），月球高地（1972 年）

1972 年

阿波罗登月系列的最后一次伟大的探月之旅在 1972 年 12 月启程。宇航员哈里森·施密特和尤金·塞尔南将登月舱挑战者号着陆在托罗斯山脉（Taurus Mountains）的利特罗（Littrow）环形山南部的峡谷中，那里位于澄海东南方边缘。选择这个区域是因为这里是黑暗的火山月海物质和明亮的高地物质之间的边界，来自轨道器照片的证据认为，这个区域会提供月球丰富多样的地质信息。

施密特和塞尔南在月球期间做出了令人振奋的探险。他们保持了在月球表面活动时间的纪录，22 个小时，驾驶月球车行驶超过 35 公里，在三次长期、忙碌的峡谷之旅中收集了大约 110 公斤的岩石和土壤。之后，他们重新回到指令舱亚美利加号与指令舱驾驶员罗纳德·埃万斯会合，三天之后他们身体疲惫不堪。

施密特是第一位，也是唯一一位受训登月的科学家（地质学家），他专业的眼光对分辨大量关键样本至关重要。这些样本包括施密特在肖蒂（Shorty）环形山附近采集到的斑块状橘色土壤。之后对这些样本和来自同样区域相关黑色土壤的分析显示，它们含有细微的富钛玻璃球粒，这些物质形成于月球火山喷发的爆炸。这些球粒的一部分发现含有微量的水，证明月亮的内部不是完全干燥的。

施密特和塞尔南是登上月球的最后两人。他们和埃万斯是最后跨越地球低空轨道的人，这次旅程发生在四十多年以前。■

伽马射线暴

2008 年 3 月 19 日探测到的伽马射线暴事件 GRB 080319B 的艺术想象图。距离地球 75 亿光年远的一颗大质量星的超新星爆发期间，爆发的能量将气体加速到光速的 99.999 5%。

放射性（1896 年），中子星（1933 年），核聚变（1939 年），黑洞（1965 年），脉冲星（1967 年），伽马射线天文学（1991 年）

1973 年

　　19 世纪末 20 世纪初，物理学家研究放射性元素的自发衰变，发现铀和镭等放射性元素会释放三种类型的粒子或辐射。一些元素释放氦原子核（即 α 粒子），一些释放高能的电子或正电子（即 β 粒子），在其他放射性衰变事件中物理学家还发现了第三种更高能的粒子，被称为伽马射线。如同 X 射线，伽马射线是高能（短波）的电磁辐射。20 世纪末的物理学家发现，X 射线由原子周围的电子经历放射性衰变时释放，而更高能的伽马射线由原子核释放。

　　因为伽马射线产生于原子核，所以物理学家预言和观测了氢弹核试验期间的伽马射线。事实上，20 世纪 60 年代，美国和苏联都在太空中部署了伽马射线探测器，用于验证 1963 年签订的《部分禁止核试验条约》的执行情况。

　　美国卫星是军方维拉系列计划的一部分，旨在太空中探测来自任何方向的伽马射线。惊喜的是，1967 年初，卫星偶然地（每年几次）探测到神秘的短暂伽马射线爆发（GRBs），持续几毫秒到几分钟不等，之后人们确定了这些伽马射线暴随机地来自深空的不同方向。1973 年，军方向科学家解密了这些数据和预警信息。

　　天体物理学家几十年间对伽马射线暴感到困惑不解，因为它们的能量远远高于放射性衰变或是恒星核聚变反应产生的伽马射线事件。伽马射线暴的详细本质一直是未解之谜，直到 20 世纪 90 年代，美国宇航局的康普顿伽马射线天文台的观测发现了它们的起源。伽马射线暴是超大质量恒星塌缩时的超新星爆发期间，或是脉冲双星合并时出现的现象。当发射出爆发恒星的高度汇聚的能量流指向地球的时候，我们就会观测到伽马射线暴。伽马射线暴是宇宙中最强烈的高能事件。■

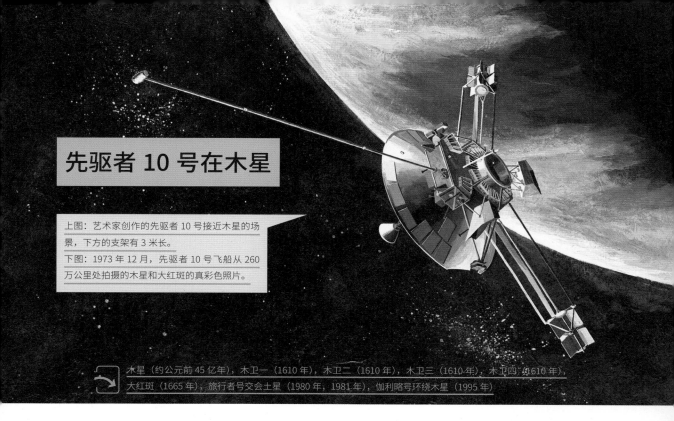

先驱者 10 号在木星

上图：艺术家创作的先驱者 10 号接近木星的场景，下方的支架有 3 米长。

下图：1973 年 12 月，先驱者 10 号飞船从 260 万公里处拍摄的木星和大红斑的真彩色照片。

木星（约公元前 45 亿年），木卫一（1610 年），木卫二（1610 年），木卫三（1610 年），木卫四（1610 年），大红斑（1665 年），旅行者号交会土星（1980 年，1981 年），伽利略号环绕木星（1995 年）

到 20 世纪 70 年代为止，太阳系的自动化探索仅限于太阳系内区，具体地说，只是针对月亮、金星和火星。木星，这个包含了太阳系除太阳以外 70% 以上质量的大行星，无疑将是探索的下一个目标。

人类第一次对太阳系外区的实质探索是先驱者 10 号空间探测器。1972 年 3 月发射，携带核动力的探测器被设计为研究火星以外的行星星际空间特征，包括对**主小行星带**的本质做出评估，以及安全地穿越小行星带抵达太阳系外区。先驱者 10 号和发射于 1973 年 4 月 4 日的孪生飞船先驱者 11 号被设计为飞到木星附近，研究木星磁场的高能辐射环境。

先驱者 10 号探测器携带了 11 台设备拍摄照片和采集温度、磁场、太阳风、宇宙射线和微陨石的数据。它发现在小行星带中的尘埃和微陨石不会对未来的飞船造成太大威胁。飞临木星期间，先驱者 10 号到达木星大气云层顶端 20 万公里内拍摄照片研究大气细节。

飞越木星之后，先驱者 10 号开始它的星际任务以研究太阳系的外层空间。2003 年接收到探测器最后的信号，但它还将以 12 公里每秒的速度继续旅行逃出太阳系的束缚，现在先驱者 10 号距离太阳已经超过 100 个天文单位。先驱者 10 号携带了一张镀金铝板，上面刻画了一位男性和一位女性以及提供探测器来历的符号信息。我们期待着有什么人将在几百万年后读取这些信息，届时先驱者 10 号将抵达阿鲁迪巴星。■

维京号在火星

上图：1976 年 9 月 3 日，维京 2 号着陆器在着陆地点拍摄的红色、覆盖大圆砾石的乌托邦平原表面。

下图：维京号轨道器的模型，包括底部包裹着陆器的太空舱。这台探测器包含宽达 9 米的太阳能板。

火星（约公元前 45 亿年），《火星和它的运河》（1906 年），第一代火星轨道器（1971 年），第一辆火星车（1997 年），勇气号和机遇号在火星（2004 年）

1976年

1971 年水手 9 号短暂却成功的任务成为美国宇航局新的探索火星计划的基础。这个前所未有的细致任务，被称为维京计划，它的目标是向火星发射两个轨道器和两个着陆器，大幅度提高我们对这颗红色行星的了解程度，探索过去或现在潜在的生命迹象。

1975 年 8 月和 9 月发射了维京 1 号和维京 2 号探测器，1976 年 7 月和 8 月抵达火星。

在绕轨飞行的第一个月期间，维京 1 号团队拍摄了火星表面照片，寻找释放核动力着陆器的安全位置，最终选择了名为克里斯平原（Chryse Planitia）的平坦区域。1976 年 7 月 20 日，维京 1 号在火星安全着陆，成为第一个成功着陆火星表面的任务。维京 2 号着陆器在几个月之后成功着陆在 4 800 公里以外的地方，地点位于平坦和遍布岩石的乌托邦平原（Utopia Planitia）。

花费大约 10 亿美元的维京计划是当时最复杂、最昂贵的火星探索任务，获得了极大的成功。轨道器提供细致的火星全球表面地图，分辨率高达几百米甚至更佳，揭示了古老的水蚀峡谷网络，精细的层状极地沉积盖，以及细致的年轻火山和水手 9 号发现的大峡谷。根据维京计划提供的数据，原始火星可能更温暖、更潮湿、更像地球。

着陆器也给火星研究提供了持续的范例。气象学实验提供了火星表面条件和天气特征的细致数据。但最重要的是，着陆器对与生命相关的有机分子或是宜居环境存在证据的搜寻扑了个空。天体生物学家的挫败是暂时的，他们继续帮助改进未来任务的新实验项目。■

旅行者号旅程开始

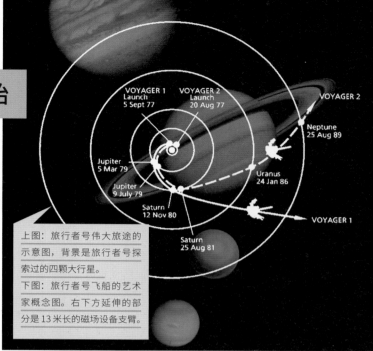

上图：旅行者号伟大旅途的示意图，背景是旅行者号探索过的四颗大行星。

下图：旅行者号飞船的艺术家概念图。右下方延伸的部分是 13 米长的磁场设备支臂。

木星（约公元前 45 亿年），土星（约公元前 45 亿年），天王星（约公元前 45 亿年），海王星（约公元前 45 亿年），木卫一（1610 年），木卫二（1610 年），木卫三（1610 年），木卫四（1610 年），土卫六（1655 年），土星有光环（1659 年），海卫一（1846 年），先驱者 11 号在土星（1979 年），旅行者 2 号在天王星（1986 年），旅行者 2 号在海王星（1989 年）

20 世纪 60 年代末和 70 年代初，已经实现了对太阳系外区的自动化探索。任务计划者和天体动力学专家意识到，木星、土星、天王星和海王星偶然处在适当的位置，使探测器可以利用引力的帮助在 20 世纪 70 年代和 80 年代飞越这四颗大行星。这场史诗般伟大旅途的概念使美国宇航局的研究人员异常兴奋，这一想法最终利用旅行者号的两个探测器实现。

旅行者 2 号在 1977 年 8 月 20 日首先发射，沿着预定的轨道，旅行者 2 号在 1979 年中到达木星，1981 年中到达土星，1986 年初到达天王星，1989 年中达到海王星。旅行者 1 号于 1977 年 9 月 5 日发射，沿着更快的轨道，它在 1979 年初到达木星，1980 年末到达土星。旅行者 1 号的旅程中只包括对木星和土星的飞越，因为希望探测器靠近探索土星巨大、带有浓厚大气层的卫星土卫六的愿望使它没有机会在其后的飞行中交会天王星和海王星。

旅行者 1 号和旅行者 2 号任务是太空探索历史上最激动人心的成功冒险。探测器使科学家对巨行星的大气、磁场、光环系统，以及卫星木卫一、木卫二、木卫三、木卫四、土卫六和海卫一（和许多小卫星）的尺寸做出了许多新发现。在旅行者号所发现的基础上，随后的伽利略号和卡西尼号轨道器分别得到了更多新发现。旅行者号提供了未来用轨道器探索天王星和海王星所需的数据。

像先驱者号那样，每个旅行者号都携带了漂流瓶——一张金唱片，记录了图像、声音和音乐——这颗宇宙的时间胶囊肩负着在遥远的未来代表地球对它的发现者致敬的重任。■

1977 年

发现天王星光环

詹姆斯·艾略特 (James L. Elliot，1943—2011)
爱德华·杜汉 (Edward W. Dunham，1952—)
道格拉斯·明克 (Douglas J. Mink，1951—)

1986 年 1 月，旅行者 2 号飞越天王星期间拍摄的天王星光环。在长时间曝光的照片中出现了被拉成短线的背景恒星。1977 年观测到的星光在光环之间忽亮忽暗令天文学家发现了天王星的光环。

 天王星（约公元前 45 亿年），土星有光环（1659 年），木星光环（1979 年），海王星光环（1982 年）

1977 年

1659 年，荷兰天文学家克里斯蒂安·惠更斯观测到**土星光环**，并将它解释为围绕土星的物质薄盘。截止到 1789 年发现天王星，土星是唯一存在光环系统的行星。英国天文学家威廉·赫歇尔认为他探测到了围绕**天王星**的暗弱光环。但是随后对天王星的目视和照相观测没能验证赫歇尔的主张。

大约 200 年后的 1977 年 3 月 10 日，美国行星科学家团队詹姆斯·艾略特、爱德华·杜汉和道格拉斯·明克准备观测天王星掩食明亮恒星的现象。为了确保处在能捕捉到稀有掩食现象的精确位置，团队通过柯伊伯机载天文台进行观测。这是一台安装在美国宇航局 C-141A 喷气飞机上的望远镜，飞机飞行在大气层的云层和水蒸气上方的平流层。

观测结果令人惊讶。恒星被天王星掩食之前，它的亮度急剧下降了 5 次。然后，在掩食刚刚结束之后，再次出现 5 次亮度下降。艾略特和他的团队的分析发现，星光的衰减发生在天王星两侧相同的距离处。他们发现了一组狭窄的光环，意味着天王星成为第二颗已知存在光环的行星。

后续观测又发现了 4 个围绕天王星的窄环，使光环总数达到 9 个。1986 年，旅行者 2 号飞临天王星时又发现 2 个，新发现的光环极暗，由厘米到米的量级的冰块组成，与天王星的磁场、冰、有机分子相互作用而被暗化。21 世纪初，天文学家用哈勃空间望远镜又发现 2 个光环，使光环总数达到了 13 个。在旅行者号的数据中也发现了围绕**木星和海王星**的暗环，意味着太阳系的所有巨行星，而不仅是土星，都存在光环系统。■

冥卫一

詹姆斯·克里斯蒂（James W. Christy, 1938—　）
罗伯特·哈林顿（Robert S. Harrington, 1942—1993）

上图：艺术家想象的从 2005 年发现的
小卫星上看冥王星和冥卫一的样子。
下图：哈勃空间望远镜拍摄的冥王星和
冥卫一（明亮的两颗），以及暗弱的卫
星冥卫二（稍近）和冥卫三（较远）。

冥王星和柯伊伯带（约公元前 45 亿年），冥王星的发现（1930
年），柯伊伯带天体（1992 年），揭开冥王星的面纱！（2015 年）

冥王星到太阳的距离是地球到太阳距离的 40 倍，在 1930
年汤堡发现**冥王星**之后的几十年里，它是富有挑战性的观测目
标。尽管如此，天文学家仍然在观测冥王星以了解更多关于它
的起源和性质的信息。这些观测有许多是在亚利桑那州旗镇的
罗威尔天文台进行的，那里是冥王星被发现的地方。

1978 年 6 月，在分析一系列的观测结果时，罗威尔天文学
家詹姆斯·克里斯蒂注意到在一些冥王星的照片中存在一个凸起。克里斯蒂注意到这个凸起围
绕着冥王星的主要成像部分转动，周期大约 6.4 天。再进一步的分析之后，他和同事罗伯特·哈
林顿发表了他们对冥王星卫星的发现。克里斯蒂以希腊神话中地狱的船夫命名这个卫星为沙
戎（Charon），同时也是为了纪念他的妻子沙林（Charlene 或 Char），这就是为什么这个
名字的发音是"沙戎"而不是"卡戎"。

冥卫一太大了，直径 1 207 公里，大约是冥王星直径的一半，这使冥王星和冥卫一更像是
一个双行星系统。沙戎的表面以水冰为主，可能有少量的氨水，这种组成与冥王星表面有很
大不同，冥王星表面主要由氮和甲烷冰组成。

2005 年，哈勃空间望远镜观测冥王星和冥卫一时发现了另一个惊喜——更多的卫星！
两颗新卫星微小得多，用希腊和罗马神话中的人物命名为尼克斯和海德拉，它们围绕冥王星
和冥卫一的质量中心转动。2011 年和 2012 年又发现两颗新卫星——冥卫四和冥卫五。美国
宇航局的地平线号探测器将在 2015 年 7 月飞越冥王星，届时会发现什么令人兴奋的结果？
让我们拭目以待。∎

1978 年

紫外天文学

作为国际紫外线探测器（下图）的继承者，美国宇航局星系演化探测器观测的旋涡星系 M81 的紫外照片。在伪彩色合成图上，星系悬臂上正在形成的炽热年轻恒星呈蓝色，老年主序恒星呈黄色。

第一代天文望远镜（1608 年），射电天文学（1931 年），哈勃空间望远镜（1990 年），伽马射线天文学（1991 年），钱德拉 X 射线天文台（1999 年），斯皮策空间望远镜（2003 年）

天文学家经常观测不同的颜色，以便于了解天体的细节，特别是恒星温度和行星与卫星的化学组成。这些颜色通常超出电磁波谱的可见光部分，在接近人眼视觉的蓝色、绿色和红色波长以外。波长大于红色的称为红外，波长小于蓝色的称为紫外。红外观测使天文学家可以探测到更冷（更低能量）的天体，紫外观测对较热、更高能的目标比较敏感。

但是，由于地球大气中的氧、二氧化碳和水蒸气几乎完全吸收紫外光子，因此观测紫外是有难度的，利用地面上的望远镜几乎不能进行紫外光的观测。20 世纪 60—70 年代的高空球和空间卫星的发展给天文学家提供机会打开了一个紫外天文学的全新领域，天文学家可以发射紫外望远镜进入太空。

第一台成功的紫外空间望远镜任务是美国宇航局、欧洲空间局和英国科学研究理事会之间的联合项目，称为国际紫外线探测器，或 IUE 卫星。国际紫外线探测器于 1978 年发射，开

展为期 3 年的观测，探索宇宙的紫外线。它成为一个极为多产的任务，在轨道上持续工作超过 18 年，观测了 10 万多个紫外视场。国际紫外线探测器获得了星系、恒星、行星、卫星和彗星的紫外光谱，在宇宙中发现了新的炽热、高能的天体，尤其是第一次观测到木星的极光、其他恒星的黑子，以及围绕其他星系的晕。

在国际紫外线探测器之后，紫外天文学继续蓬勃发展。例如新一代美国宇航局名为星系演化探测器（GALEX）的紫外空间望远镜，从 2003 年起成功运行，让天文学家进一步扩大国际紫外线探测器作出的先驱性发现。■

木卫一上的活火山

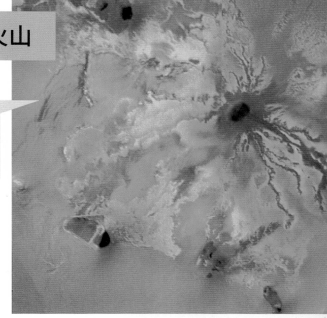

上图：旅行者 1 号拍摄的木卫一上的火山和间歇泉。
这些气流延伸数公里，由熔融状态的硫酸盐和硅酸盐
组成，温度达到 1 000 摄氏度以上。
下图：1979 年 3 月 8 日，木卫一上火山喷发的照片。

 木卫一（1610 年），木卫二（1610 年），木卫三（1610 年），先驱者 10 号在木星（1973 年），木星光环（1979 年），木卫二上的海洋？（1979 年），旅行者号交会土星（1980 年，1981 年），旅行者 2 号在天王星（1986 年），旅行者 2 号在海王星（1989 年），伽利略号环绕木星（1995 年）

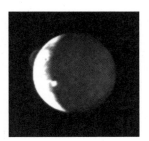

1979 年

1973 年先驱者 10 号飞临木星时，探测器拍摄了这颗行星的独特照片，但是没能很好地观察 1610 年伽利略发现的木星的几颗大卫星，木卫一、木卫二、木卫三和木卫四。旅行者 1 号探测器在 1979 年 3 月飞临木星继续进行更精密和更高分辨率的照相观测，它的飞越轨迹更接近木星和这些大卫星。

旅行者 1 号与木星交会，得到了许多惊奇的发现，其中最重要的可能是在木星最内侧的木卫一上发现了活火山和熔岩流。在最初远距离照片的剪影中，以及最终高分辨率近距离的观察中，发现木卫一的表面坐落着 400 多座活火山。木卫一的火山流出的新鲜、熔融状态的熔岩流长达几千公里，通常因为一定温度范围内熔融的硫化物呈现不同颜色。喷发过程通常会掀起伞形的烟云和岩石碎片飞入几百公里高的空中。旅行者 1 号和 2 号拍摄的图像显示，木卫一是太阳系中火山活动最多的地方。

为什么会有这样的现象？木卫一、木卫二和木卫三围绕木星的轨道以 4:2:1 的方式处于拉普拉斯轨道共振状态，这种状态使卫星时常被引力拉扯着在椭圆轨道上摇摆。另一方面，木星的引力试图使卫星保持同步自转，即卫星的一个面始终朝向木星，就像我们的月亮表现的那样。其结果是，强大的潮汐力始终在拉扯着卫星，尤其是最靠里的木卫一。拉扯产生的摩擦力对卫星内部加热，木卫一在加热过程中完全处于熔融状态，煮沸了全部的水和冰，并引发全球范围的火山喷发，一次又一次地重新覆盖整个卫星表面。喷发的硫化物和尘埃在木星周围形成巨大的环状圆盘。木卫一在木星潮汐力从里到外的摧残下，成为一个饱受折磨的小世界。■

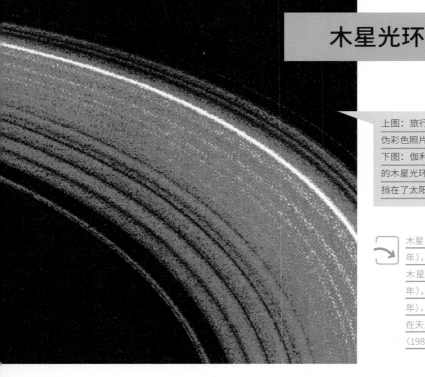

木星光环

上图：旅行者 2 号拍摄的木星光环细致结构的伪彩色照片。

下图：伽利略号木星轨道器在木星阴影中拍摄的木星光环系统拼接照片。照片中木星呈侧向，挡在了太阳和飞船之间。

木星（约公元前 45 亿年），土星有光环（1659 年），木卫五（1892 年），先驱者 10 号在木星（1973 年），发现天王星光环（1977 年），旅行者号交会土星（1980 年，1981 年），海王星光环（1982 年），旅行者 2 号在天王星（1986 年），旅行者 2 号在海王星（1989 年），伽利略号环绕木星（1995 年）

1979 年

第一批与木星交会的空间探测器先驱者 10 号和 11 号在 1973 年和 1974 年飞越木星时细致测量了木星磁场和高能粒子环境。这些数据显示，在木星赤道平面上木卫五和其他靠内的卫星轨道附近，存在还不能解释的光子和电子的变化，这意味着可能有光环或其他什么物质在那里吸收粒子。

受这个谜团的启示，旅行者 1 号的任务计划者设计了 1979 年 3 月飞临木星时对这个区域的光子进行长时间曝光的特殊观测。令任务团队欣喜的是，探测器捕捉到了木星窄环系统的顶端，使木星成为第三颗已知存在光环的大行星。1979 年 7 月，旅行者 2 号飞临木星期间进行了更细致的观测。

美国宇航局后续的伽利略号木星轨道器和卡西尼号以及新视野号任务飞临木星时拍摄的更为细致的照片显示，木星的光环系统延伸到 1.4~3.8 倍木星半径处，包含四个组成部分：一个尘埃组成的甜甜圈形的晕环最靠近木星，一个明亮而薄（30~300 公里厚）的主环，以及两个弥漫的、薄弱的环位于最远处，与木卫五和木卫十四相关。

不像土星和天王星的光环，木星光环与其说是由冰构成，倒不如说充满尘埃。主环和晕环由尘埃和小石块组成，这些物质来源于彗星或小行星撞击摧毁了木卫十五和木卫十六。薄弱的外环由尘埃量级的颗粒组成，来源于对木卫五和木卫十四的撞击。光环中的带状和其他

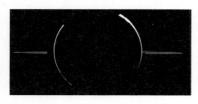

结构表明，光环中还包含嵌埋在其中的小卫星或光环物质的团块。由于尘埃只能存在大约 1 000 年就要被内侧的卫星推散，因此木星的光环一定非常年轻，并且总能从新的撞击中补充物质。■

木卫二上的海洋？

旅行者2号拍摄的木卫二平整的冰层表面局部。木卫二表面纵横着数不尽的沟壑，看上去像是液态水上漂浮着的板块。木卫二表面只有非常少的陨石坑，意味着地质构造非常年轻。

木卫一（1610年），木卫二（1610年），木卫三（1610年），木星光环（1979年），旅行者号交会土星（1980年，1981年），旅行者2号在天王星（1986年），旅行者2号在海王星（1989年），伽利略号环绕木星（1995年），木卫三上的海洋？（2000年）

　　自从1610年伽利略发现木卫二，我们对这颗卫星的了解很有限。已经知道的是木卫一、木卫二、木卫三以4:2:1的比例发生轨道共振，木卫二被锁定在特定的轨道上经历潮汐力的作用，以及望远镜的光谱观测发现木卫二有明亮的覆盖着水冰的表面。在旅行者1号和2号首先对木星系统进行勘探的时候，我们对木卫二表面细致属性的认识几乎是一张白纸。

　　旅行者号在木卫二的发现没有让人失望。这颗行星尺寸级的卫星（只比水星略小）有着太阳系中最光滑的表面。但是光滑的表面上覆盖着致密而交错的裂隙和山脊的网络，这些网络将木卫二表面分割为相互运动的冰板块。这些发现首先表明，木卫二薄弱的地质活动的壳层漂浮在液态水的厚层之上，在木卫二表面以下存在一个海洋。其他关于木卫二存在海洋的线索来自木卫二表面非常少的陨石坑，这意味着年轻的地质活动重新抹平了木卫二表面。1995—2003年，美国宇航局伽利略号木星轨道器使我们可以了解到更多细致信息。来自伽利略号的光谱仪对一些裂缝和断裂处金属盐沉积的观测提供了木卫二存在海洋的更多证据，这类金属盐沉积形成于含盐海水的蒸发。伽利略号探测的磁场数据也显示，木卫二表面以下是一个导电体，这是木卫二冰壳之下存在含盐海水的指标。

　　目前可用的数据与木卫二存在全球深海的结果是一致的，这个海洋深达100公里，位于相对薄（10~30公里厚）的冰壳下方，但是海洋存在的直接证据必须等待未来的探测任务环绕或在木卫二着陆的进一步研究。同时，天体生物学家也对木卫二成为人类住所的可能性保持兴奋。木卫二上有来自木星的潮汐能加热，有来自彗星和小行星撞击带来的有机分子，有液态水，某一天我们可能会发现木卫二的海洋是宜居的，甚至有可能已经有生命居住其中了。■

1979年

引力透镜

1999 年，哈勃空间望远镜拍摄到星系团阿贝尔 2218 中的细弧是经过引力透镜弯曲的星系。这些所谓的爱因斯坦环是遥远的星系经过前景大质量星系而弯折的结果。

爱因斯坦奇迹年（1905 年），暗物质（1933 年），类星体（1963 年），黑洞（1965 年）

1979年

物理学家**爱因斯坦**在 20 世纪初提出的广义相对论中最基本的要点之一是，空间和时间在大质量物体附近会弯曲。爱因斯坦和其他研究者可以通过时空曲率预言，来自遥远天体的光将会在大质量前景天体的引力场的作用下如何偏折。1919 年英国天体物理学家亚瑟·爱丁顿验证了这一预言。爱丁顿观测到日食时太阳附近的恒星偏离了原来的位置。20 世纪 30 年代，爱因斯坦继续研究这种效应，他和包括瑞士裔美国天文学家弗里茨·兹威基在内的其他学者推断，更大质量的天体，比如星系和星系团，可以偏折和放大来自遥远天体的光，效果如同一个透镜偏折和放大了正常星光。

天文学家花了几十年寻找引力透镜的观测证据。1979 年，亚利桑那州基特峰的美国国家天文台天文学家发现了第一个实例。天文学家发现了天空中的两个**类星体**距离很近，研究证明它们实际上是被前景星系的强大引力场偏折，分为两部分的同一个类星体。

自此之后，更多的引力透镜被发现，引力透镜的效果以三种方式体现：强引力透镜形成分离的多个或弧形的像；弱引力透镜会观测到恒星或星系的位置发生微小位移；微引力透镜事件是遥远的恒星或行星被前景的大质量恒星或星系的引力透镜效果影响，暂时放大亮度的现象。

引力透镜最初因为偶然发现而开始被研究。但是最近，大量的天文巡天项目着重于搜索引力透镜事件。这些发现可以帮助我们测量那些不经过引力透镜放大效果就看不到的遥远星系，同时可以测量透镜星系和星系团的基本属性，尤其是质量。■

先驱者 11 号在土星

1979 年 9 月 1 日，先驱者 11 号拍摄的土星和光环的伪彩色照片局部。当时探测器距离土星大约 40 万公里。透过光环中的卡西尼缝可以看到土星，土星上投下了光环的阴影。

土星（约公元前 45 亿年），土卫六（1655 年），土星有光环（1659 年），木星磁场（1955 年），先驱者 10 号在木星（1973 年），先驱者 10 号飞越海王星（1983 年），卡西尼号探索土星（2004 年）

1972 年和 1973 年发射的先驱者 10 号和 11 号被设计为进行太阳系外区和太阳系以外的首次勘察。先驱者 10 号于 1973 年首先与木星交会，为先驱者 11 号 1974 年到 1975 年飞越这颗大行星作出准备。与先驱者 10 号不同，先驱者 11 号的轨迹利用木星引力推动首先在 1979 年与土星交会。

先驱者 11 号与土星交会取得巨大成功。1979 年 9 月 1 日，探测器在土星的云层顶部 21 000 公里高度飞越土星。任务携带的相机、磁场和电荷设备、宇宙尘埃粒子和辐射计数器，以及其他科学仪器让行星科学家第一次见到了这颗行星上和行星周边的环境。

某种意义上说，先驱者号任务是未来太阳系外区更大雄心的旅行者探测器的探路人。例如，先驱者 11 号飞越土星期间，主动穿越土星光环面以确定是否存在对飞船有威胁的尘埃和冰粒子。由于没有发现这些威胁，所以任务设计者让旅行者 2 号直接穿越了同样的区域，为了便于之后与天王星和海王星进行交会。先驱者 11 号的观测数据也对土星作出了新的发现，包括观测带有大气的巨大卫星土卫六的极端低温（90 开尔文，可能对生命来说太低了），发现新的小卫星和额外的光环，以及细致描绘土星磁场，巨大的带电粒子结构与木星磁场在某种方面相似。

如同先驱者 10 号那样，先驱者 11 号沿着它的轨道离开我们的太阳系。现在它距离太阳超过 83 天文单位，正朝着银河系的中心飞去。1995 年末我们与它失去了联系，但是飞船和先驱者 10 号一样携带了镀金铝板，我们希望，在遥远的未来可以有银河系中的邻居发现这台探测器并收到我们的问候。■

1979 年

《宇宙：一次个人旅行》

卡尔·萨根（Carl Sagan，1934—1996）

1980 年，卡尔·萨根，天文学家、行星科学家、作家、科学传播者和广受赞誉的电视系列节目《宇宙》的主持人，站在 1:1 大小的维京号火星登陆器模型边。

《火星和它的运河》（1906 年），探索地外文明（1960 年），维京号在火星（1976 年），火星上的生命？（1996 年）

天文学和空间探索是有趣和激奋人心的主题，但在人类历史上的大部分时期，没有人强迫或者鼓励科学家向大众分享他们的发现或失败。科学家能在书中或学术刊物上发表他们的结果，或是在科学会议上展示他们的发现，通常被认为这就已经足够了。许多科学家甚至渐渐对他们的工作产生了一定程度的傲慢与自大，认为"公众不会理解，为什么要告诉他们"。

甚至在 20 世纪 60 年代和 70 年代，阿波罗计划的媒体报导所引发的巨大公众兴趣和国际吸引力，也难以让普通人跟上最新的观测和发现。因为在美国，三大主流广播电视网络传播了绝大部分娱乐和新闻节目，第四大网络即美国公共广播公司虽然播放一些大众很感兴趣的科学节目，但没有关于太空的内容。

由富有魅力和思想深刻的美国天文学家卡尔·萨根主持的系列电视节目，着重讲述天文学和太空探索，在 1980 年引起轰动，这个节目是对当时环境的抗争。节目名为《宇宙：一次个人旅行》，是美国公共广播公司在全世界收视率最高的系列节目，有超过 5 亿人观看。通过《宇宙》，卡尔·萨根热情洋溢又富有教益地与公众谈论最新的观测，以及理论关注的且所有人都考虑的大问题：那里发生了什么？这些从哪里来？我们为什么在这儿？我们是独一无二的吗？

遗憾的是，由于卡尔·萨根不知疲倦地传播科学和空间探索的价值，他遭到同时代许多科学家的强烈反对，据报道由于其他科学家狭隘的嫉妒，他的美国科学院院士申请被否决了。但是卡尔·萨根的理念和遗产已经得到新一代天文学家和行星科学家的传播，他们中的许多人就是看着《宇宙》成长起来的；创立于 1980 年，名为行星学会的公众空间支持组织的成员们已经在全世界发扬了他的理念；这些被现代世界视作必需的科学公众交流与理解的理念已经被科学界接受。■

旅行者号交会土星

1980 年 1 月，旅行者 1 号飞越土星系统期间拍摄的拼接照片。六颗土星的大卫星依次为土卫四（前景）、土卫三和土卫一（右下方）、土卫五和土卫二（左上方），以及土卫六（右上方）。

土星（约公元前 45 亿年），土卫六（1655 年），土星有光环（1659 年），土卫八（1671 年），土卫五（1672 年），土卫三（1684 年），土卫四（1684 年），土卫二（1789 年），土卫一（1789 年），土卫七（1848 年），旅行者号旅程开始（1977 年），先驱者 11 号在土星（1979 年），卡西尼号探索土星（2004 年），惠更斯号登陆土卫六（2005 年），牧羊犬卫星（2005 年）

1979 年，先驱者 11 号自动化探测器飞越土星是更富有雄心壮志的后续任务的彩排。对行星大气、卫星、光环和磁场进行细致研究的美国宇航局的旅行者 1 号和 2 号探测器发射于 1977 年。旅行者 1 号在 1980 年 11 月飞过土星，旅行者 2 号在 1981 年 8 月紧随其后。

旅行者号交会土星极大地增加了我们对土星系统各种天体和物理过程的了解。高分辨率图像细致揭示了大型冰卫星土卫八、土卫五、土卫三、土卫四、土卫二、土卫一和土卫七的环形山、化学组成和地质历史。在旅行者号拍摄的图片中发现了 7 颗新的小卫星，与之前的想象不同，有几颗卫星嵌埋在土星复杂的光环系统中。发现土星光环包含几千条单独的细环，彼此之间有狭窄的缝隙，靠与光环共同运动的牧羊犬卫星的引力组织在一起。

旅行者号的数据确认了望远镜和先驱者 11 号发现的土星最大的卫星土卫六有浓密带有薄雾的大气层。土卫六是太阳系中唯一存在浓密大气层的卫星，它的大气的表面压力比地球上高 50%，大部分由氮构成。橘黄色的土卫六薄雾由少量的甲烷、乙烷、丙烷和其他有机分子产生，其中有些物质在土卫六非常低的表面温度下呈液态。旅行者号的照相机不能穿透土卫六的雾气获得土卫六表面的图片，这些发现将由 15 年之后的卡西尼号土星轨道器、惠更斯号土卫六着陆器等任务来完成。

为了足够靠近土卫六以研究它类似地球早期的大气，旅行者 1 号的行星探索任务在土星结束。探测器的轨迹将指引着它通往伟大的旅程，其中包括 20 世纪 80 年代末飞越冥王星。旅行者 1 号距离太阳 120 个天文单位处仍在工作状态，它目前是人类发射进入宇宙最远的物体。■

1980 年，1981 年

航天飞机

1981 年 4 月 12 日发射于佛罗里达州肯尼迪角的第一架美国宇航局航天飞机哥伦比亚号。宇航员约翰·杨（John Young）和罗伯特·克里平（Robert Crippen）驾驶航天飞机两天以后安全返回。

第一次登月（1969 年），第二次登月（1969 年），摩洛修士构造（1971 年），月球车（1971 年），月球高地（1972 年），最后一次登月（1972 年），哈勃空间望远镜（1990 年），国际空间站（1998 年）

1981年

火箭先驱康斯坦丁·齐奥尔科夫斯基和罗伯特·戈达德最初设想的载人航天的梦想不是单程的。只有在遨游到地球之外的人们回到地球和其他人分享他们的探险故事、科学发现和样品的时候，他们的影响才真正实现。但是，将人和科学设备送往太空并返回，要求火箭携带返回舱、降落伞和补给。在东方号、墨丘里、双子座和阿波罗航天计划中，每个返回舱和相关系统只能使用一次。

工程师们对火箭设计有长期的考虑，他们认为可重复使用的火箭设计不仅能有效降低将人和设备送入太空的成本，还意味着将太空旅行变成像今天的商业飞机旅行那样的常态。这就是 20 世纪70 年代美国宇航局发展国家空间运输系统即航天飞机的动机。

航天飞机利用可重复使用的轨道飞行器携带机组成员和设备，两个可重复使用的固体燃料火箭，以及一个巨大的可扩展燃料箱在发射时给发动机供应燃料。航天飞机装配的火箭发动机用于升空，机翼用于下落。在 1981 年的第一次发射和 2011 年的第 135 次也是最后一次发射之间，共建造和使用了五架航天飞机，分别为哥伦比亚号（Columbia）、挑战者号（Challenger）、发现号（Discovery）、亚特兰蒂斯号（Atlantis）和奋进号（Endeavour）。它们将 355 位宇航员（有些宇航员参与多次飞行）送入地面以上 400 公里的地球低轨道。14 位航天员在执行任务中牺牲：其中 7 位牺牲于挑战者号1986 年发射时的爆炸，7 位牺牲于哥伦比亚号 2003 年返航时的解体。

即使太空旅行不会成为常态，即使不考虑让太空旅行更经济的愿望，航天飞机所执行的任务仍然取得了无与伦比的成功。航天飞机是建造国际空间站的关键力量，是修复和维护哈勃空间望远镜的重要途径，是大量地球和其他行星的卫星发射的重要方式，是与太空相关的生物学、天文学和地球科学研究的重要实验室。现在，航天飞机机组已经退役，美国宇航局计划建造能突破过去航天飞机低轨道限制的新一代火箭系统，让宇航员重返月球，以及去探索新的目的地，尤其是近地小行星，火星和火星的卫星。■

海王星光环

1989 年 8 月，旅行者 2 号飞越海王星期间用广角相机拍摄的结块、稀薄的光环。地面天文学家也探测到了亚当斯环上的三段亮弧。

土星有光环（1659 年），发现天王星光环（1977 年），木星光环（1979 年），旅行者 2 号在海王星（1989 年）

1982 年

1977 年发现天王星光环和 1979 年发现木星光环，这样一来，太阳系里的四颗巨行星中的三颗已知存在光环系统。英国天文学家威廉·拉塞尔在 1846 年发现海王星大卫星海卫一，也报告了看到围绕海王星的光环。但是他的观测一直没有得到确认。海王星是否存在光环的争论持续了 140 年。

自 20 世纪 60 年代以来，大量天文学家观测了海王星的掩星——遥远的恒星从海王星背后经过被海王星遮挡。天王星的掩星观测发现了天王星的光环系统，因此天文学家指出，同样的方法可能也会发现海王星的光环。大部分结果模棱两可而且不可重复。直到 1982 年，在新西兰和亚利桑那的两个独立研究团组报告，基于 1968 年和 1981 年所作观测的分析，探测到了围绕海王星的潜在光环或是光环的部分圆弧结构。之后，1984 年来自亚利桑那和法国的两组天文学家观测到了同样的掩星事件，首次独立确认了海王星附近恒星星光变暗的迹象，这是存在光环的强烈标志。但是光环存在的最可靠的直接证据，是旅行者 2 号 1989 年 8 月飞越海王星时用飞船上的相机拍摄到的。

旅行者号的照片和更多的掩星观测数据显示，海王星有五条分离的暗弱光环，为纪念五位天文学家对海王星的早期研究，它们被命名为加勒、勒维耶、拉塞尔、阿拉戈和亚当斯。亚当斯环是距离海王星最远的一个，它包含至少五段亮于其他部分的弧。这些弧是过去地面天文学家探测和辨认出来的光环部分。

海王星光环暗弱而充满尘埃，相比土星和天王星光环，更像是土星光环。但是，如同天王星光环，海王星光环是小卫星解体的年轻遗迹。天文学家仍然在积极尝试找到亚当斯环神秘亮弧的成因。■

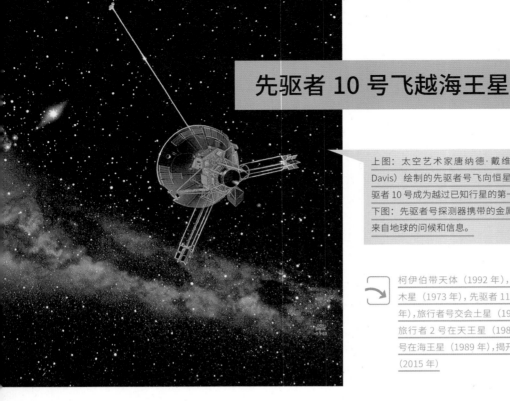

先驱者 10 号飞越海王星

上图：太空艺术家唐纳德·戴维斯（Donald E. Davis）绘制的先驱者号飞向恒星。1983 年，先驱者 10 号成为越过已知行星的第一个人造天体。

下图：先驱者号探测器携带的金属板，上面刻有来自地球的问候和信息。

柯伊伯带天体（1992 年），先驱者 10 号在木星（1973 年），先驱者 11 号在土星（1979 年），旅行者号交会土星（1980 年，1981 年），旅行者 2 号在天王星（1986 年），旅行者 2 号在海王星（1989 年），揭开冥王星的面纱！（2015 年）

1983 年

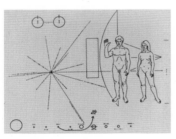

1983 年 6 月 13 日，于 1972 年在佛罗里达州发射的美国宇航局空间探测器先驱者 10 号成为第一个越过海王星轨道的人造天体。飞船距离地球 56 亿公里，是地球到太阳距离的 38 倍，即 38 个天文单位。来自依然运转着的探测器的微弱无线电信号以光速传播花费 5 个小时到达地球。美国宇航局开设了一条热线电话，花费 50 美分可以听到探测器越过海王星的无线电信号转换成可听见的哔哔声。2003 年最后一次接收到飞船的信号，当时它距离地球 80 个天文单位。现在，它距离地球 105 个天文单位，预计几百万年后将抵达金牛座的阿鲁迪巴星附近。

先驱者 10 号是 5 个加速逃逸太阳系的人造飞船之一。另外三个也发射于 20 世纪 70 年代，基本上朝着相反的方向飞行。1995 年，先驱者 11 号失去联系，当前距离太阳 85 个天文单位，朝着银河系中心飞行。旅行者 2 号当前距离太阳大约 100 个天文单位，还在间断地传回深空中的信号。旅行者 1 号保持着最远纪录，距离太阳 120 个天文单位，以 61 155 公里 / 小时的速度飞行，仍然在发射科学数据。第五个达到太阳系逃逸速度的任务是美国宇航局的新视野号探测器，发射于 2006 年，目标是 2015 年飞越冥王星和它的卫星，然后期望可以继续飞向柯伊伯带，在 2020—2030 年与其他类似冥王星的世界交会。

旅行者 1 号是这些探测器中第一个真正离开了太阳系的特使，2014 年左右它将穿越太阳风层顶，这是太阳风与星际空间的模糊边界。■

星周盘

伯纳德·李奥（Bernard Lyot，1897—1952）

欧洲南方天文台的 3.6 米口径望远镜拍摄的绘架座 β 周围的近红外照片。图中叠加了欧洲南方天文台甚大望远镜发现的巨行星，在更靠近恒星的地方出现。

太阳星云（约公元前 50 亿年），
第一批太阳系外行星（1992 年），
斯皮策空间望远镜（2003 年）

1984 年

广泛流行的太阳系形成理论是，前一代恒星的超新星爆发形成的气体和尘埃云缓慢地自转，扁平化，冷却为物质盘。超过 99% 的太阳星云盘的质量进入太阳。其余大部分物质形成木星，我们赖以生存的地球是余下物质中的一个小斑点。如果这个模型是正确的，应该能找到银河系中极其常见的像太阳这样的其他恒星发生这些现象。天文学家寻找盘、环或围绕恒星的尘埃晕的证据，但是直接寻找不太可能，因为星光要比周围的盘和行星反射的光亮百万到十亿倍。

重要的突破口是一种特殊的望远镜配件的使用。法国天文学家伯纳德·李奥在 1930 年发明了一种称为日冕照相仪的望远镜配件，可以遮挡直射的阳光，使天文学家可以观测太阳的上层大气，或日冕。用这种设备的小型版本，天文学家可以遮挡星光，以探测恒星附近物体的暗光。

1983 年，美国宇航局、荷兰、英国的联合空间望远镜名为红外天文卫星（IRAS）开展第一次全天红外热能发射巡天。红外天文卫星的探测结果显示，年轻恒星绘架座 β 不寻常的低温红外热能过剩，天文学家推断这些辐射来自围绕恒星的尘埃和石质物质。1984 年，天文学家用智利拉斯坎帕纳斯天文台 2.5 米口径望远镜的日冕照相仪观测到尘埃星周盘从恒星附近延伸到 400 多个天文单位处，成为另一个太阳星云的证据。

绘架座 β 星周盘是许多形成过程中的年轻太阳系的一个。2008 年，天文学家成像观测了绘架座 β 星的附近，发现了一颗质量是木星质量 8 倍的巨行星，距离恒星 8 个天文单位，是最早直接成像发现的**太阳系外行星**之一。■

旅行者 2 号在天王星

1986 年，第一个也是唯一与天王星交会的飞船旅行者 2 号拍摄的巨大的冰质天王星的拼接照片。从前景开始逆时针方向排列的分别是天卫一、天卫五、天卫三、天卫四和天卫二。

1986 年

天王星（约公元前 45 亿年），海王星（约公元前 45 亿年），天王星的发现（1781 年），天卫三（1787 年），天卫四（1787 年），天卫一（1851 年），天卫二（1851 年），天卫五（1948 年），发现天王星光环（1977 年），先驱者 11 号在土星（1979 年），旅行者号交会土星（1980 年，1981 年）

　　1981 年美国宇航局工程师用木星和土星的引力推动旅行者 2 号空间探测器前进，于 1986 年 1 月与**天王星**交会。这是旅行者 2 号在太阳系外区伟大旅程的第三站，它是唯一与这颗有大气、冰环和卫星的蓝色行星交会的航天器。

　　1781 年，英国天文学家威廉·赫歇尔发现，天王星与其他行星不同，几乎躺着围绕太阳公转。旅行者 2 号任务计划者指引飞船在天王星云层上方 81 000 公里处获得精确的引力辅助推进前往海王星。飞船的轨道使它可以靠近**天卫五**和更远的四颗较大的卫星**天卫一、天卫二、天卫三和天卫四**。

　　交会非常成功，并得到了对天王星系前所未有的发现。行星科学家发现，天王星相比于土星有较强的磁场，但是比木星磁场弱。从图像上新发现了 11 颗小卫星，细致成像获得了之前地球上观测到的 9 条暗环的照片。旅行者 2 号的数据显示，天王星云层顶端的海蓝色由少量的甲烷造成。密度和其他数据的分析表明，氢氦为主的大气层以下，是冰幔层和地球尺寸的岩石、金属核心。旅行者 2 号发现天王星和海王星都是冰的世界，而不是气态行星。

　　对许多人来说，交会的亮点是飞越直径只有 480 公里的小卫星**天卫五**。图像显示，破裂的补丁地貌、山脊、峭壁散布在充满陨石坑的冰面上。这是在太阳系中第一次见到这样的景观。天卫五可能是形成于天王星早期遭受的巨大撞击的撕裂。■

超新星 1987A

哈勃空间望远镜拍摄的超新星 1987A 遗迹周围的斑块光环。强大的激波从爆发的恒星中传出造成了这样的光环。前景中两颗明亮的蓝色恒星与爆发无关。

中国古代天文学（约公元前 2100 年），中国观测客星（185 年），观测白昼星（1054 年），第谷新星（1572 年），主序（1910 年），中微子天文学（1956 年）

1987 年

恒星演化模型表明，如果一颗恒星的质量足够大，达到太阳质量的 8~10 倍，一旦所有的氢都转换为氦，它将最终以一场剧烈的爆炸结束自己的一生。天文学家相信，在银河系中大约每 50 年左右有一次超新星爆发。但大部分爆发太远，或是被银盘上的尘埃遮挡，以至于我们注意不到。**中国古代天文学家**对**客星**进行了几个世纪的记录，其中包括 185 年的"**白日星**"和最终形成蟹状星云的 1054 年超新星。1572 年**第谷**在对仙后座细致观测后发现了一颗超新星。1606 年，开普勒写了一本关于两年前出现的蛇夫座超新星的书。开普勒在 1604 年发现的超新星是银河系中最后一颗已知的超新星。

蓝色超巨星桑杜列克（Sanduleak -69° 202）在 1987 年 2 月 23 日突然爆发时，现代天文学家终于得到机会可以近距离地研究超新星。爆发实际发生在 16.8 万年前的大麦哲伦星云，这是我们银河系的一个矮卫星星系，但是经过这么久的时间星光才到达地球。爆发时恒星亮度增加了 4 000 倍，成为一颗全世界所有观测者肉眼可见的天体，整个过程在黯淡之前持续了六个多月。

天文学家用超新星 1987A 作为豪华的宇宙实验室，用于理解恒星演化和高能过程。全世界的和空间中的紫外、X 射线、光学、红外望远镜都观测了这颗超新星的爆发和余辉。在可见的爆发仅 3 个小时之前，多个天文台探测到**中微子**，确认了超新星爆发的核塌缩模型是正确的。在过去几年中，天文学家观测到爆发的激波与之前恒星抛射的气体壳层碰撞的证据。

一些恒星的死亡蔚为壮观。人们好奇是否会有行星和其上的居民在这些灾难事件中毁灭，以及我们银河系的下一次超新星爆发何时发生。看起来，银河系已经久久不曾出现超新星了。■

光污染

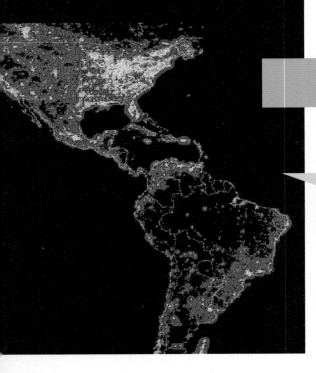

来自美国国防气象卫星计划的西半球部分地区人工照明亮度图。最红的地方大部分位于美国东西部，那里的光污染使夜空比自然的夜空亮 10 倍。

银河系（约公元前 133 亿年），星等（约公元前 150 年），第一代天文望远镜（1608 年）

1988 年

对我们的祖先而言，夜空是敬畏、灵感、奇迹的源泉。在一个晴朗无月的夜晚，置身于城市也有可能凭借肉眼看见数千颗恒星，以及壮丽、连绵的拱形银河。但是现代文明的到来，特别是大城市和城市中心的增长，以及电力广泛应用于人工照明，已经极大地改变了我们同夜空的关系。相比数千恒星，在工业化国家的大部分人通常只能在晴朗的夜空中见到几百颗恒星。大城市的居民可能有幸见到十几二十颗恒星和大量的飞机，但肯定看不见银河。对很多人来说，夜空已经失去了它的奇妙，变成乏味、越来越模糊、毫无特征的背景。

让夜空呆滞的罪魁祸首是光污染，人工光源改变了自然的户外光照水平。光污染让生活在城市或郊区的人们看不到较暗的恒星，干扰天文台的观测暗源，甚至对夜间生态系统的健康造成有害影响。同时这也是经济上的浪费，给房间和建筑物照明的目的就是照亮房间或建筑物，而不是为了花钱用几千瓦的探照灯照向夜空。

由于注意到全球越来越严重的光污染问题，1988 年，关心这一问题的人们成立了一个组织名为国际暗夜协会（International Dark-Sky Association，IDA），其任务是"通过高品质的户外照明保存和保护夜间环境和夜空遗产"。国际暗夜协会现在有大约 5 000 名来自世界各地的会员，他们与城市和地方政府、企业、天文学家一起提升人们对夜空价值的意识，帮助探求更节能、更经济，减少光污染的照明方案。

尽管成功设立了一些法规和建筑规范减少光污染，但是大城市附近的主要天文台（尤其是洛杉矶附近的威尔逊山天文台）的观测效果还是在不断恶化。新的望远镜现在通常建在遥远的沙漠或是孤立的暗夜山区以躲避日益增长的夜空辉光。■

旅行者 2 号在海王星

上图：用旅行者 2 号所拍摄的照片模拟了在海卫一上所见到的海王星景象。
下图：海王星第二大的卫星海卫八，由旅行者 2 号在 1989 年 8 月飞越海王星期间拍摄照片发现。

天王星(约公元前45亿年)，海王星(约公元前45亿年)，大红斑(1665年)，发现海王星(1846年)，海卫一(1846年)，旅行者号开始伟大旅途 (1977年)，木星光环 (1979年)，木卫二上的海洋？ (1979年) 旅行者号交会土星 (1980年，1981年)，海王星光环(1982年)，旅行者 2 号在天王星 (1986年)，柯伊伯带天体 (1992年)，伽利略号环绕木星 (1995年)，卡西尼号探索土星 (2004年)

1989 年

偶然发现**木星**、**土星**、**天王星**、**海王星**和**冥王星**罕见的位置排列能让空间探测器借助大行星的引力飞越它们，而不需要消耗太多的燃料。1977 年发射的旅行者 1 号和 2 号任务正是利用了这个契机。对外太阳系探索采用这种方式是因为在下一次遇到这样的机会需要等上 176 年。

为了让旅行者 1 号更好地靠近**土卫六**，飞越冥王星的计划被放弃了。但是旅行者 2 号完成了对所有四颗巨行星的勘探。它伟大旅途的最后一站是 1989 年 8 月造访海王星，当时飞船改变轨道下降至 3.8 万公里处飞越了巨大的冰卫星**海卫一**。

旅行者 2 号与海王星交会揭示了海王星系的太多美丽与神秘。海王星含有氢、氦、甲烷的大气比 1986 年观察到的天王星的大气更有活力，深蓝色和浅蓝色的带状条纹和白色云雾环绕海王星的巨大风暴，这个风暴称为大黑斑。行星科学家发现海卫一相对年轻的表面有着活跃的间歇泉，冰氮、水和二氧化碳被喷发到卫星的稀薄大气中。靠近海王星发现了一颗新的卫星，直径 400 公里，用希腊神话中会变形的海神命名为普罗特斯（Proteus，即海卫八）。飞越海王星期间还发现另外五颗小卫星和它们的特征。后续已经发射了围绕木星的轨道器伽利略号和围绕土星的轨道器卡西尼号，未来还将规划围绕天王星和海王星的轨道器以扩大旅行者号的初步发现。■

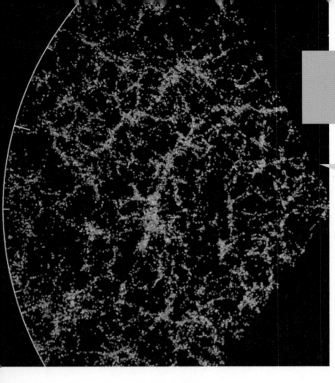

上图：来自斯隆数字巡天的遥远星系的三维结构局部片段。地球位于正中心，外面的圆圈有 20 亿光年远。每个小点都是一个星系，红点代表星系包含了更古老的恒星。

下图：哈佛天文学家玛格丽特·盖勒。

大爆炸（约公元前 138 亿年），银河系（约公元前 133 亿年），光的多普勒位移（1848 年），哈勃定律（1929 年），暗物质（1933 年），天文学走向数字化（1969 年）

1989 年

望远镜、光谱仪和照相底片的发展使 20 世纪初的天文学家，比如维斯托·斯里弗和哈勃可以确定膨胀的宇宙中遥远星系的多普勒位移。用哈勃定律，可以估计那些红移星系的距离。但是这项工作进展缓慢，截止到 20 世纪 50 年代，大约只估计出了 600 个星系距离。20 世纪 70—80 年代，更大的望远镜、数字探测器的发展，以及精密的全天星系巡天，使红移测量增加到 30 000 个星系。最终，我们可以绘制宇宙地图。

绘制星系地图的先驱者是美国天文学家玛格丽特·盖勒，她和哈佛-史密森尼天体物理中心（Harvard-Smithsonian Center for Astrophysics,CfA）的同事约翰·赫克拉用几个大型星系红移巡天的结果发现了宇宙的结构。1977—1982 年，哈佛-史密森尼天体物理中心开展了第一次红移巡天，1985—1995 年开展了第二次。1989 年，盖勒和赫克拉报告，星系的分布远远偏离均匀状态。相反，星系结成团，形成庞大的纤维状结构，围绕着只含有少量星系的巨大空洞。这一结构称为宇宙的蛛网。盖勒和赫克拉所发现的结构之一称为星系长城结构，超过 5 亿光年长、3 亿光年宽，星系长城是宇宙中最大尺度的结构。

天体物理学家有强大的工作模型用于解释这些特征的形成：早期宇宙中物质的微小的不均匀分布增长为星系和更大的结构。在这个模型的不同版本中，这些不规则性起源于非常早的暴涨时期，当时的物理过程使物质成为形成星系团块的网状纤维。

自哈佛-史密森尼天体物理中心的初步工作开始，尽管开始于 2000 年的斯隆数字巡天经过十多年的工作只描绘了可见宇宙的万分之一，但它无疑是具有雄心的伟大星系巡天项目。■

哈勃空间望远镜

莱曼·斯皮策（Lyman Spitzer，1914—1997）

1997 年 2 月，发现号航天飞机维护哈勃空间望远镜期间拍摄的望远镜飞行在地面以上 560 公里处。望远镜口径 2.5 米，长 13.1 米，比一辆普通的校车略长一点。

第一代天文望远镜（1608 年），哈勃定律（1929 年），航天飞机（1981 年），宇宙年龄（2001 年）

1990 年

　　发展于 17 世纪初的第一代天文望远镜为天文学家打开了更大的天空。它们和随后更大、更先进的设备作出了令人惊讶的发现，包括太阳系、星系和宇宙。但是天文学家知道，地球上最大的望远镜也受以下两个重要因素的限制：首先，不可避免的大气的抖动和闪烁限制了其分辨本领远远小于望远镜的理论能力；第二，大气层遮挡了光谱的很多部分，特别是紫外和红外部分，这使地面观测难以在关键波长上开展。

　　伴随着 20 世纪 60 年代空间卫星的发展，天文学家开始倡导美国宇航局开发精密的空间望远镜，以突破地面的限制。轨道空间望远镜的主要推动者是美国天文学家莱曼·斯皮策，为了必要的支持和项目资金，他领导了重要的草根游说活动。在一系列繁文缛节和与欧洲空间局建立合作之后，1978 年，大型空间望远镜计划获得了批准，后来以天文学家哈勃的名字命名为哈勃空间望远镜。1990 年 4 月，发现号航天飞机将哈勃空间望远镜最终发射进入地球低轨道，在地面上方 570 公里的高度飞行。

　　哈勃望远镜发射不久，就发现它的主镜面设计存在一个巨大缺陷。幸运的是，宇航员乘坐航天飞机修复了哈勃空间望远镜。1993—2009 年，5 次航天飞机任务修复望远镜并更新关键设备和组件。其结果是，哈勃空间望远镜作为宇宙的时间机器，用 CCD 和光谱仪测定宇宙的属性和年龄。以今天大型望远镜的标准来看，哈勃望远镜只是一台中等规模大小的设备，但它持续观测宇宙全部光谱范围，让斯皮策和其他支持者的梦想得以实现，它从根本上改变了现代天文学和天体物理学。■

麦哲伦号绘制金星地图

用美国宇航局麦哲伦号任务和波多黎各的阿雷西博射电望远镜的雷达数据绘制的金星地面高度彩图，红色和白色表示较高的地势，绿色和蓝色表示较低的地势。

金星（约公元前 45 亿年），温室效应（1896年），阿雷西博射电望远镜（1963 年），微波天文学（1965 年），金星 3 号抵达金星（1966年），金星 7 号着陆金星（1970 年）

1990 年

伽利略通过他 1610 年的天文望远镜，最早注意到金星存在相位。但是，与对月亮和木星的研究不同，伽利略对金星的观测没有揭示金星表面的任何特征和标记，其他天文学家同样没有发现。这并不奇怪，最近的望远镜观测和空间任务，尤其是苏联的金星轨道器和着陆器已经证实，金星表面覆盖着一层厚厚的二氧化碳、平淡无奇的硫酸云雾大气。

幸运的是，无线电波可以看穿这些云雾。地面气象学家在雷达测绘设备的帮助下可以用无线电波穿过云层试探雨滴和雪片。20 世纪 60 年代，天文学家指出，利用**阿雷西博射电望远镜**发射无线电信号可以探查金星云层以下的信息。利用这种方法，可以探测到金星表面的标记，发现金星非常缓慢（周期为 243 天）的反方向自转。阿雷西博的发现推动了金星轨道器雷达测绘的研发。第一个成功的任务是 1983—1984 年苏联金星 15 号和 16 号轨道器，它们测绘了金星北半球 25% 的面积，发现了山脉、山脊、断层、火山，以及其他地形。

金星号任务的结果激励了天文学家们更有信心进行雷达测绘任务——美国宇航局麦哲伦号任务。利用航天飞机亚特兰蒂斯号发射于 1989 年的麦哲伦号，1990 年抵达金星开始系统测绘金星两极之间 98% 的表面。通过麦哲伦号的数据，人们获得了金星地形的完整景象，从高山到深谷，为地质学家提供了独特的、多样化的图片，包括火山、构造、撞击和侵蚀地形。麦哲伦号任务的科学家发现了宽阔的熔岩平原、薄饼形的火山顶和夏威夷形的火山。他们还发现了低黏度熔岩切割的长达上千公里的管道，巨大的山脊和峡谷网络，这些标志着与地球板块活动不同的地质活动。金星表面鲜有环形山，意味着 5 亿 ~7.5 亿年前金星表面被熔岩重新覆盖。■

伽马射线天文学

亚瑟·康普顿（Arthur H. Compton, 1892—1962）

1991 年 4 月进入地球轨道的亚特兰蒂斯号航天飞机的机械臂正在释放康普顿伽马射线天文台。

中子星（1933 年），核聚变（1939 年），黑洞（1965 年），脉冲星（1967 年），伽马射线暴（1973 年），哈勃空间望远镜（1990 年）

1991 年

20 世纪 70 年代，军方科学家将地球轨道卫星用于探测来自核爆炸的高能伽马射线的迹象，结果发现了来自宇宙空间的伽马射线突然增强，随即又快速减弱的现象，被称为伽马射线暴。后续的民用空间卫星验证了这一发现，但是这些前所未有的能量爆发的起源在整个 20 世纪 80 年代都没有搞清楚，部分原因是它们衰减得太快（大部分在几分钟之内），另一部分原因是卫星没有足够的分辨能力确定伽马射线暴在其他波段相对应的恒星或是星系。人们迫切需要更迅速、更敏锐的伽马射线观察设备。

1991 年发射的康普顿伽马射线天文台提供了这样的设备，这是美国宇航局继**哈勃空间望远镜**之后的第二个大型空间天文台。它以美国物理学家和研究伽马射线的先驱亚瑟·康普顿命名，康普顿伽马射线天文台在 9 年多的时间里扫描天空中的伽马射线暴。这台设备的主要目的是持续扫描天空中随机出现的伽马射线暴，当找到一个时，以较高的精度迅速辨认它的能量和位置。随后，地面望远镜网络收到提醒，开展几乎实时的光学和红外成像以及光谱的后续观测。

康普顿伽马射线天文台探测到超过 2 700 个伽马射线暴，大约每天发现一个，精确找到超过 100 个超高能射线暴的位置，利用其他望远镜进行了后续观测。这些目标的**多普勒位移**测量确认了它们是银河系外的事件，进一步确认了它们惊人的能量。康普顿伽马射线天文台的数据也揭示出存在两种类型的伽马射线暴：短时标的（短于 2 秒）和长时标的（几分钟以内）。伽马射线暴的持续时间暗示了它们起源于微小的致密天体，它们巨大的能量暗示了伽马射线在猛烈的环境中产生。天文学家现在相信，长时标的事件是超新星塌缩形成**中子星**或**黑洞**的结果，短时标事件是中子星双星合并的结果。■

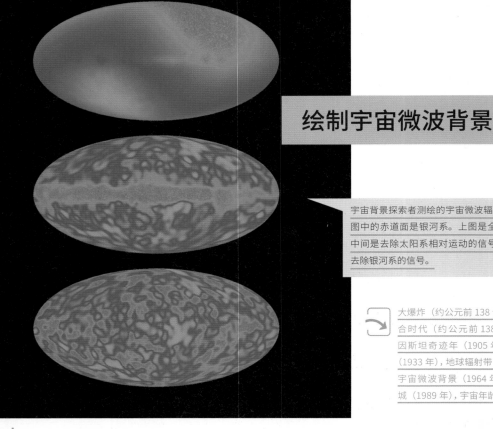

绘制宇宙微波背景

宇宙背景探索者测绘的宇宙微波辐射的分布。图中的赤道面是银河系。上图是全部信号，中间是去除太阳系相对运动的信号，下图是去除银河系的信号。

大爆炸（约公元前 138 亿年），再复合时代（约公元前 138 亿年），爱因斯坦奇迹年（1905 年），暗物质（1933 年），地球辐射带（1958 年），宇宙微波背景（1964 年），星系长城（1989 年），宇宙年龄（2001 年）

1992 年

1964 年宇宙微波背景的发现扣人心弦，因为它证明大爆炸的理论可以被实际观测检验。新一代天文学家开始对观测宇宙学感兴趣，这是一门精确测量宇宙学特定性质的学科，可以让人们细致理解宇宙的起源与演化。要达到需要的精度，这些测量必须在太空进行。

美国宇航局开始于 1958 年的探险者号小卫星计划在 20 世纪 70 年代发现了范·艾伦**辐射带**，这是一个完美的平台。天体物理学家在 20 世纪 70 年代计算出这样的任务，美国宇航局在 20 世纪 80 年代批准了宇宙背景探险者任务，并于 1989 年发射进入地球轨道。宇宙背景探险者用对红外和微波辐射敏感的探测器缓慢而精确地构建出整个天空宇宙背景辐射的变化图。

1992 年，宇宙学家宣布，初步的地图已经完成，这是一个令人兴奋的结果。宇宙背景探险者探测到的主要起伏是所谓的偶极特征，大约只有天空亮度的一千分之一，来源于银河系相对宇宙的多普勒位移。一旦这个信号被移除，宇宙背景探险者就能发现下一个起伏，它来自我们银河系较弱的射电辐射。一旦这些信号都被移除，天文学家仍然能看到剩余的起伏，这些背景辐射的微小起伏达到一度的百万分之一量级。

宇宙学家相信这些微小起伏形成于宇宙在**大爆炸**后最初 10^{-32} 秒的暴涨时期，浓缩着正常物质和暗物质的这些种子最终形成星系和恒星。2003 年的威尔金森微波各向异性探测器任务确认了宇宙背景探险者的结果，这些结果提供了宇宙年龄的精确估计。■

第一批太阳系外行星

脉冲星 PSR B1257+12（左下方）周围探测到的行星系统的艺术想象图。

 太阳星云（约公元前 50 亿年），布鲁诺的《论无限宇宙与世界》（1600 年），第一代天文望远镜（1608 年），中子星（1933 年），阿雷西博射电望远镜（1963 年），脉冲星（1967 年），围绕其他太阳的行星（1995 年）

1992 年

有没有围绕其他恒星的行星？在天文学历史上，这个问题要么是异端而不能回答（1600年布鲁诺因此被烧死），要么有技术难度难以企及。最近，天文学家已经发现这个问题的答案是肯定的。

20 世纪末，望远镜和观测技术已经发展到很先进的程度，天文学家可以利用不同方法探测到围绕其他恒星的行星的存在。一种方法是借助于由于行星的存在造成的恒星的"摇晃"。例如，木星的引力让我们的太阳相对围绕银河系中心的轨道有轻微的晃动。

1992 年，一组天文学家发现，这样的轻微晃动在脉冲星系统中可以探测到。1990 年，天文学家用**阿雷西博望远镜**在室女座发现了一个毫秒脉冲星 PSR B1257+12。对这颗脉冲星的检测表明它的脉冲时间间隔为 6.22 毫秒，具有规则的频率变化。1992 年，研究者发现这一现象的原因是脉冲星周围至少存在 3 颗行星对其产生引力作用。数学模型显示，两颗行星具有 4倍的地球质量，第三颗行星大约是地球质量的 2%。所有的行星都位于脉冲星 0.5 个天文单位的距离之内。

第一次确认外太阳系行星存在的证据对大部分天文学家都是一个惊喜，人们期待着能在正常的类太阳主序恒星附近发现行星。之后，人们开始推测脉冲星附近的行星的性质。它可能是原先的巨气体行星遭受超新星爆发的撞击之后脱去了不稳定的外层，遗留了原来行星的金属和岩石核心。

无论这些世界是如何起源的，它们的存在是确定无疑的，天文学家和行星科学家正在探究这些围绕其他太阳的行星，在不同环境下可能形成和演化出极端的外太阳系行星。■

柯伊伯带天体

肯尼斯·埃奇沃斯（Kenneth Edgeworth，1880—1972）
杰拉德·柯伊伯（Gerard P. Kuiper，1905—1973）

太空艺术家迈克尔·卡罗尔（Michael Carroll）描绘的布满环形山的海王星外天体或冥王星轨道以外的柯伊伯带天体。10% 的已知柯伊伯带天体是双行星，画面中的双行星主星在前景，伴星位于右上方太阳旁边。

 冥王星和柯伊伯带（约公元前 45 亿年），海卫一（1846 年），土卫九（1899 年），冥王星的发现（1930 年），奥尔特云（1932 年），天文学走向数字化（1969 年），冥卫一（1978 年），冥王星降级（2006 年），揭开冥王星的面纱！（2015 年）

1992 年

1930 年发现冥王星后，许多天文学家开始好奇太阳系的边界是否就在海王星轨道之外。1943 年爱尔兰天文学家肯尼斯·埃奇沃斯设想，冥王星可能是许多微小的海王星外天体之一，它们没有增长到足够大是因为早期太阳系外区的星子（公里量级的尘埃和冰块）之间相隔太远，导致碰撞率较低。20 世纪 50 年代，荷兰裔美国行星科学家杰拉德·柯伊伯研究太阳系外区的行星形成，简单地假设冥王星以外的小天体盘的存在。如果冥王星是一个和地球一样大的天体，那么柯伊伯推测这个盘将冥王星的引力清空。

天文学家对柯伊伯带的存在仍然只是一种推测。但是，利用 20 世纪 90 年代发展的大望远镜和超级敏感的 CCD 探测器，搜寻和探测小型的、暗弱的、类似小行星的海王星轨道外天体成为了可能。除了冥王星、冥卫一、海卫一和土卫九以外，第一颗新发现的柯伊伯带天体是 1992 年探测到的 QB1，距离太阳 40~46 个天文单位，直径大约 160 公里。

在这以后，天文学家已经发现了超过 1 000 个柯伊伯带天体。其中一些，尤其是 136199 号阋神星，136472 号鸟神星和 136108 号妊神星与冥王星大小相近。实际上，阋神星可能比冥王星还要大，这成为 2006 年国际天文学联合会对冥王星作出降级决定的原因之一。大约 10% 的已知柯伊伯带天体已经发现了卫星，比如冥王星。

柯伊伯带天体是原始的类似彗星的天体，混合着水、甲烷和氨冰。新视野号探测器即将在 2015 年让我们可以第一次近距离审视柯伊伯带天体，之后还将有机会与更多的柯伊伯带天体交会。■

小行星可以有卫星

1992 年，美国宇航局伽利略号飞船在前往木星的途中穿越主小行星带，飞越小行星艾达。小行星的图像显示，艾达长 53 公里，有一颗 1.6 公里长的卫星，被命名为达克堤利。

第一代天文望远镜（1608 年），木星的特洛伊小行星（1906 年），阿雷西博射电望远镜（1963 年），冥卫一（1978 年），哈勃空间望远镜（1990 年），柯伊伯带天体（1992 年），伽利略号环绕木星（1995 年），近地小行星交会任务在爱神星（2000 年）

在我们的月亮以外，最早识别出的行星卫星是 1610 年伽利略发现的围绕木星的四颗卫星。在那以后，发现了除水星和金星之外围绕着各个行星的十几颗卫星。1978 年发现围绕矮行星冥王星的卫星后，许多天文学家开始好奇，拥有卫星的天体尺寸是否有一个下限？小行星会有卫星吗？

20 世纪 70—80 年代的望远镜搜索，提供了小行星也有卫星的可能证据。直到 1992 年美国宇航局伽利略号飞船在飞往木星的途中经过主带小行星 243 号艾达，发现了确定性的证据。令所有人惊奇和欣喜的是，伽利略号拍摄的图像发现了围绕这颗小行星的卫星。任务科学家用希腊神话中居住在格雷特岛的艾达山上的精灵给这颗 1.6 公里宽的卫星命名为达克堤利（Dactyl）。

即便是如此小的天体也存在卫星的证据就摆在眼前，行星天文学家还是怀疑是否能发现更多。利用先前的技术，尤其是自适应光学，以增加地面望远镜的有效分辨本领，同时利用**阿雷西博射电望远镜和哈勃空间望远镜**，科学家已经发现了超过 200 个小天体拥有卫星，其中包括木星的**特洛伊小行星**和**柯伊伯带天体**。已经发现超过 220 颗小行星有卫星，一些小行星甚至有 2~3 颗卫星，冥王星有 5 颗卫星。

行星科学家有几个关于小行星和矮行星为什么会有卫星的领先理论。小行星可能遭到撞击，分离出的碎片停留在小行星轨道上成为了卫星。小行星艾达和爱神星表面上大量的环形山，以及美国宇航局的近地小行星交会（NEAR）任务支持这种理论。另外，小行星可能在近距离交会中捕获其他小行星成为自己的卫星。计算机模拟显示，这种情况更多发生在大小相近的小行星双星情况下，而不太可能是大小非常悬殊的系统，比如艾达和达克堤利系统的情况。■

1992 年

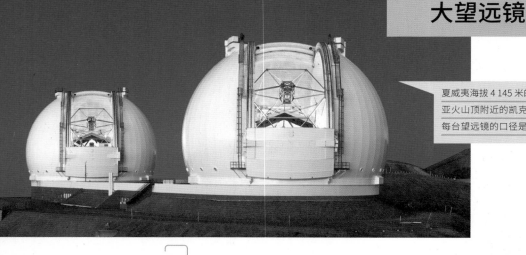

大望远镜

夏威夷海拔 4 145 米的莫纳克亚火山顶附近的凯克望远镜。每台望远镜的口径是 10 米。

第一代天文望远镜（1608 年），阿雷西博射电望远镜（1963 年），哈勃空间望远镜（1990 年）

望远镜和其他仪器制造技术定义了近几个世纪以来的现代天文学前沿。以极高分辨率观测极暗目标的需求，在较宽的电磁谱范围上进行光谱观测的需求，以及为后续分析精确记录观测过程和结果的需求，将天文学和天文学家推到了光学、工程、电子器件和软件设计的前沿。最显而易见的是全世界范围的天文台大量光学望远镜的发展。

20 世纪 40 年代，5 米口径的海尔望远镜在帕洛玛山建成的时候，它是当时现代工程的奇迹。在随后的几十年里，材料和机械工程方法有了极大进步，但是由于重力和材料强度的限制，单镜面望远镜的最大尺寸仅仅增长到了 8 米。为了在本质上增加集光面积，要求工程师和光学专家研发出拼接镜面的关键创新技术，更小、更实用的镜面组装在一起，实现更大尺寸的单镜面。

第一次大尺寸实验拼接镜面的望远镜是夏威夷莫纳克亚山顶两台 10 米口径凯克望远镜。每台望远镜的镜面包含 36 面 1.8 米口径的镜面单元，它们由计算机独立控制和运动，形成近乎完美的巨大抛物面反射镜。凯克 I 和 II 分别于 1993 年和 1996 年投入使用。两台望远镜都有无与伦比的科学发现。

两台巨大望远镜的建造也是为了尝试开发另一项新技术，用两台或更多的望远镜，通过电子设备和软件合并每台望远镜的数据以获得更高的角分辨率，这个分辨率相当于两台望远镜间隔距离这么大尺寸的镜面所达到的水平。这就是干涉技术。凯克望远只是大量增长的大型光学干涉望远镜中的一个例子，这些望远镜定义了地面天文学最新的前沿。■

舒梅克-列维 9 号彗星撞击木星

尤金·舒梅克（Eugene Shoemaker, 1928—1997）
卡罗琳·舒梅克（Carolyn Shoemaker, 1929— ）
戴维·列维（David Levy, 1948— ）

上图：1994 年 7 月，哈勃空间望远镜拍摄的木星南部中纬度显示的舒梅克-列维 9 号彗星撞击后留下的斑点。

下图：1994 年 7 月 18 日，澳大利亚斯特朗洛山天文台观测到的舒梅克-列维 9 号彗星 G 片撞击产生的火球。

木星（约公元前 45 亿年），亚利桑那撞击（约公元前 5 万年），大红斑（1665 年），哈雷彗星（1682 年），通古斯大爆炸（1908 年）

撞击是塑造行星表面和大气的基本力量，甚至影响了地球的气候和生命的历史。但是撞击是太阳系中罕见而不可预测的事件，因此不可能直接对撞击进行研究。至少在一组天文学家发现有一颗彗星将撞击木星之前，没有人直接研究过太阳系中的撞击事件。

1993 年夏天，美国天文学家尤金·舒梅克和卡罗琳·舒梅克，以及加拿大天文学家戴维·列维报告发现了一串奇怪的珍珠状彗星。他们的观测显示，这颗彗星靠近木星后被撕扯成几十片碎片。难以置信的是，他们的数据显示这些碎片就是舒梅克-列维 9 号彗星，它正处于不断接近木星的轨迹上，将于 1994 年 7 月撞入木星。

这是第一次天文学家可以动员全世界的望远镜和空间天文台监测的撞击事件。据预测，1994 年 7 月 16—22 日，21 块直径为 1~2 公里的彗星碎片将以 60 公里 / 小时的速度撞入木星。这一结果引人注目同时又令人惊叹不已，如此小的冰质天体可以产生巨大的火球，在木星表面产生持续几个月的地球尺寸的斑点，天文学家们没有预测到这种情况。一些天文学家估计木星将简单地吞下这些微小的碎片，不会产生任何能注意到的效果。但是他们完全错了。

舒梅克-列维 9 号彗星提醒我们，小天体以很高速度运动时具有毁灭性的力量。撞击事件也是公众和媒体的盛宴，人们通过互联网这样的新媒体几乎实时地与全世界分享所见所闻。■

1994 年

褐矮星

哈勃空间望远镜拍摄的第一颗直接探测到的褐矮星的伪彩色图像，它围绕恒星格利泽 229，命名为格利泽 229B。它的质量大约是木星的 20~50 倍，远远没有达到能点燃核反应的程度。

木星（约公元前 45 亿年），核聚变（1939 年），哈勃空间望远镜（1990 年），第一批太阳系外行星（1992 年）

主序上的恒星有着不同的颜色和大小，但是它们的共同之处是核心的温度和压强足够高以至于点燃了核聚变反应将氢转变为氦。实际上，能点燃核聚变反应的最低恒星质量是大约太阳质量的 7%~9%，或者大约木星质量的 75~80 倍。20 世纪 70 年代，天文学家假设存在一个亚恒星星族，它们太大了所以不是行星，但是对于恒星来说又太小了。这些天体被称为褐矮星，因为它们比恒星小，由于引力收缩而辐射红外能量，但是不会发射核聚变产生的可见光。找到它们，可以帮助理解行星和恒星之间的重要连接。

20 世纪 80 年代末和 90 年代初找到了一些候选体，但是很难确定小恒星和褐矮星之间的界限在哪里。直到 1994 年，在恒星 Gliese 229 附近发现了一个暗弱的红外源，这个小红矮星距离我们大约 19 光年。**哈勃空间望远镜**和其他天文台的后续观测显示，Gliese 229 附近围绕着一颗更暗的天体，它被命名为格利泽 229B（Gliese 229B）。

格利泽 229B 的亮度和温度（950 K）低于最小的主序恒星，但是远远高于那些以 30 天文单位的距离围绕一颗红矮星的巨气体行星。格利泽 229B 不是恒星的决定性证据来自在它的光谱中发现了甲烷，这种气体无法在恒星大气中稳定存在。当前的估计是格利泽 229B 的质量是木星质量的 20~50 倍。

一些最新发现的围绕其他恒星的行星中，质量最大的达到木星质量的 20~50 倍。这是否意味着它们是褐矮星而不是行星？巨大行星和低质量恒星之间的界限仍然很模糊。天文学家通常用密度、红外光度和 X 射线的存在来作决定，但要判断一颗质量为木星质量 13 倍以上的天体到底是恒星还是褐矮星还是很困难的。■

围绕其他太阳的行星

艺术家想象的热木星 HD189733b 的概念图，哈勃空间望远镜观测显示，它的大气中含有甲烷和水蒸气。

太阳星云（约公元前 50 亿年），第一代天文望远镜（1608 年），恒星自行（1718 年），光的多普勒位移（1848 年），引力透镜（1979 年），第一批太阳系外行星（1992 年），开普勒任务（2009 年）

1995 年

1992 年发现围绕脉冲星 B1257+12 的第一批**太阳系外行星**使天文学家必须更努力地寻找正常的**主序恒星**或类太阳恒星附近行星存在的证据。几十年前，我们就知道双星系统中的恒星会在**自行**中显示出摇摆，因为两颗恒星实际上都围绕着系统的质心运动。理论上，同样类型的摇摆——虽然更小——应该发生于类木行星围绕的恒星上。天文学家意识到他们不需要精确测定恒星的位置，只需要测量摇摆引起的是视向速度变化即恒星光谱的**多普勒位移**，就可以找到这些行星。

1995 年，用这一方法首次在邻近的类太阳恒星飞马座 51 身边发现了太阳系外行星。基于飞马座 51 摆动的幅度和多普勒光谱位移推测，行星飞马座 51b 比木星大很多倍，在 0.05 天文单位的距离上围绕恒星运动。随后，利用视向速度方法在其他邻近恒星附近发现了超过 500 颗太阳系外行星。这些行星大部分是热木星，因为热木星的体积足够大并且距离恒星足够近，是视向速度方法最容易发现的目标。因此，热木星可能不是宇宙中最多的行星。

除了视向速度和脉冲星计时以外，寻找太阳系外行星的其他方法还包括观察行星从它们的恒星前方经过产生凌日现象（美国宇航局**开普勒任务**的目标），通过引力透镜探测行星的存在，或是直接成像的方法。到目前为止，大部分已知的太阳系外行星是气体或冰巨星。但是天文学家正在开始用这些方法寻找和归类更多围绕附近类太阳恒星的地球尺寸或是超级地球尺寸的世界。我们已经找到的只是太阳系外行星的冰山一角。■

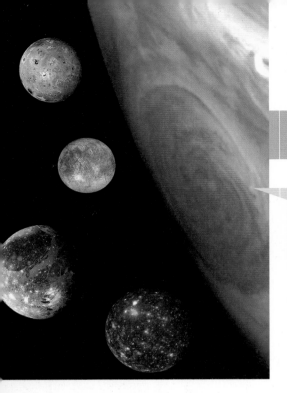

伽利略号环绕木星

木星大红斑与四颗伽利略卫星（木卫一、木卫二、木卫三和木卫四）的合成图。1995—2003 年，美国宇航局伽利略号探测器（下图）对它们进行了深入研究。

木星（约公元前 45 亿年），大红斑（1665 年），木卫一（1610 年），木卫二（1610 年），木卫三（1610 年），木卫四（1610 年），木卫五（1892 年），木卫六（1904 年），木星磁场（1955 年），先驱者 10 号在木星（1973 年），木卫一上的活火山（1979 年），木星光环（1979 年），木卫二上的海洋？（1979 年）

1995 年

先驱者 10 号、11 号和旅行者 1 号、2 号飞越木星时，为我们揭开了这个美丽、复杂、充满活力的迷你太阳系的面纱，这个行星包括带状和长期存在的气旋风暴系统的动态大气，特别是**大红斑**。它的冰和岩石的卫星包括四颗以自身的状况可以成为行星的伽利略卫星。这个系统还包括一个尘埃的窄环系统和沐浴在高能辐射中的巨大磁层。这些飞越期间的发现使行星科学家们确信，下一个合理的步骤应该是将太空船送入木星轨道运行一段时间。

在国会和国际的支持下，1977 年底木星轨道器和探测器任务得到批准和资助。这个任务被命名为伽利略号，以纪念第一位通过望远镜研究木星的天文学家伽利略。战胜一系列技术困难和金融危机之后，1989 年亚特兰蒂斯号航天飞机最终将伽利略号发射，利用其飞越金星和地球时的引力将自己助推到木星，于 1995 年 12 月抵达并进入木星轨道。在路途中，伽利略号穿越**主小行星带**时与小行星（951 号小行星盖斯普拉和 243 号小行星艾达）进行了第一次近距离飞越。

由于主天线的故障，任务具有一定的缺陷。但是工程师和科学家们利用备份的低数据率天线设计了新的任务方案。利用探测器的相机、光谱仪和粒子仪器，伽利略号在将近 8 年的时间里以椭圆轨道直接环绕木星 34 次，飞越不同的卫星以确定它们的化学组成和内部结构，研究木星光环和磁场细节，释放探测器进入木星大气直接测量木星的化学组成、温度和压力。伽利略号最终撞入木星的大气中结束了任务，但它的科学遗产影响深远。■

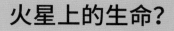

火星上的生命？

火星陨石 ALH84001 碎片的高分辨率扫描电子显微图像显示的管状结构是微生物化石吗？其中最长的结构有 100 纳米，即头发直径的千分之一，或地球上现存最小的细胞大小的一半。

《火星和它的运河》（1906 年），探索地外文明（1960 年），维京号在火星（1976 年），《宇宙，一次个人旅行》（1980 年）

1996年

由于望远镜观测者，尤其是美国商人和天文学家帕西瓦尔·罗威尔声称见到了火星表面纵横分布的线状运河网络，火星作为生命居所的想法在 19 世纪末和 20 世纪初广泛流行。媒体拿这些概念，通过精彩和得到高度好评的科幻故事开拓了火星居民的观念，比如 1938 年根据赫伯特·乔治·威尔斯的科幻故事《星际战争》（*The War of the Worlds*）改编的广播剧。

在火星上寻找生命存在的证据成为整个 20 世纪火星探索的主题。1976 年，美国宇航局维京号火星着陆器的两次任务设计和实施了大量高度敏感的有机物和生物探测实验。所有结果都显示火星上不存在有机物和生命（没有证据显示着陆地点存在有机物或生命），但是并不清楚这些暴露在太阳紫外辐射下几十亿年的最外层的样本表面是否包含有机分子。实验具有局限性。

1996 年，美国宇航局的一组科学家研究来自陨石 ALH84001 的样本并公布了结论。这块陨石来自火星，最终落在地球的南极。在这块古老的火星岩石碎片内部，科学家们声称存在化学的、矿物质的和地质学证据，证明其为微生物化石，即火星曾经存在生命。

天文学家卡尔·萨根曾经说，特殊的生命需要特殊的证据。在 ALH84001 的例子中，科学界大部分人不相信这些证据可以证明生命的存在。相反，美国宇航局的研究者对这些证据提出了非生物的解释。最终，无论 ALH84001 中是否有充足的生命证据，更重要的是大部分科学家同意，生命所必需的是液态水、热源和有机分子，这块陨石在火星上的时候，这些条件都具备。这就是说，ALH84001 至少帮助我们了解了那时的火星是宜居的。■

海尔 - 波普大彗星

1997 年 4 月 4 日，天文学家在奥地利开普勒天文台拍摄的海尔 - 波普彗星广角照片。10 分钟曝光呈现出彗星美丽的蓝色电离尾部指向太阳的反方向，黄白色的尘埃尾部指向运动的反方向。

1997 年

 冥王星和柯伊伯带（约公元前 45 亿年），哈雷彗星（1682 年），奥尔特云（1932 年），深度撞击：坦普尔 1 号彗星（2005 年），哈特雷 2 号彗星（2010 年）

彗星是微小的岩石和冰体在靠近太阳时以特殊方式蒸发所呈现的天象。

一些彗星在可预测的时间里出现，像**哈雷彗星**每 76 年回归一次。但许多其他彗星会突然在不可预测的时间出现。这些不速之客中最独特的当属海尔 - 波普彗星。1997 年春天，在全世界很多地方都可以在天刚黑的时候见到它的身影。

海尔 - 波普彗星由美国天文爱好者阿兰·海尔与汤玛斯·波普于 1995 年 7 月发现，当时它正朝着太阳飞去但仍位于木星轨道以外。追踪这颗彗星的轨道发现，它位于一个长椭圆轨道上，2 500 多年围绕太阳一圈。在最远的地方，彗星比地球到太阳的距离远 370 倍。天文学家认定这颗彗星还很年轻，因为它当中不稳定的冰显示它的大部分时间都位于太阳系外层区域的寒冷环境中，而不是靠近太阳的温暖区域。

这颗彗星的回归将给天文学家一个难得的机会第一次近距离地研究它。用光谱学和其他方法，天文学家在彗星的电离和尘埃尾中发现岩石尘埃、水冰、钠和其他有机分子。海尔 - 波普彗星的彗头和彗发暗示，岩石和冰的核心对彗星来说尺寸非常大，直径大约 60 公里，是哈雷彗星的 6 倍大。这样尺寸的彗星以 50 公里 / 秒的速度撞击地球将毁灭所有的文明并杀死地球上大部分生命。所幸海尔 - 波普彗星不会直接威胁到我们。

由于日落之后不久彗星足够明亮地出现在天空中连续几个月，使数十亿人目睹了海尔 - 波普彗星。大量媒体报道了"1997 年大彗星"，其中有一些没有事实依据的夸张报道提到彗星的碎片可能混入地球。是美丽的天体还是邪恶的扫帚？彗星总是兼而有之。■

小行星梅西尔德

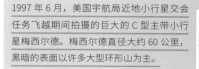

1997 年 6 月，美国宇航局近地小行星交会任务飞越期间拍摄的巨大的 C 型主带小行星梅西尔德。梅西尔德直径大约 60 公里，黑暗的表面以许多大型环形山为主。

主带小行星（约公元前 45 亿年），木星的特洛伊小行星（1906 年），小行星可以有卫星（1992 年），近地小行星交会任务在爱神星（2000 年）

美国宇航局伽利略号任务于 1991 年和 1993 年飞越**主带小行星** 951 号盖斯普拉和 243 号小行星艾达，发现如此小的天体也有着有趣的表面特征和它们自己的卫星，这些发现激发了天文学家提出新任务近距离研究小行星的兴趣。最早的此类项目是美国宇航局的近地小行星交会（NEAR）任务，这个任务发射于 1996 年，目的是研究接近地球的 433 号小行星爱神星。为了沿着轨道方向与爱神星交会，近地小行星交会任务在 1997 年额外地与 253 号小行星梅西尔德首先交会。

奥地利天文学家和小行星捕手约翰·帕里扎于 1885 年首次发现小行星梅西尔德，其轨道是位于火星和木星之间的椭圆。更近的望远镜观测显示，梅西尔德很暗，几乎如煤炭一样漆黑一片，只反射阳光的 4%。这种低反照率（反射光与入射光的比值）、相对灰的颜色和毫无特征的光谱，使天文学家将其分类为 C 型小行星（相当于含碳陨石），与盖斯普拉和艾达所属的 S 型（倾向于石质陨石）不同。梅西尔德不同的光谱类型和较慢的旋转，使近地小行星交会任务获得令人振奋的结果。

近地小行星交会任务飞越梅西尔德确认了小行星的低反照率，更有大量的惊喜发现。尽管只有 60% 的小行星有过照相观测，但是对小行星体积的良好估计结合对质量的估计允许科学家估计出梅西尔德的密度大约是 1.3 克 / 立方厘米。这个低得惊人的数值远远小于典型的岩石密度。由于小行星过于靠近太阳，以至于难以有冰的成分存在，所以对如此低密度的解释是梅西尔德内部 50% 的部分是空的。梅西尔德看起来就像是多孔的、瓦砾堆砌的小行星。

近地小行星交会发现的梅西尔德表面的 6 个环形山支持这样的结论。如果小行星是实心的岩石天体，这类撞击中的任何一个都足以摧毁这颗小行星。但是，内部的孔洞空间吸收了撞击能量，使小行星在毁灭性的打击下依然可以完好无缺。■

1997 年

第一辆火星车

1997 年夏天，美国宇航局微波炉大小的索杰纳号火星车，曾在瑜伽岩上测量岩石的化学成分。

火星（约公元前 45 亿年），维京号在火星（1976 年），火星上的生命？（1996 年），火星全球勘探者号（1997 年），勇气号和机遇号在火星（2004 年），火星科学实验室好奇号火星车（2012 年）

1997 年

美国宇航局维京号着陆器任务成功地探索了**火星**，而且它们给未来提供了至少两点珍贵的启发：首先，从科学上看，最好可以在火星表面移动，而不是只固定在着陆地点；第二，从经济上看，最好可以用少得多的花费探索火星表面，而不用像维京号这样的旗舰任务那样花费数十亿美元。

这两点启示成为美国宇航局第三次火星着陆任务火星探路者的核心部分。发射于 1996 年的火星探路者是美国宇航局"更好、更快、更便宜"的发现类任务中最早的一个，目标是将花费控制在维京号任务的 10%~20%。任务团队不仅仅出于缩减开支的目的，另一个目的是要在火星表面具有移动能力，所以研发火星车成为任务的一部分。

借助新颖而冒险的辅助气囊着陆系统，探路者号成功地于 1997 年 7 月 4 日着陆在火星表面。探路者号搭载了小型火星车，为纪念 19 世纪非裔美国废奴主义者和女权运动家索杰纳·特鲁斯（Sojourner Truth）而命名为索杰纳号。近 3 个月的探索，探路者号着陆器和索杰纳号火星车在着陆地点阿瑞斯谷获得了关于岩石和土壤的图像和化学数据。这里是一个古老的火星喷发管道，证明在火星早期历史上有过灾难性的洪水。任务通过地质学和地质化学多样性的线索提供了这一区域曾经富含水资源的证据。

索杰纳号火星车在 83 个火星日的任务期间，以 1 厘米 / 秒的速度在火星上沿着着陆器周围绕行了 100 米。火星车可以获取比着陆器更大范围更广阔地区的照片和样品，体现了自动化探索过程中移动性的价值。索杰纳号火星车成功的基础设计和运动原理在建造下一代火星车勇气号和机遇号上得到了发扬，它们于 2004 年在火星着陆。■

火星全球勘探者号

上图：火星全球勘探者号携带的相机 2002 年拍摄的照片显示了一组扇形地形，可以解释为在埃伯斯瓦尔德环形山中的浅水三角洲的侵蚀遗迹。这些特征意味着早期火星表面有持续的水流。

下图：艺术家笔下的火星全球勘探者号轨道器。

 火星（约公元前 45 亿年），第一批火星轨道器（1971 年），维京号在火星（1976 年），火星上的生命？（1996 年），第一辆火星车（1997 年），勇气号和机遇号在火星（2004 年），火星科学实验室好奇号火星车（2012 年）

2 km

1997 年

20 世纪 70 年代早期的第一代火星轨道器和之后 70 年代末、80 年代初的维京号轨道器的观测，提供了有趣的证据证明古火星可能更像地球，而不像现在的火星。科学家们迫切希望获得火星的更多观测信息，因此 1992 年美国宇航局发射了火星观测者号轨道器开展研究工作。不幸的是，可能由于燃料管破裂，火星观测者号在抵达火星前 3 天与我们失去联系。

1993 年火星观测者号的科学损失在 1997 年由美国宇航局火星全球勘探者号（MGS）成功地予以弥补。火星全球勘探者号携带相机、红外光谱仪、激光高度计和磁力计用于绘制南北极之间的火星地质学、矿物学、地形学分布和磁场性质，为期九个地球年或四个火星年。

火星全球勘探者号的测量彻底革新了我们对火星表面和大气的理解，刷新了十多年前维京号所做的测量。例如，高分辨率（米级）图像显示了水道、排水沟和形成于火星早期历史上水流连续冲刷的三角洲的细节，当时的气候一定更温暖和更湿润；绘制了火星全球火山形成和水形成的矿物质分布，绘制了比地球上更好的地形学分布。发现了火星全球强磁场的证据，火星磁场可能源于内部核心部分熔融状态和曾经更多地质活动的时代。

火星全球勘探者号的图像、扫描数据和矿物发现为 2004 年火星车勇气号和机遇号最有潜力的着陆地点的选择提供了重要参考，并且帮助指导 2003 年欧洲空间局火星快车轨道器和 2006 年美国宇航局火星勘测者号轨道器下一代相机和光谱仪的选择。火星全球勘探者号在 2006 年末与地球失去联系，但后续的轨道器和火星车仍然得益于它的重要发现。■

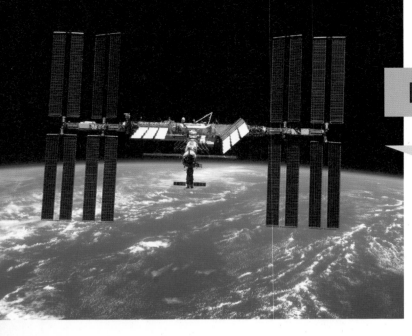

国际空间站

国际空间站轨道位于地球表面上空 305 公里的高度。共建研究前哨的组装开始于 1998 年，这张 2009 年发现号航天飞机宇航员拍摄的照片展现了空间站的太阳能板、桁架和压力舱。

 液体燃料火箭（1926 年），航天飞机（1981 年）

1998 年

20 世纪初的火箭先驱者康斯坦丁·奇奥尔科夫斯基和罗伯特·戈达德是最早提出轨道站和太空居住技术细节的代表人物。但是几乎一个世纪以来，人类在地球轨道上建立前哨的思想只能在科幻书籍、杂志、电视节目和电影中实现。20 世纪 70 年代，苏联发射了九个礼炮号长期空间研究舱的第一个，随后于 20 世纪 80 年代在空间组装了第一个长期多宇航员的前哨空间站。

美国宇航局在 20 世纪 80 年代发射自由号空间站的计划，由于花费和技术延误始终没有付诸实施。1991 年苏联解体，米尔空间站的技术问题，美国宇航局、俄罗斯和其他空间技术发展国家高昂的发射和运行成本迫使它们于 1993 年开始合作设计一个联合的国际空间站。

新一代国际空间站的第一批组件是俄罗斯电源、推进器和曙光号功能货舱，它们于 1998 年 11 月利用俄罗斯质子号火箭发射进入地球低轨道（地面以上 370 公里处）。第二批组件包括美国接口、气锁和团结号研究舱，利用奋进号航天飞机于几周后发射并与曙光号货舱对接。之后通过航天飞机、质子号火箭和进步号火箭在 13 年中的 15 次发射增加了额外的太阳能板、生活单元、实验室、气锁和接口。2011 年完成组装的新一代国际空间站的面积与橄榄球场的面积相当，总质量超过 420 吨，成为迄今为止最大型的人造卫星。美国、俄罗斯、欧洲、日本和加拿大空间机构参与合作。

国际空间站以其独特的微重力轨道环境成为国际研究实验室，可以开展与空间有关的医学、工程和天体物理学研究。同时它也作为永久的空间载人前哨而存在，通过它，我们可以了解在太空中如何生活和工作，以及为超越地球低轨道进入深空开展探索旅程而做好准备。■

暗能量

阿尔伯特·爱因斯坦（Albert Einstein, 1879—1955）
埃德温·哈勃（Edwin Hubble, 1889—1953）

2002 年哈勃空间望远镜拍摄的星系团阿贝尔 1689，是正常物质（星系）、暗物质（基于天文学家通过引力透镜发现的蓝色部分）和假设的暗能量聚集在一起的代表。

大爆炸（约公元前 138 亿年），再复合时代（约公元前 138 亿年），爱因斯坦奇迹年（1905 年），哈勃定律（1929 年），暗物质（1933 年），旋涡星系（1959 年），引力透镜（1979 年），星系长城（1989 年），哈勃空间望远镜（1990 年），描绘宇宙微波背景（1992 年）

1998 年

　　物理学家阿尔伯特·爱因斯坦 20 世纪初发展他的广义相对论理论以解释引力场中空间、时间和物质之间的关系，当时的天文学家相信宇宙处在静止不变的状态下。从理论上说，爱因斯坦必须创造一种看不见的力，他称之为宇宙常数，用以抵消引力产生的吸引力使宇宙仍然保持静态。**哈勃**在 1929 年发现空间实际上正在膨胀，爱因斯坦认为他的宇宙常数根本是不需要的。一切看起来都非常相符。

　　但是随后几十年中，天文学家对**旋涡星系**和星系团运动的细致研究产生了令人惊讶的发现，宇宙中遍布一种看不见但是具有引力作用的物质，我们不能直接观测到它们，这就是**暗物质**。更令人惊讶的是，1998 年天文学家发现宇宙随着时间在加速膨胀。这就是说，离我们较近的星系，我们所观测到的是相对"现代"的时刻，相比遥远的星系，它们以更快的速度彼此远离，这些遥远的星系代表我们所观测到的宇宙早期历史。一种可能的解释是，存在某种看不见的能量或压力弥漫于真空中起到与引力相反的作用，帮助**大爆炸**以来的空间膨胀加速进行。宇宙学家将这一假设的力称为暗能量。也许爱因斯坦的宇宙常数是对的。

　　暗能量的真正本质（或存在）不可能通过传统望远镜观测直接研究。作为暗能量，它只能通过与它相关的正常物质的引力效果间接地研究。如果暗能量被证明是真实存在的，这将极大促进我们对宇宙的理解：暗能量和暗物质，我们现在无法测量或表达的两种物质，占到宇宙总能量的 96%，而正常物质——星系、恒星、行星、我们——只占宇宙的 4%！ ■

捷克布拉克广场上的天文钟。类似这样的天文钟追踪小时和分钟以及太阳、月亮的运动，现在这些功能已经被天文学研究中的精确数字时钟和国际授时系统替代。

 埃及天文学（约公元前 2500 年），地球是圆的！（约公元前 500 年），最早的计算机（约公元前 100 年），儒略历（公元前 45 年），阿里亚哈塔（约 500 年），古阿拉伯天文学（825 年），格里高利历（1582 年），潮汐的起源（1686 年），傅科摆（1851 年）

1999 年

　　我们的地球围绕它的自转轴每天旋转一圈。古埃及、古阿拉伯和古印度天文学家都精确确定了一天的长度，在天文学历史上的大部分时间里，人们都知道地球相对遥远的恒星自转一圈的时间是 23 小时 56 分钟。事实上在地球围绕太阳公转一圈的时间里，以这样的速度自转大约 365 又四分之一圈，导致**儒略历**有各种富有创意的方式增加闰年。1582 年的**格里高利**改革期间发展了最终的现代闰年方式。

　　在数字计算机、全球定位系统卫星和行星际空间探测器的现代纪元，记录时间，包括更高的精度记录地球的自转速度成为更加重要的工作。20 世纪 50—60 年代开始使用的原子钟，利用铯元素基态原子能级跃迁的频率，精确计算时间的流逝。基于这类原子钟发展出一种国际协商一致的授时系统成为协调世界时（UTC）。利用现代技术，对一天的长度的测量几乎可以达到百亿分之一的精度。

　　但是对于天文学家和授时专家来说，问题是地球的自转速度不是常数。与月亮和太阳之间的潮汐摩擦正在每年轻微地令地球自转减慢，同时地球表面和内部非常细微的质量分布的改变也会对地球自转速度产生微小的影响。因此，从 1972 年开始，为了保持协调世界时精确地反映的时间流逝与太阳在天空中的运动协调一致，发起了一个名为国际地球自转与参考系服务的组织，用于时常对协调世界时增加闰秒。

　　从 1972 年到 1998 年，为保持协调世界时与地球减缓的自转同步，先后增加了 22 次闰秒。但在 1999 年，地球自转轻微地加速，到目前为止仅增加了 3 次闰秒。是什么导致了 1999 年地球的一天缩短了 1 毫秒，这仍然是一个谜。地质学家和授时专家还在继续试图理解这一切。■

杜林危险指数

行星科学家和艺术家威廉·哈特曼描绘的一颗黑色的充满环形山的近地小行星，或许就像毁神星，正在接近地球。

主小行星带（约公元前 45 亿年），杀死恐龙的撞击（公元前 6500 万年），亚利桑那撞击（约公元前 5 万年），谷神星（1801 年），灶神星（1807 年），通古斯大爆炸（1908 年），小行星可以有卫星（1992 年），舒梅克 - 列维 9 号彗星撞击木星（1994 年），小行星梅西尔德（1997 年），毁神星擦肩而过（2029 年）

有证据表明，地球上除了大约几百个现存的陨石坑以外，其他所有冲击坑都被地球动态的地质和水文活动抹去了。我们只能通过古老的、遍布撞击伤疤的邻居——月球——来了解地球历史上遭受的大量小行星和彗星的撞击。这些高速撞击事件释放出巨大的能量，地质证据和化石记录表明，它们不时地剧烈改变地球的气候和生物圈。

在地球的历史上，撞击率随着时间指数减少。但是，例如考虑到 1908 年一颗小行星或彗星在西伯利亚上空的爆炸（通古斯事件）和每年军方和民用行星监测卫星观测到的大气层中巨大的火球爆炸，现代的撞击率并不是零。

公众和政治兴趣所点燃的对理解宇宙撞击的风险，小行星和彗星的发现率，尤其是最近流行的近地天体（NEOs）在近几十年间与日俱增。精密的望远镜巡天辨别出超过 50 万颗**主带小行星**和将近 1 000 颗近地天体。对地球上的生命存在潜在威胁的几百颗近地天体有一个特别的术语名称：PHAs，即具有潜在危险小行星。

具有潜在危险的小行星的发现率持续增加，现在清楚的是，不存在系统的或简单的方式理解和交流 PHA 撞击的危险。事实上，还有大量没有发现的危机存在。因此，1999 年一群行星天文学家发展了一个名为杜林危险指数的指标用于量化潜在的危险。新发现的潜在危险小行星的杜林危险指数介于 0（没有撞击的风险）到 10（确定撞击并将引发灾难性后果）之间。

大部分潜在危险小行星的杜林危险指数为 0。大约有十几颗小行星的危险指数不为 0，随着进一步观测确认，这些数值也可能下降为 0。迄今为止，最大的杜林危险指数是 99942 号小行星毁神星，一开始它的杜林危险指数为 4，即存在 1% 或更大的撞击概率，它将在 2029 年 4 月 13 日非常靠近地球。毁神星的风险目前已经下降为 0，但天文学家还在密切监测它的一举一动。■

1999 年

上图：距我们 16 万光年远的大麦哲伦云的恒星爆发后留下的超新星遗迹 0509-67.5，由哈勃空间望远镜（粉色）和钱德拉 X 射线天文观测站（绿色和蓝色）拍摄的照片的合成。

下图：艺术家笔下的钱德拉 X 射线天文台。

观测白昼星（1054 年），第谷新星（1572 年），白矮星（1862 年），暗物质（1933 年），黑洞（1965 年），脉冲星（1967 年），哈勃空间望远镜（1990 年），伽马射线天文学（1991 年），斯皮策空间望远镜（2003 年）

1999 年

1895 年德国物理学家维尔海姆·伦琴通过高压阴极射线管实验发现了一种神秘的辐射形式。他将这种未知的辐射形式称为 X 射线。到了 20 世纪，物理学家们知道了，在实验室中电子加速到高速状态或是在高能天体物理事件如超新星爆发中会产生 X 射线。尽管如此，X 射线源的天文学研究受到诸多限制，比如地球大气吸收了来自宇宙事件的大部分 X 射线。研究 X 射线需要在太空中建立观测平台。

1978 年，美国宇航局发射了爱因斯坦 X 射线成像卫星，成为第一个高能宇宙 X 射线源空间天文台。爱因斯坦 X 射线成像卫星进行了近三年的巡天，研究了超新星爆发的细节，并且识别了新的 X 射线源。爱因斯坦天文观测站的成功推动天文学家提出更敏感、更高分辨率的 X 射线空间望远镜任务作为美国宇航局大型轨道天文台项目的组成部分。这个项目设计了 4 台空间望远镜，使天文学家可以观测到地面望远镜无法观测的目标。

经过 20 多年的努力发展后，美国宇航局于 1999 年发射了高级 X 射线天体物理空间望远镜设备，为纪念印度裔美国天体物理学家苏布拉马尼扬·钱德拉，塞卡望远镜改名为钱德拉天文观测站。预计仅仅持续 5 年的钱德拉天文观测站，已经服役了超过 12 年，获得了超新星、脉冲星、伽马射线暴、超大质量黑洞、褐矮星和暗物质的数据。

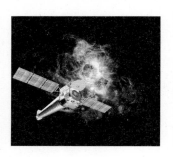

与钱德拉天文观测站同属于美国宇航局大型轨道天文观测站项目的**哈勃空间望远镜**、康普顿伽马射线天文观测站和**斯皮策空间望远镜**一样，钱德拉天文观测站彻底改变了天文学和天体物理学的这一研究方向，打开了利用轨道望远镜研究极端的高能宇宙环境的一扇窗，否则这项研究将无从谈起。■

木卫三上的海洋？

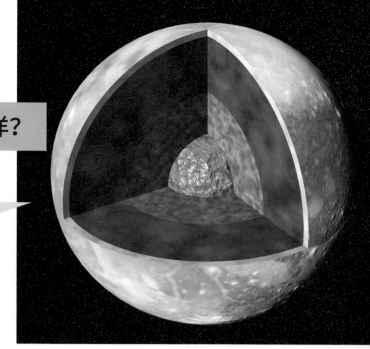

艺术家描绘的木星最大的卫星木卫三的内部截面概念图，显示了假想的地下液态海洋位于月球尺寸的岩石和金属核心上方。基于美国宇航局伽利略号木星轨道任务的重力和磁场数据假设了海洋的存在。

 木卫一（1610 年），木卫二（1610 年），木卫三（1610 年），木卫四（1610 年），放射性（1896 年），木星磁场（1955 年），木星光环（1979 年），木卫二上的海洋？（1979 年），伽利略号环绕木星（1995 年）

1995—2003 年，美国宇航局伽利略号木星轨道器对木星大气、磁场、卫星和光环进行了全景式的空间研究。飞船的轨道被设计为近距离的飞越伽利略卫星**木卫一、木卫二、木卫三和木卫四**，从而靠近研究它们的表面特征，同时还利用它们对伽利略号轨道器的轨迹的轻微影响测量了它们的质量和引力场。

在任务期间，伽利略号与太阳系最大的卫星木卫三进行了六次密近飞越。重力数据表明木卫三的内部是分化的，分离为致密的岩石和铁的核心、低密度的地幔和一个外层的冰壳。但是飞越带来的最大惊喜，是发现木卫三有自身的磁场，木卫三的磁场嵌入了木星的强大磁层中。木卫三是太阳系中唯一具有自身磁场的卫星。

木卫三的磁场被认为与地球磁场产生于同样的机制：自转部分熔融状态的导电铁核。卫星内部的放射性元素衰变，以及一些与木卫一、木卫二之间的引力相互作用产生的潮汐加热，提供了核心熔融的热量。通过研究木卫三的磁场，科学家可以确定卫星的地幔也是导电体。最简单的解释是，地幔的成分是类似冰的物质并且具有更强的热源，木卫三有着深层的含盐液态水，即地下海洋，在冰壳以下大约 200 公里处。对木卫四的类似观测也揭示了地下液态海洋存在的证据，虽然较浅，但与木卫三有着一样的特征。这些海洋，还包括木卫二的地下海洋，可以孕育生命吗？

伽利略号的结果没有直接证明木卫三和木卫四存在海洋，与**木卫二上海洋**的证据一样，还需要未来的轨道器或着陆器用雷达和钻探提供进一步的证据才能确认。■

2000 年

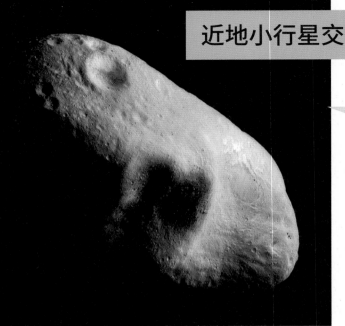

近地小行星交会任务在爱神星

近地小行星交会任务飞船（下图）在 201 公里远处拍摄的近地小行星 433 号爱神星的照片。小行星大约长 34 公里，呈现出遭受过碰撞、地质活动和侵蚀的表面特征。

 主小行星带（约公元前 45 亿年），晚期重轰炸（约公元前 41 亿年），亚利桑那撞击（约公元前 5 万年），谷神星（1801 年），智神星（1807 年），木星的特洛伊小行星（1906 年），小行星梅西尔德（1997 年），杜林危险指数（1999 年），隼鸟号在系川小行星（2005 年），罗塞塔号飞越司琴星（2010 年）

在第一次知道小行星的存在即发现谷神星 200 年以来，观测发现了超过 50 万颗太阳系的小行星。许多小行星的轨道位于火星和木星之间的**主小行星带**内，许多位于木星轨道上之前或之后的**特洛伊小行星**群，还有些小行星的轨道接近或穿过我们的地球附近。最后一种类型的小行星成员成为近地小行星（NEAs），目前已经发现了大约 9 000 颗近地小行星，其中 10% 的直径在 1 公里以上。

第一颗发现的近地小行星是 433 号爱神星，由德国天文学家古斯塔夫·威特和法国天文学家奥古斯特·沙卢瓦发现于 1898 年。爱神星时常靠近地球，几乎可以用视差法直接确定其天文单位的长度。爱神星是已知最大的近地小行星之一，目前它没有撞击地球的危险，未来的轨道扰动可能会使它变得具有威胁性。

为了更好地了解爱神星和近地小行星的概况，美国宇航局在 1996 年发射了被称为近地小行星交会的自动化任务，飞越并围绕爱神星一年时间利用 CCD 成像和光谱学近距离研究爱神星。在飞越 253 号小行星梅西尔德之后，飞船于 2000 年前往爱神星并更名为近地小行星交会舒梅克号，以纪念行星地质学家和小行星彗星捕手尤根·舒梅克。

爱神星是较大的近地小行星，尺寸大约与曼哈顿岛相当，有着岩石的密度即 2.7 克／立方厘米。它古老的表面遍布陨石坑，它的颜色和光谱表明，它由与典型的球墨陨石、地球和其他行星相同的材料组成。

在为期一年的测绘任务的尾声，近地小行星交会舒梅克号被引导着轻柔地着陆在爱神星低重力的表面，在那里，它作为人类 21 世纪初行星探索的纪念碑进入休眠。■

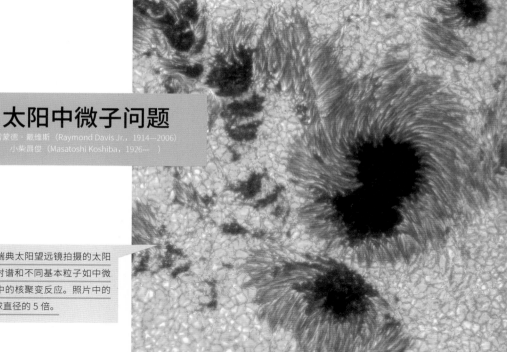

太阳中微子问题

雷蒙德·戴维斯（Raymond Davis Jr.，1914—2006）
小柴昌俊（Masatoshi Koshiba，1926~　）

智利帕尔马的瑞典太阳望远镜拍摄的太阳黑子。电磁辐射谱和不同基本粒子如中微子产生于太阳中的核聚变反应。照片中的场景相当于地球直径的5倍。

观测白昼星（1054年），中子星（1933年），核聚变（1939年），中微子天文学（1956年）

2001年

　　20世纪物理学的所谓标准模型通过基本粒子和力提供了将物质和能量联系起来的理论。标准模型的基本粒子包括电子（基本的带电粒子）和光子（基本的光粒子）。1933年发现中子预言了中微子的存在，并在1956年发现中微子。中微子被假设为像光子一样以光速运动时没有质量，在不同的过程和环境下产生的中微子分为三种"味"（电子中微子、μ中微子、τ中微子）。中微子天文学成为研究难以接触的高能过程比如太阳内部的有效方式。

　　为了探测太阳或高能宇宙事件例如超新星爆发期间产生的难以捕捉的中微子，大型中微子探测器于20世纪60年代投入使用。标准模型预言太阳内部氢聚变为氦应该产生电子中微子，这些中微子应该被探测器探测到。事实上，探测器找到了预言中的太阳中微子，但是只探测到预计数量的三分之一。粒子物理学家称太阳的中微子问题为"丢失的中微子"。

　　寻找太阳中微子问题的答案对物理学家来说非常紧迫，因为如果不能解决这一问题，那么标准模型可能是错误的。理论学家开始考虑中微子是否会改变味，或者在不同类型之间震荡。于20世纪90年代开始建造的新一代更高分辨率的探测器试验提高了测量的精度。中微子的质量非常小，运动速度只比光速小一点。最重要的是，实验显示，中微子可以在电子中微子、μ中微子、τ中微子之间震荡，太阳内部产生的大约三分之二的电子中微子最终转变成其他味。

　　因为成功解决太阳中微子问题，雷蒙德·戴维斯和小柴昌俊获得了2002年诺贝尔物理学奖。更重要的是，这一发现对标准模型做出了决定性的修改，令科学家们考虑到中微子和其他粒子的震荡。■

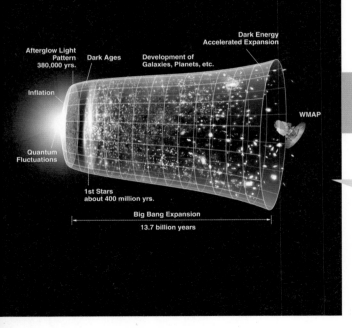

宇宙年龄

戴维·威尔金森（David T. Wilkinson，1935—2002）

来自 WMAP 数据的标准宇宙学模型的示意图回溯了 138 亿年的历史。在急剧暴涨的时刻之后，继而是平缓的宇宙膨胀最近开始加速，这可能是由暗能量的效果引起的。

 大爆炸（约公元前 138 亿年），再复合时代（约公元前 138 亿年），第一代恒星（约公元前 135 亿年），哈勃定律（1929年），宇宙微波背景（1964 年），哈勃空间望远镜（1990 年），绘制宇宙微波背景（1992 年），暗能量（1998 年），宇宙将如何终结？（时间的终点）

2001年

　　哈勃空间望远镜本质上是建造了一个时间机器。通过更深地凝视宇宙空间，哈勃空间望远镜窥见遥远的过去，探测恒星和星系几十亿年前的发出的光。利用标准烛光，例如遥远星系中的造父变星或是特定类型的超新星爆发，天文学家可以用哈勃空间望远镜改进哈勃定律，并确定宇宙膨胀的速率。在观测进行了 10 年之后的 2001 年，科学家宣布，通过调校宇宙膨胀速率的回溯时钟，他们推断出**大爆炸**发生在大约 138 亿年以前。

　　差不多同时，一个被设计用来测量来自宇宙早期初始膨胀**宇宙微波背景**辐射细节的新卫星发射升空。为纪念美国宇宙学家戴维·威尔金森，新卫星命名为威尔金森微波各向异性探测器（WMAP）。卫星拍摄了 3K 背景辐射变化（各向异性）的高分辨率图像，这些辐射是宇宙在大爆炸之后最初 10 万年膨胀的遗迹，这一时期位于所谓黑暗时代之初和第一颗恒星诞生之前。令人惊讶的是，独立于哈勃空间望远镜和其他方法，WMAP 数据得出的宇宙年龄估计是 138 亿年。

　　结合哈勃空间望远镜、WMAP 和其他研究的数据，宇宙学家今天宣称大爆炸发生在 137.5±1.1 亿年前——绝佳的精度！基于大爆炸的标准宇宙学模型在大爆炸中产生了氢、氦和一些其他轻元素，以及最终在恒星和超新星爆发中产生了形成生命基石的较重的元素。爆发、急剧暴涨、去电离、再电离、缓慢膨胀和加速膨胀，这些是宇宙学家理解的宇宙关键里程碑。

　　了解大爆炸发生的时间又产生了更多的问题。为什么会发生大爆炸？在时间和空间产生"之前"有什么？时间和空间将如何终结？这些深刻的问题扩展了现代科学的研究边界。■

创世纪号捕捉太阳风

2002 年 1 月,SOHO 卫星拍摄的来自太阳的巨大日冕物质抛射。几十亿吨的物质从太阳抛射出来,产生的太阳风与其吹拂过的行星相互作用。创世纪号飞船(下图)收集了这些太阳风的样品。

 太阳的诞生(约公元前 46 亿年),拉格朗日点(1772 年),爱丁顿质光关系(1924 年),核聚变(1939 年)

太阳,像所有的恒星一样,在巨大质量向中心收缩的引力和内部核聚变反应强大的向外压力之间的动态平衡下运转。逃离太阳的辐射给行星提供了光和热,但是高能粒子也脱离了太阳光球(等效于它的表面)和色球(大气),高速向行星际空间喷涌。这种粒子流就是太阳风。

1995 年,欧洲空间局(ESA)和美国宇航局合作发射了太阳和日球天文台卫星(SOHO)。SOHO 旨在利用高分辨率紫外图像和光谱研究包括太阳风在内的太阳动力学环境。SOHO 持续提供独特的太阳延时图像。

太阳天文学家通过 SOHO 和其他大量研究产生的关于太阳风的发现,激发了利用空间任务试图收集这些太阳的遥远碎片的兴趣。行星科学家也对太阳的化学组成有强烈的兴趣,因为太阳代表了太阳系 99.9% 的质量并且具有行星形成时的化学组成。这一兴趣最终催生了美国宇航局的  空间任务创世纪号,这一任务被设计为收集太阳风的样品后返回。任务于 2001 年发射进入地球引力拉格朗日点之一的环绕轨道,在那里特殊设计的采样返回罐捕捉太阳风直到 2004 年初。

尽管由于返回降落伞的故障,采样返回罐在 2004 年坠毁于犹他州沙漠,但是创世纪号样品中有不少得以完好保存,地质化学家和太阳天文学家已经对这些样品进行了充分的研究。一共收集和分析了来自三种太阳风的粒子(快速、慢速和日冕物质抛射),其结果为太阳的化学组成提供了重要的新数据,帮助我们完善了我们对太阳和其他恒星内部过程的理解。■

2001 年

斯皮策空间望远镜

美国宇航局斯皮策空间望远镜（下图为其艺术概念图）拍摄的猎户座大星云恒星形成区伪彩色红外合成照片，叠加 2 微米全天巡天的恒星邻域背景照片。

恒星颜色即恒星温度（1893 年），星周盘（1984 年），哈勃空间望远镜（1990 年），伽马射线天文学（1991年），围绕其他太阳的行星（1995 年），钱德拉 X 射线天文台（1999 年）

2003 年

星系、恒星、行星、卫星、小行星、彗星以及宇宙尘埃颗粒，所有这一切都在发出红外热辐射。辐射的能量依赖于它们的温度、化学组成和环境。最近几十年间，天文学家运用灵敏的新型红外探测器研究这些天体的热辐射。1983 年，红外天文卫星（IRAS）的发射是一次较大的进步。IRAS 进行了第一次全天宇宙天体发射的红外辐射巡天，其后的红外空间天文台（ISO）的发射跟随 IRAS 用更高分辨率的图像和光谱进行观测直到 1998 年初。IRAS 和 ISO 对星周盘、行星形成过程、恒星形成和星系演化做出了重要发现。

受到这些发现的激发，美国宇航局提出它的第四个也是最后一个大天文台卫星任务称为大观测台计划作为 IRAS 和 ISO 的后续观测任务，之后为了纪念美国天文学家和长期空间望远镜先驱莱曼·斯皮策，这个任务更名为斯皮策空间望远镜。斯皮策空间望远镜发射于 2003 年，驻留在足够靠近地球的日心轨道上以便于频繁、高带宽地与地面通信，同时又与地球足够远以避免地球热辐射特征的干扰。

斯皮策用液氦将设备制冷到 4K 以下，使探测器可以对极暗的宇宙热源超级灵敏。天文学家利用这种探测能力穿透光学厚的尘埃以研究恒星形成区，如猎户座大星云。对**类星体**、星系、原行星盘、炙热的年轻恒星、**太阳系外行星**和我们的太阳系也做出了重大发现。望远镜的液氦在 2009 年耗光，但是斯皮策望远镜继续以较低的灵敏度运转，仍然对许多红外源进行了独特的测量。我们期待它还可以运转更长时间。■

勇气号与机遇号在火星

美国宇航局机遇号火星车在耐久环形山内拍摄的计算机合成照片。这些岩石包含曾经有过水流的证据，包括毫米级大小的富铁小球凝固物（下图）。

 火星（约公元前 45 亿年），《火星和它的运河》（1906 年），第一代火星轨道器（1971 年），维京号在火星（1976 年），第一辆火星车（1997 年），火星全球勘探者号（1997 年），火星上的生命？（1996年），火星科学实验室好奇号火星车（2012年），宇航员登上火星（约 2035—2050 年）

2004 年

三十年以来，科学家用轨道器和着陆器研究火星获得成功，其中包括利用水手号和维京号描绘了火星过去气候主要变化的图景。如我们所了解的那样，今天火星的表面极冷、极为干燥，并且不适宜生命生存。但是远古的火星，以这些探测器所揭示的情况来看，曾经更温暖、更湿润，有可能是一个接近地球的地方。如果是这样的话，火星形成后的最初十亿年可能是一个适宜生命生存的环境，在那里就如同在我们的地球上一样，生命曾经兴旺繁盛。

尽管如此，行星科学家并不想仅仅停留在早期火星可能宜居的照片证据，而是进一步做出定量的地质学、地质化学和矿物学测量，这些测量可以提供决定性证据。1997 年，火星探路者号的经验证明了在利用自动化机械远程地质学研究中移动性的价值。这使人们着手研发能在更大范围活动的火星车任务。由于 1999 年两次火星任务的失败，美国宇航局决定降低计划的风险，用两个火星车取代一个火星车的计划，2003 年它们被命名为勇气号和机遇号。

两辆火星车于 2004 年初安全着陆，之后开始了它们各自的冒险之旅：勇气号在一个名为古谢夫的古老陨石坑中，那里可能曾经有过一个湖泊；机遇号在撞击区域子午线平原，那里是火星全球勘探者号发现水形成矿物质的地方。在勇气号围绕古谢夫漫游几年之后，任务科

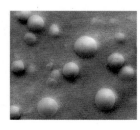

学家在一个古老的水热系统中发现了含水的矿物质，这一发现提供了古谢夫曾经宜居的决定性证据。在子午线平原，机遇号立刻就发现了其他含水的矿物质和地质学线索，同样提供了过去宜居的结论性证据。2010 年初勇气号传回了最后的数据，2012 年中机遇号还在继续工作以做出新的发现。■

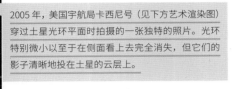

2005 年，美国宇航局卡西尼号（见下方艺术渲染图）穿过土星光环平面时拍摄的一张独特的照片。光环特别微小以至于在侧面看上去完全消失，但它们的影子清晰地投在土星的云层上。

土星（约公元前 45 亿年），土卫六（1655 年），土星有光环（1659 年），土卫八（1671 年），土卫五（1672 年），土卫三（1684 年），土卫四（1684 年），土卫二（1789 年），土卫一（1789 年），土卫九（1899 年），先驱者 11 号在土星（1979 年），旅行者号交会土星（1980 年，1981 年），惠更斯号登陆土卫六（2005 年）

2004 年

几个世纪以来的望远镜观测，以及成功飞越土星的先驱者 11 号、旅行者 1 号和 2 号，让人们知道土星是一个既美丽又富有科学意义的地方，与其他大行星相比，那里有重要的相似性和差别。沿着飞越、环绕、着陆、漫游和样品返回这一系列的长期行星探索策略，美国宇航局 20 世纪 80 年代开始计划实施土星轨道器任务。宇航局最终在 90 年代获得了国会的批准和资助，1997 年发射了美国与欧洲联合飞船。为纪念意大利裔法国数学家、天文学家乔凡尼·卡西尼对土星进行了最早的科学观测并发现了光环和卫星，飞船被命名为卡西尼号。

在金星、地球和木星的引力推进之后，2004 年卡西尼号最终进入环绕土星的轨道。轨道器发回了无与伦比的图像（可见光，红外和雷达）和前所未有的**光谱**测量，任务科学家已经做出了许多重要发现。其中最激动人心发现是土星的 7 颗新卫星，包括几颗在土星数千条光环内产生奇怪三维结构的卫星；发现小卫星**土卫二**地下活动间歇泉喷出水蒸气和有机分子；第一次近距离拍摄**土卫九**，它可能是被土星捕获的半人马小行星；细致的红外和雷达图像绘制了浓雾笼罩的**土卫六**，显示土卫六表面下有液态甲烷、乙烷和丙烷湖；以及土星大气和磁场最细致的化学组成和动力学研究。

卡西尼号也携带了成功运行的探测器设备名为惠更斯号，它于 2005 年在土卫六表面着陆，成为第一个成功探测太阳系外区天体表面的科学任务。我们期待卡西尼号轨道器继续研究土星系统中更多的细节，至少持续到 2017 年。■

星尘号交会怀尔德 2 号彗星

弗雷德·惠普 (Fred Whipple, 1906—2004)

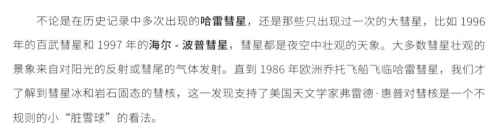

2004 年 1 月 2 日，美国宇航局星尘号飞船（见艺术家渲染的下图）拍摄的怀尔德 2 号彗星的核心。彗星的冰核心大约长 4 公里，覆盖着神秘的环状特征，这些特征可能是撞击形成的环形山或是彗星内部冰喷流的深井。

 冥王星和柯伊伯带（约公元前 45 亿年），哈雷彗星（1682 年），恩克彗星（1795 年），米切尔小姐彗星（1847 年），奥尔特云（1932 年），默奇森河陨石中的有机分子（1970 年），柯伊伯带天体（1992 年），海尔 - 波普大彗星（1997 年），深度撞击：坦普尔 1 号彗星（2005 年）

不论是在历史记录中多次出现的**哈雷彗星**，还是那些只出现过一次的大彗星，比如 1996 年的百武彗星和 1997 年的**海尔 - 波普彗星**，彗星都是夜空中壮观的天象。大多数彗星壮观的景象来自对阳光的反射或彗尾的气体发射。直到 1986 年欧洲乔托飞船飞临哈雷彗星，我们才了解到彗星冰和岩石固态的彗核，这一发现支持了美国天文学家弗雷德·惠普对彗核是一个不规则的小"脏雪球"的看法。

彗星轨道和起源的多样性（一些来自柯伊伯带，另外一些来自奥尔特云，还有一些轨道与行星相互作用发生撞击，比如舒梅克 - 列维 9 号彗星）使行星科学家产生了利用更多的自动化探测器近距离研究的愿望，1999 年美国宇航局星尘号任务发射，它不仅近距离飞越怀尔德 2 号彗星的彗核，还从彗尾收集微量的尘埃和气体样本放入特殊的容器后返回地球。

星尘号获得巨大成功。2004 年 1 月，当它飞越彗星时拍摄的图像显示了一个小而蓬松（密度小于 0.6 克 / 立方厘米）的球状冰核向外喷发气体和尘埃的喷流，并且覆盖着谜一样的坑和山脊。2006 年，样本罐安全着陆到地球，打开时发现包含了数以百万计，尺寸从微米到毫米

的彗星尘埃颗粒，以及单独收集存放的星际尘埃颗粒。彗星尘埃的分析不仅揭示了期待中的水冰和硅酸盐矿物质，也发现了不同的有机分子，其中一些有机分子和之前在**默奇森河陨石**中发现的类似，另一些有着更复杂的碳氢链。看起来，彗星是生命化学组成的潜在贡献者。■

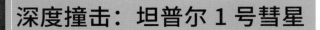

深度撞击：坦普尔 1 号彗星

深度撞击探测器以 10 公里 / 秒的速度撞入坦普尔 1 号彗星后，耀眼的激波持续从彗核中爆发出来，爆发时间长达 67 秒。撞击掀起了彗星表面以下的冰和含硅的尘埃。

冥王星和柯伊伯带（约公元前 45 亿年），哈雷彗星（1682 年），奥尔特云（1932 年），默奇森河陨石的有机分子（1970 年），柯伊伯带天体（1992 年），海尔 - 波普大彗星（1997 年），星尘号交会怀尔德 2 号彗星（2004 年）

2005 年

1986 年乔托号飞越**哈雷彗星**和 2004 年**星尘号飞越怀尔德 2 号**彗星的任务发现，彗核是小型的冰体。它们也是非常暗的物体，只反射照到它们的阳光的 3%~5%，这个亮度类似木炭。如此漆黑的冰体看上去很奇怪，其原因是冰在太阳照射的加热下挥发，身后留下使彗核表面变暗的岩石和有机分子。撞击或潮汐力会破坏这些表面的遗留，使新鲜的冰从断裂处逃脱出来。

如果这个彗星表面的模型是正确的，如同任务科学家 1999 年在给美国宇航局的申请书中详细论述的那样，那么应该有可能设计一个足够强大的撞击任务在彗星表面挖一个洞，暴露出内部新鲜的冰质供研究。美国宇航局接受了这个粗犷的想法，深度撞击任务携带 370 公斤的铜质抛射体探测器，于 2005 年初发射前往坦普尔 1 号彗星。

深度撞击号靠近坦普尔 1 号彗星后，拍摄的彗核图像显示它的确是一个黑暗的不规则物体，尺寸大约 8×5 公里，表面地形很奇怪。2005 年 7 月 4 日，探测器释放了撞击体，碰撞的结果产生耀眼的宇宙烟花。撞击体钻入彗星的彗核表面进入内部，释放了大量的冰和尘埃（包括黏土、碳酸盐和硅酸盐）。来自深度撞击号的图像显示了一次独特的闪光和巨大的抛射云。飞越数据之后的分析显示，坦普尔 1 号彗星密度较低（0.6 克 / 立方厘米），表明它的内部是一个多孔的冰环境。

2006 年，美国宇航局星尘号飞船完成了从怀尔德 2 号彗星携带样本返回的任务。2011 年 2 月，它又飞越了坦普尔 1 号彗星。星尘号成功地拍摄了 6 年之前深度撞击任务产生的 150 米深的环形山图像。■

惠更斯号登陆土卫六

上图：探测器在 10 公里高处观测到土卫六表面的投影。

下图：艺术家创作的惠更斯号探测器在土卫六表面着陆，探测器周围遍布 10~20 厘米的"石块"，它们实际上是液体流和湖周围的水冰和碳氢化合物冰。

 土卫六（1655 年），默奇森河陨石上的有机分子（1970 年），旅行者号交会土星（1980 年，1981 年），卡西尼号探索土星（2004 年）

土星的卫星土卫六是太阳系第二大的卫星，比水星还要大，也是唯一有大气层的卫星。原本寄希望于 1980 年和 1981 年**旅行者号飞越土星**时可以揭示土卫六的地貌和活动，但是土卫六表面被浓厚的雾层覆盖，阻挡了旅行者号可见光波段的相机拍摄。**光谱数据**显示，土卫六的大气大部分由氮气组成，还含有少量的甲烷，表面压强比地球在海面上的压强高 50%，但是温度只有绝对零度以上 90 度。

我们对土卫六的大部分了解都来自旅行者号的数据和随后的望远镜观测，但是大量未知的情况促成了土卫六探测设备被加到**卡西尼土星轨道器**上。卡西尼号 1997 年发射时，携带了惠更斯号土卫六着陆器，它以丹麦天文学家、土卫六的发现者惠更斯命名。

2005 年 1 月 14 日，惠更斯号成功地完成了大气层内减速和降落伞辅助着陆，成为第一个在外层卫星表面着陆的探测器。在探测过程中，它拍摄到独特的河流状水渠系统、海岸线和暗色冲积平原的照片，这些可以用固态的甲烷、乙烷、丙烷湖泊加以解释。着陆器在土卫六表面正常工作了 90 分钟，拍摄了奇怪的外星地貌，测量了压强、温度和化学成分。

来自惠更斯号的土卫六表面图像与火星表面图像有某种程度上的相似，与地球表面也有些许相似，但它们有着本质不同。例如，图像中的"岩石"不是硅酸盐组成，而是水或碳氢化合物冰的团块（在很低的温度下，会表现为岩石的性质），虽然地貌与地球惊人地接近，但是土卫六上冲刷河道和海岸的是液态有机化合物，而不是液态水。■

2005 年

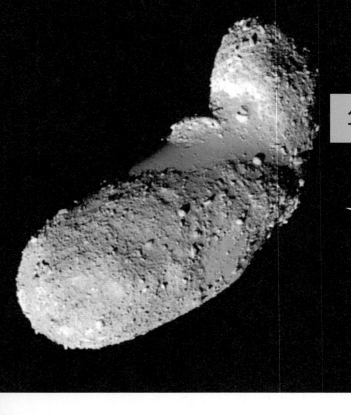

隼鸟号在系川小行星

2005 年 9 月，日本航空探索机构隼鸟号飞船拍摄的近地小行星系川。系川是一个微小的硅酸盐小行星，长 535 米，相当于纽约市 6 个街区的长度。

主小行星带（约公元前 45 亿年），月球自动采样返回（1970 年），杜林危险指数（1999 年），近地小行星交会任务在爱神星（2000 年）

2005 年

地球未来可能遭受小行星或彗星的撞击，这对整个人类都是一场威胁。因此，研究小天体，了解它们的轨道和属性需要适当的国际努力。在 20 世纪末和 21 世纪初，美国、欧洲和俄罗斯空间机构开展的对哈雷彗星、伯乐里彗星、怀尔德 2 号彗星和坦普尔 1 号彗星，以及小行星盖斯普拉、艾达、梅西尔德、爱神星和司琴星的研究，将极大帮助我们对公里尺寸天体的理解。但是直到日本的隼鸟号任务，我们才开始细致研究尺寸更小的小行星。

隼鸟号是日本航空探索机构的第一个小行星任务和第一次尝试从小行星自动采样收集返回。隼鸟号发射于 2003 年，在最新离子推进器发动机的推进下缓慢地进入新发现的系川小行星的轨道。

2005 年 9 月，飞船开始与系川小行星交会，小行星的引力太弱，不允许飞船环绕飞行。大圆砾石和奇怪的光滑区域覆盖在凹凸不平的小世界表面上。两个月以后，隼鸟号接近小行星，缓慢地下降，释放漫游器收集表面的土壤和岩石样本，然后返回地球。

但在实际操作中遇到很多问题。隼鸟号登陆小行星，但是漫游车释放失败了，飞船在确认收集了样本之前就脱离了小行星表面。之后重新恢复控制，但是再次采样已经来不及了。样本返回舱必须发射回地球，无论里面是否携带了样本。

样本舱利用降落伞于 2010 年 6 月安全降落在澳大利亚，几个星期的仔细解封和测试后，科学家找到大约 1 500 个系川小行星内部的微小尘埃颗粒，它们与之前的陨石样本的化学成分相一致。隼鸟号任务宣告成功。■

牧羊犬卫星

土星（约公元前 45 亿年），土星有光环（1659 年），先驱者 11 号在土星（1979 年），旅行者号交会土星（1980 年，1981 年），卡西尼号探索土星（2004 年）

2005 年

1659 年，克里斯蒂安·惠更斯辨认出了围绕土星的薄而平的光环。随后，1675 年乔凡尼·卡西尼发现了光环中的暗缝，并且意识到土星光环一定是一系列更窄的彼此分离的环组成的系统。随后通过望远镜进行的细致观测研究，特别是**先驱者 11 号、旅行者 1 号和 2 号、卡西尼号**空间探测器的研究已经揭示了土星周围数千条彼此分离的环，每条都由尺寸从尘埃到房子那么大的冰团组成。

天文学家已经在有关土星美丽光环系统的许多深刻问题上投入了大量心血。它们是年轻的还是古老的？它们如何形成？这几百万颗"小卫星"如何统一待在特定的轨道上？1990 年的发现给出了关于最后一个问题的重要线索。从 1981 年旅行者 2 号飞越期间拍摄的照片中发现了一个直径 30 公里的卫星在光环之间的缝隙中运动，这个暗缝被称为恩克缝。卫星的引力保持了恩克缝的清空，并且控制着或者说是引领着光环边缘的颗粒。它被形象地命名为潘（Pan，土卫十八），这是希腊神话中的牧羊犬之神。

2005 年，卡西尼任务团队发现了另一颗小牧羊犬卫星，这颗卫星嵌埋在 A 环中，这是土星光环系统中最外圈大而明亮的环。这颗卫星只有 8 公里宽，被命名为土卫三十五（达夫尼斯，Daphnis），这是希腊神话中的牧羊犬。当它通过 A 环的其他颗粒时，引力效应在环中产生三维波动和其他结构。两颗小卫星，土卫十六（普罗米修斯，Prometheus）和土卫十七（潘多拉，Pandora），也是牧羊犬卫星，位于土星薄的最外层 F 环。

人们还不清楚土星环如何形成以及它们是固有的老结构还是新形成的。卡西尼号探测器揭示了它们是美丽的、动态的和持续变化的自然实验室，可以用于研究太阳系中最小天体之间复杂的引力相互作用。■

Largest known Kuiper Belt objects

Dysnomia
Eris

Hydra
Charon
Nix
Pluto

Makemake

Namaka
Hi'iaka
Haumea

Sedna

Quaoar

冥王星的降级

已知几个最大的柯伊伯带天体与地球的尺寸相比的艺术渲染图。这些矮行星中大部份都有卫星，包括第一颗柯伊伯带天体冥王星（卫星的距离没有按比例画出）。

冥王星和柯伊伯带（约公元前 45 亿年），冥王星的发现（1930 年），奥尔特云（1932 年），冥卫一（1978 年），柯伊伯带天体（1992 年），揭开冥王星的面纱！（2015 年）

2006 年

　　1930 年冥王星被发现时，被宣布为太阳系的第九颗大行星，一部分原因是估计它的尺寸和地球相当。随后几十年的观测和**冥卫一**的发现，最终使人们意识到冥王星是一个渺小的世界，它的直径只有地球的 20%，质量不到地球的 1%。但是几十年的惯性思维和无数教科书都把冥王星描述为太阳系边缘处寒冷而孤独的前哨，这使冥王星保留了它作为大行星的地位。

　　20 世纪 90 年代，人们清楚地知道冥王星并不是太阳系的尽头。另外还有长周期彗星起源于**奥尔特云**，在海王星轨道之外已经发现了超过 1 000 个**柯伊伯带天体**，可能还有成百上千的天体未被发现。它们中的许多天体的尺寸都和冥王星相当，甚至有的比冥王星更大。

　　如果冥王星是一颗大行星，那么潜在的与其尺寸相当的天体的存在将急剧增加太阳系大行星的数目。这种可能性使天文学家错愕，最终迫使国际天文学联合会重新考虑了冥王星尺寸的世界的分类。2006 年，国际天文学联合会决定正式将冥王星降级，其他大柯伊伯带天体从大行星变为一个新的类型——矮行星——以区别于传统意义上的大行星。这些大行星对它们周围的环境有着更大的影响。

　　冥王星的降级遭到公众的强烈抗议，甚至许多天文学家和行星科学家仍然对新的正式分类标准感到困惑。任何天体如果足够大，以至于在自身的引力下成为球形，或是有内部活动可以分层为核、幔、壳层，就可以考虑其为大行星。那么按照这个标准，那些巨大的卫星，比如木卫三、土卫六、木卫二（与水星相当或比水星更大）为什么没有被分类为大行星？今天，关于我们的太阳系究竟有 8 颗大行星还是 40 颗甚至更多大行星的问题，依然在争论之中。■

宜居的超级地球？

艺术家想象的红矮星格利泽581周围的行星系统。这个系统包括至少三个超级地球，质量是地球质量的5~15倍不等，其中两个的轨道位于所谓的宜居带内。

地球（约公元前45亿年），木卫二（1610年），土卫六（1655年），土卫二（1789年），木卫二上的海洋？（1979年），第一批太阳系外行星（1992年），围绕其他太阳的行星（1995年），火星上的生命？（1996年），木卫三上的海洋？（2000年），惠更斯号登陆土卫六（2005年）

2007年

发现围绕其他恒星的行星，使人们对发现潜在的其他类似地球的世界充满了兴奋与期待。但是前景其实并不乐观，第一批太阳系外行星在奇异、高能的脉冲星超新星遗迹周围被发现，随后发现的围绕主序恒星的大部分行星都是"热木星"，即大质量的巨气态世界在很近的距离上围绕它们的恒星运动。最近，所谓超级地球行星已经被发现，但是大部分都离它们的恒星太近了。

2007年，在恒星格利泽581周围的至少6个行星中发现了2颗新型的太阳系外行星，它们是潜在的超级地球。最新发现的行星被命名为格利泽581c和格利泽581d，基于母星的视向速度变化发现它们的质量大约是地球质量的5~10倍。最重要的是，这两颗行星在格利泽581的宜居带内运动，这是到一颗恒星最适宜的距离，在这个距离上的类地球行星可以保持表面液态水的存在。在我们的太阳系里，宜居带的范围从金星延伸到火星。

当然，还不能保证格利泽581c和格利泽581d或其他迄今为止发现的宜居带内的行星真的是宜居的。宜居带的概念仅仅考虑了和我们一样的生命的形成和存续要求的液态水。如果这些世界沐浴在太阳耀斑的有害辐射中，被恒星或是其他行星相互作用的潮汐力加热到熔点，或是水体保存在冰里，它们都不是真正的宜居环境。另外，太阳系也有这样的例子，木卫二、土卫六和土卫二显示，如果存在的能量源帮助它们表面之下的液态水维持稳定，那么在传统的宜居带之外可能存在宜居的世界。目前，我们只知道一个完美的最适合生命的行星，那就是我们的地球。许多天文学家期待不久的将来，可以找到类似地球的地球2号。■

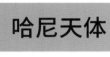

哈尼天体

2010 年 4 月，哈勃望远镜拍摄的哈尼天体的合成彩色照片。哈尼天体是位于星系 IC 2497 下方绿色、模糊的结构。这个神秘的天体由天文爱好者发现。

银河系(约公元前 133 亿年),椭圆星系(1936 年),旋涡星系(1959 年),类星体（1963 年),星尘号交会怀尔德 2 号彗星（2004 年)

2007 年

宇宙中遍布着星系，某些人估计，在可观测的宇宙中可能有 1 000 亿个星系，它们中有众多和我们银河系一样的旋涡星系，但仍然有很多星系属于其他类型，比如椭圆星系或不规则星系。用自动化望远镜进行的大尺度天文巡天正在获取数以千万计的星系数字图像。没有足够的天文学家来分析和分类所有这些星系。

作为回应，有效利用互联网的全球可达性和力量，2007 年，一组来自多个研究机构的天文学研究者建立了星系动物园项目，这是一个在线程序，可以在全世界征召志愿者来为迅猛发展的巡天资料的星系进行分类。2006 年美国宇航局发起的"星尘 @ 家"公众科学项目，通过返回样本照片分辨彗星尘埃。

星系动物园项目启动后不久，一位荷兰教师和天文爱好者哈尼·范·阿克尔（Hanny van Arkel）注意到旋涡星系 IC 2497 附近图像中一个奇怪的模糊结构。随后由职业天文学家进行的测量显示，这一结构比银河系大得多，并且与 IC 2497 距离相同，大约 6.5 亿光年。这不是分子云或超新星遗迹，也不像任何之前已知的天体，这一天体被命名为哈尼天体。

天文学家一直在试图理解这个天体究竟是什么。一些假设认为，一个已经死去的类星体的辐射电离了一个破碎的星系遗迹，进而形成了这样的结构，另一些假设推断 IC 2497 中心的黑洞照亮了 IC 2497 周围的气体。

无论哪一种解释，哈尼天体都是公众参与科学研究取得成果的最佳例子。成千上万受过训练的、热心的志愿者正在参加星系动物园和其他与天文学有关的研究项目，例如对超新星、太阳系外行星、太阳天气和行星环形山的研究。这些项目现在是公众科学平台宇宙动物园项目的一部分。赶快加入吧！■

开普勒任务

上图：美国宇航局开普勒任务位于北天星座天鹅座内的视场星图。方块代表不同的 CCD 探测器视场。

下图：艺术家描绘的开普勒 11 附近发现的 6 颗行星。

 天文学走向数字时代（1969 年），第一批太阳系外行星（1992 年），围绕其他太阳的行星（1995 年），宜居的超级地球？（2007 年）

在 21 世纪初，天文学家开始完善和测试不同的探测**太阳系外行星**的技术。最常见的搜寻方法是视向速度巡天，这种方法对近距离围绕恒星的木星尺寸的巨行星最敏感。的确，在最初发现的一批太阳系外行星中，这类不适合居住的行星占压倒性的比例。其他方法可以识别更小，甚至地球尺寸的行星，但是包括脉冲星测量和**引力透镜**这样的方法，所探测到的环境对生命来说是剧烈的、不宜居的，或者有些过程只能呈现一次，难以对其进行更进一步的研究。

可能在恒星附近探测到地球尺寸行星的方法是要凭借运气：如果几何学是正确的，那么当行星偶然经过恒星的前方时，这些恒星的星光会发生微小但可以探测到的衰减，并且根据预测，这种情况会周期性地发生。寻找地球尺寸的世界正是美国宇航局开普勒任务的目标，

这一任务以文艺复兴时期天文学家约翰尼斯·开普勒命名，以纪念他为**行星运动三定律**的发现所做出的贡献。

开普勒卫星于 2009 年发射进入尾随地球的太阳轨道执行一个简单的任务：对邻近的 145 000 颗主序恒星进行为期三年半的监测，从中寻找周期性的行星凌日。开普勒的 42 个 CCD 探测器构成了迄今为止发射到太空中的最大的相机（9 500 万像素），它们对于探测星光 0.004%（即 1/25 000）的变化也足够敏感。

开普勒任务的初步结果令人兴奋。在最开始的六个月里，探测到 1 000 颗恒星周围超过 1 200 颗行星候选体。它们中很多是在高速轨道上靠近恒星的热木星，但依然有 50 个地球尺寸的行星位于它们自己的恒星附近的宜居带内。到 2012 年 6 月为止，后续的测量已经将候选体的数量增加到了 2 500 颗。之后还需要地面望远镜的后续观测对这些发现加以确认，才能最终找到类似我们地球这样的世界。■

美国宇航局的平流层红外天文台（SOFIA）是在改装的波音 747SP 飞机上安装开合自如的门和德国宇航中心制造的 2.5 米望远镜。SOFIA 于 2010 年开始初步科学飞行操作测试。

第一代天文望远镜（1608 年），猎户座大星云（1610 年），发现天王星光环（1977 年），哈勃空间望远镜（1990 年），大望远镜（1993 那年），斯皮策空间望远镜（2003 年），揭开冥王星面纱！（2015 年）

2010 年

天文学家喜欢在孤立高耸的山峰上建造望远镜，为了远离城市的灯光，也为了尽可能站在地球大气层的上方。烟、雾、水蒸气和其他气溶胶阻挡光线达到地面，对宇宙的**光谱**测量产生干扰，限制了地面上所能进行的科学观测的质量。改进办法是将望远镜放在太空（例如**哈勃空间望远镜**或是斯皮策红外天文台），但是这些项目必须花费几十年的时间和数亿甚至几十亿美元。

有一种方法可以达到空间观测的效果而又不存在巨额花费和技术障碍，这是 1965 年前后美国宇航局发展的一套机载天文计划。最初，他们利用康维尔和里尔飞机携带小型望远镜到达商业飞机的高度，之后从 1975 年开始，美国宇航局用改进的 C-141A 型喷气飞机作为柯伊伯机载天文台（KAO）携带 91 厘米口径望远镜在海拔 14 000 多米处进行观测。KAO 做出的主要科学发现包括**天王星的光环**和冥王星的稀薄大气。KAO 于 1995 年退役，因此美国宇航局要建造更大型、更强大的平流层机载天文台，即 SOFIA，一架改装的 747 飞机携带 2.5 米口径反射望远镜。

克服了最初的技术问题和预算超支问题之后（在 747 飞机上打一个洞可不简单），SOFIA 最终于 2010 年开始科学飞行。飞行在海拔 12 500 米的高度，SOFIA 像 KAO 一样可以处于地球大气层的几乎全部水蒸气之上，这使得它可以获得比地面望远镜宽得多的红外观测范围。在 2010 年和 2011 年进行的初步科学检验观测获得了木星大气、**猎户座大星云**和星系 M82 的数据，红外观测可以穿透星系中的尘埃直接观测到年轻恒星的形成。未来的 SOFIA 观测将包括对其他恒星形成区、原行星盘、太阳系外行星和彗星的研究。■

罗塞塔号飞越司琴星

到 2010 年为止，空间任务交会过的所有小行星和彗星的组合图。全部 15 个天体均以它们的相对尺寸显示，可以看出司琴星比之前交会过的天体大多少。

谷神星（1801 年），灶神星（1807 年），小行星可以有卫星（1992 年），小行星梅西尔德（1997 年），近地小行星交会任务在爱神星（2000 年），隼鸟号在系川星（2005 年）

20 世纪下半叶望远镜观测所做的光谱和颜色测量显示，主带和近地小行星可以根据其化学组成分成几类。例如，颜色和光谱表明存在典型的行星形成的火山矿物质，与石质陨石中出现物质的化学成分相同的小行星，称为 S 型小行星；较暗的呈现灰色和光谱表明含碳的小行星，称为 C 型小行星；光谱呈现出类似金属陨石特征的小行星，被称为 M 型小行星。根据不同的分类标准和研究团队，先后有十几种不同的小行星类型被提出。

到 2010 年为止，空间探测器已经与 S 型（爱神星，盖斯普拉星和系川星）和 C 型（梅西尔德星）小行星交会过，但其他类型还没有过这样的近距离研究。因此，2010 年 7 月 10 日欧洲空间局的罗塞塔号飞船对 M 型小行星司琴星的飞越是一个令人兴奋的消息。罗塞塔号是发射于 2004 年的彗星会合任务，它将于 2014 年与周期彗星楚留莫夫—格拉希门克彗星交会，并向彗星表面释放登陆器。像许多其他的空间任务一样，罗塞塔号团队将在探测器飞抵彗星的路途上获得额外的收获。

罗塞塔号对司琴星拍摄的图像发现，它是被探测器飞越过的最大的小行星（132 公里 ×101 公里 ×76 公里）。它也是最为致密的小行星之一，密度大约 3.4 克／立方厘米，表明它可能由岩石和金属组成，这与它的分类结果一致。就司琴星的目视观测和地质学方面而言，它与许多其他近距离研究过的小行星有很多相似之处：凹凸不平、不规则的表面遍布不同尺寸的相对新鲜的和已经退化的环形山。司琴星也显示出细密颗粒的、移动的、撞击产生的破碎表面的证据，行星科学家称之为小行星土壤。为什么司琴星的光谱表现出与铁陨石相似的性质，以及如此小型的天体以如此微小的引力（小于地球的 0.3%）如何能保留住细密颗粒的土壤物质，这些都是罗塞塔号飞越司琴星展开测量的研究对象与动机。■

2010 年

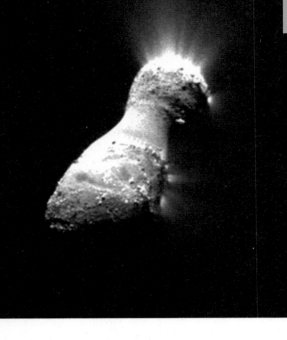

美国宇航局 EPOXI 飞船在 2010 年 11 月 4 日飞越哈特雷 2 号彗星期间拍摄的彗核照片。水蒸气、其他彗星气体和尘埃的喷流从彗星内部逃逸出来。

太阳星云（约公元前 50 亿年），哈雷彗星（1682 年），通古斯大爆炸（1908 年），奥尔特云（1932 年），舒梅克 - 列维 9 号彗星（1994 年），海尔 - 波普大彗星（1997 年），星尘号交会怀尔德 2 号彗星（2004 年），深度撞击：坦普尔 1 号彗星（2005 年），开普勒任务（2009 年）

2005 年对**坦普尔 1 号彗星**进行深度撞击任务成功之后，负责美国宇航局深度撞击任务的工程师意识到，飞船上还剩有足够的燃料可以使探测器作为远程天文台利用凌日方法（这种方法也用在开普勒任务中）对太阳系外行星进行观测，以及与另一颗彗星进行交会。深度撞击任务因此获得了一个新的任务代号——EPOXI——即太阳系外行星观测和深度撞击扩展研究。

2010 年 11 月，与地球三次交会后获得了足够重力推进，使 EPOXI 向着靠近地球的哈特雷 2 号彗星的彗核飞去。这颗彗星由澳大利亚天文学家马尔科姆·哈特雷于 1986 年发现，哈特雷 2 号彗星是一颗短周期彗星，运行在距离太阳 1.1 天文单位和 5.9 天文单位之间的轨道上，周期为六年半。短周期彗星进一步分为木星族彗星（如哈特雷 2 号，周期少于 20 年）和哈雷族彗星（周期从 20 年到 200 年，以哈雷彗星命名）。许多短周期彗星都是过去的长周期彗星在与巨行星交会时改变轨道的结果，例如哈特雷 2 号彗星，可能是形成于**奥尔特云**的原始彗星，之后与木星发生交会而变成短周期彗星。

EPOXI 飞越时的数据支持了哈特雷 2 号彗星形成于太阳系外层的观点。彗星 2.3 公里长花生形状的彗核在图像上呈现强大的冰、气体、尘埃喷流，光谱测量显示冰的主要成分是二氧化碳（干冰）而不是水。初步研究也指出在哈特雷 2 号彗星延伸的大气中可能存在着有机分子，如甲醇。

通过彗星升华物质从喷流中丢失质量的速率计算，科学家预测这颗彗星可能只能再维持 100 圈轨道运动（700 年）的寿命，或是在这之前就分裂为更小的碎片。因此，这个形成于太阳星云的原始冰块的确是太阳系内区的闯入者。■

信使号在水星

2011 年 3 月 29 日，美国宇航局信使号探测器（下图）拍摄的第一张水星照片。靠近顶部的明亮的放射状环形山名为德彭西，照片中中部到底部靠近水星的南极区域。

水星（约公元前 45 亿年），寻找祝融星（1859 年），阿雷西博射电望远镜（1963 年），月球高地（1972 年）

水星是传统大行星中最难以观测的目标，因为它距离太阳很近。这颗行星顽固地拒绝探测器的探访，部分原因是人们需要挑战它炽热的环境，水星上的阳光强度比地球高 5~10 倍。

20 世纪只有一个探测器曾经探索过这颗最内层的行星。水手 10 号发射于 1973 年，在 1974—1975 年与水星金星三次亲密交会。对水星差不多一半的表面进行了拍摄，发现水星是一颗类似月球、遍布环形山和大板块特征的行星，这些特征是融化的表面冷却收缩后的结果。水手 10 号也发现水星有磁场，意味着水星具有一个巨大的且部分熔融状态的核心。

这些有趣的发现激励行星科学家提出水星轨道器任务的构想，美国宇航局于 2004 年择期发射。在经过地球、金星和三次飞越水星自身的引力推进后，水星表面、空间环境、地质化学和广泛探索任务（缩写为 MESSENGER，匹配水星在神话中作为神的信使的角色）于 2011 年成功进入环绕水星的椭圆轨道。

信使号已经完成了对整个行星的测绘工作，做出了有关水星古老的火山、环形山和板块地形激动人心的发现。任务的关键目标是确定阿雷西博雷达图像发现的水星两极永久环形山阴影中的亮斑是否由沉积的水冰形成（可能来自彗星或小行星撞击），或者是硫化物和其他元素从水星内部缓慢释放形成。

信使号的发现有助于影响欧洲空间局下一代水星探测任务的计划与运行，这个任务将于 2014 年发射，2020 年进入水星轨道。■

2011 年

曙光号在灶神星

2011 年 7 月，曙光号任务（标志如下图）进入围绕小行星的轨道后获得了灶神星的照片。视场中心是巨大、深陷的南极环形山盆地和它的中央高峰，名为雷亚西尔维娅。

主小行星带（约公元前 45 亿年），谷神星（1801年），灶神星（1807 年），小行星可以有卫星（1992年），近地小行星交会任务在爱神星（2000 年），隼鸟号在系川小行星（2005 年），冥王星的降级（2006 年），罗塞塔号飞越司琴星（2010 年）

2006 年冥王星从行星降级，还伴随着**主带小行星**的升级。1 号小行星谷神星和 4 号小行星灶神星升级为矮行星。根据当前国际天文学联合会的定义，矮行星是满足质量和自身引力可以使自身称为近似球形的小天体。矮行星和那些传统的大行星一样，内部分层为核、幔和壳层，因此在它们的地质历史上有过内部活动和表面地质过程。

即使用最好的哈勃空间望远镜也没法揭示更多**谷神星**和**灶神星**的细节，对这些世界进行更为彻底的探索要求近距离接触的空间任务。2007 年，美国宇航局发射了一个任务实现对两颗矮行星的探索。新任务名为曙光号（Dawn），用氙离子推进器缓慢改变轨迹以匹配灶神星（2011 年交会）和谷神星（2015 年交会）轨道。如果获得成功，曙光号将是第一个环绕一颗行星运动，然后离开，然后再环绕另一个行星运动的探测器。

曙光号在 2011 年 7 月进入灶神星（直径 530 公里）轨道。高分辨率图像显示，灶神星表面充满环形山，确认了之前哈勃空间望远镜首次在灶神星南极见到的巨大环形山和与其相重叠的盆地。灶神星赤道上一系列巨大深邃的圆槽由南极发生的撞击导致。

曙光号的**光谱**测量确认，灶神星是一组陨石的源头，这些陨石来自大型、分化的火山活动体。对质量和体积的估计发现，灶神星的密度是 3.4 克 / 立方厘米，与月球和火星密度相当。灶神星是一个稀有的、仅存的原行星例子，是古老的过渡阶段的太阳系天体，介于小行星和行星之间，其中藏有类地行星形成时的原始信息。

曙光号在 2012 年夏天离开灶神星，向着 2015 年与太阳系最大的小行星谷神星交会的方向飞去。■

火星科学实验室
好奇号火星车

上图：2012 年 8 月 8 日，好奇号传送回它在盖尔环形山中拍摄的第一张 360 度全景照片。

下图：2010 年 7 月喷气推进实验室金星初始驱动测试期间，技术人员测试美国宇航局火星科学实验室好奇号火星车的车轮。

火星（约公元前 45 亿年），《火星和它的运河》（1906 年），第一代火星轨道器（1971 年），维京号在火星（1976 年），火星上的生命？（1996 年），第一辆火星车（1997 年），火星全球勘探者号（1997 年），勇气号和机遇号在火星（2004 年）

四十多年来用轨道器、着陆器和火星车进行近距离火星探测提供了迷人的和令人信服的证据表明，这颗红色的行星在很久以前曾经更像地球，更适合生命居住。证据是多方面的，包括液态水在表面上冲刷形成的古老河谷地貌，以及只能在富含水的环境中形成的水合矿物质沉积。

20 世纪 70 年代，维京号着陆器对火星上的有机分子进行了细致搜索但是一无所获，部分是因为它们的着陆地点必须要选择之前富含水的地带。事后考虑这一问题和 35 年来的研究，使美国宇航局决定用新的火星车任务重新搜索有机分子和过去的生命可能性踪迹。因此，2006 年，火星科学实验室火星车任务启动，着陆目标在盖尔环形山的古老沉积岩上，根据轨道器研究，那里曾经存在生命所必须的液态水和能量源。

火星车名叫好奇号（Curiosity），发射于 2011 年 11 月，于 2012 年 8 月 6 日安全着陆在火星表面。这是一个巨大的火星车，是**勇气号**和**机遇号**火星车的三倍大。它携带了前所未有的科学装备：高分辨率彩色立体相机和彩色显微镜，激光光谱仪用于测量冲击岩石的化学组成，X 射线设备辨别矿物质，以及非常敏感的质谱仪用于确定有机分子在土壤和岩石样品中的位置。

复杂的天空吊臂着陆系统将好奇号安全地送达火星，这次是利用维京号着陆器所用的那种制动火箭降落，而不是利用火星探路者、勇气号和机遇号所用的那种小型气囊。如果一切顺利，美国宇航局最新的机器人天文生物学家最迟将于 2014 年在火星上漫游。■

2012 年

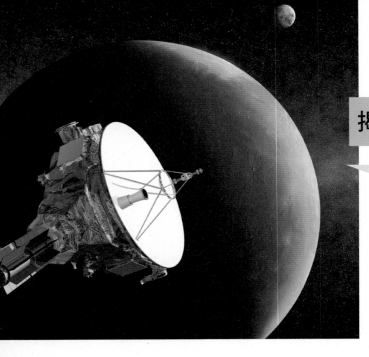

揭开冥王星的面纱！

2015 年 7 月，美国宇航局新视野号空间探测器接近冥王星和冥卫一过程的艺术概念图。核动力飞船使用直径为 2.1 米的天线发射和接收 75 亿公里跨度行星际空间的信号。

 冥王星和柯伊伯带（约公元前 45 亿年），海卫一（1846 年），冥王星的发现（1930 年），冥卫一（1978 年），柯伊伯带天体（1992 年），冥王星的降级（2006 年）

2015 年

尽管 2006 年冥王星从大行星降级为矮行星，但它仍然是充满神秘感的所在。20 世纪 80 年代，冥王星和它的大卫星冥卫一之间发生了一系列掩食，使人们可以通过望远镜观测了解这颗行星的基本信息。冥王星直径大约 2 300 公里，是地球尺寸的 20%，但质量只有地球的 0.2%，因为它的密度只有 2 克 / 立方厘米，因此整体上主要由冰构成。

利用柯伊伯机载天文台进行更进一步的望远镜观测发现，冥王星周围存在稀薄的氮气、甲烷、一氧化碳组成的大气层，冥王星表面大气压比地球小 30 万倍。冥王星表面的光谱观测显示，超过 98% 的部分由氮冰构成，另外含有微量的甲烷和二氧化碳。冥王星在很多方面看起来就像海王星的大卫星海卫一，同样具有氮和其他非常低温的冰以及稀薄的、可能动态变化的大气。

找出冥王星更像什么，这是美国宇航局新视野号空间探测器的任务。新视野号发射于 2006 年，是迄今为止运动速度最快的发射于地球的飞船，它的速度接近 16.5 公里 / 秒。考虑到新视野号这么快的速度，人们可以想象得出太阳系有多么大：新视野号到达木星需要 13 个月（刷新了此前的纪录）。在这之后利用木星的重力加速达到更高的速度，在这之后，新视野号将花费八年时间从木星抵达冥王星。科学家认为八年时间值得等待。

九年多的旅程之后，新视野号终于从地球来到太阳系的外层空间。但是，探测器在匆忙飞过冥王星之前，只有高度紧张的 30 分钟时间来完成对冥王星、冥王星大气和它的卫星们预定的近距离拍照、光谱和其他观测任务。如果一切进展顺利，如果有合适的候选体出现在飞船的轨迹上，任务计划者希望这之后可以让飞船在 2016—2020 年再交会一颗或更多的柯伊伯带天体。■

北美日全食

上图：1999 年 8 月 11 日，日全食发生期间，俄罗斯米尔空间站拍摄的月亮阴影以 2 000 公里／小时速度在地面移动。

下图：2017 年 8 月 21 日，日全食期间月亮的阴影横穿美国的路径。

 中国古代天文学（约公元前 2100 年），地球是圆的！（约公元前 500 年），《天球论》（约 1230 年），金星凌日（1639 年），光速（1676 年），氦（1868 年），开普勒任务（2009 年）

当一个天体从另一个天体前方经过时，从一个特定的位置观察会发生掩食现象。日食或月食是人们最熟悉的掩食现象，因为它们经常发生，而且通常具有观赏性而成为难忘的天象。

月食在满月时发生，届时太阳、地球和月亮以这个顺序排列在一条直线上，月亮精确地位于地球背后的阴影中。月亮的轨道相对于地球围绕太阳的轨道平面有倾斜，因此月亮只是偶然地通过地球的阴影。大部分的满月时，月亮都会位于地球阴影偏上或偏下一点，这样就不会发生月食。

日食发生在新月时，届时太阳、月亮和地球以这个顺序排列在一条直线上，月亮精确地从太阳和地球之间通过。当几何位置正确时（这种情况不多见），月亮的阴影落在地球上。这是一种难以置信的宇宙巧合，月亮在天空中看起来和太阳一样大，太阳的直径比月亮大 400 倍，但月亮比太阳近 400 倍。其结果是月亮的圆面恰好可以完整覆盖天空中太阳的圆面，产生日全食。

日全食并不常见，在地球上任何特定地点平均 370 年发生一次。很多人，包括许多天文学家都是日食的追逐者，人们会沿着预测的月亮阴影的路径移动，以便收集罕见日食期间尽可能多的科学数据。例如，1986 年在太阳延伸的日冕大气中发现的**氦**元素通常只能在日全食的时候见到。

下一次出现在北美的日全食将于 2017 年 8 月 21 日[1]发生，届时月亮的阴影会从美国俄勒冈州扫到南加州。那将是在北美追赶月球阴影的大好机会，再下一次这样的机会要等到 2024 年。■

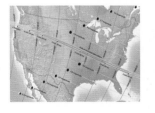

1　2017 年北美日全食无法在我国境内观测到。下一次我国境内可以观测到的日全食将于 2035 年 9 月 2 日发生，届时北京等地可以观测到持续将近 3 分钟的日全食。——译者注

2017 年

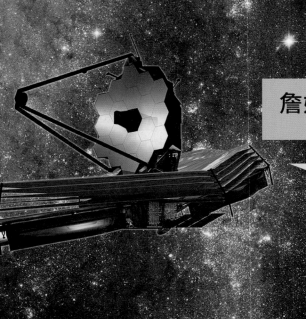

詹姆斯·韦伯空间望远镜
詹姆斯·韦伯（James E. Webb，1906—1992）

艺术想象的詹姆斯·韦伯空间望远镜，带有镀金的 6.5 米直径主镜和保护望远镜免遭来自太阳、地球和月亮光污染和热辐射的遮罩。

第一代天文望远镜（1608 年），哈勃空间望远镜（1990 年），伽马射线天文学（1991 年），大望远镜（1993 年），钱德拉 X 射线天文台（1999 年），斯皮策空间天文台（2003 年）

2018 年

一系列小型、中型和大型的空间望远镜和最终达到顶峰的美国宇航局四大空间天文台（哈勃空间望远镜，康普顿伽马射线天文台，斯皮策空间望远镜和钱德拉 X 射线天文台）已经充分证明了空间天文学的强大与美好。但是像所有复杂的空间飞船一样，这些任务的服役时间都有限。只有哈勃空间望远镜曾经由宇航员进行过维修和升级，但 2011 年航天飞机退役后，对哈勃空间望远镜的服务也就结束了。因此，美国宇航局已经开始考虑哈勃空间望远镜的替代产品。

美国宇航局计划中的下一代空间望远镜，为纪念宇航局第二任局长詹姆斯·韦伯，而命名为詹姆斯·韦伯空间望远镜（JWST）。在他的领导下，宇航局实施了水星号、双子座号和早期阿波罗宇航员项目。詹姆斯·韦伯空间望远镜的计划实际上开始于 1989 年，正好是哈勃空间望远镜发射的前一天。时隔二十多年，设计几易其稿。当前的望远镜进入最后的研发阶段，按计划将于 2018 年发射升空。

詹姆斯·韦伯空间望远镜结合了哈勃空间望远镜（高分辨率成像），凯克天文台（多镜面拼接的精确控制）和斯皮策空间望远镜（对红外敏感）的能力，将成为未来十年空间天文学的重要平台。它的 6.5 米口径拼接镜面是哈勃空间望远镜接收面积的 6 倍，望远镜被制冷到只有绝对零度以上 60 度，从而具有对宇宙中暗弱、遥远的天体的高度敏感性。

天文学家对詹姆斯·韦伯望远镜所开展的科学项目有着雄心壮志的计划，这个计划贯穿从可见光到红外天文学和天体物理学研究领域的全部范围。主要的科学主题包括研究最早期宇宙黑暗时代之后形成的第一代恒星和星系、研究暗物质、研究新形成恒星和与它们相关的气体和尘埃的原行星盘、研究行星的形成，以及搜寻外太阳系行星和其他适合生命的宇宙环境。詹姆斯·韦伯空间望远镜无疑是天文发现的利器。■

毁神星擦肩而过

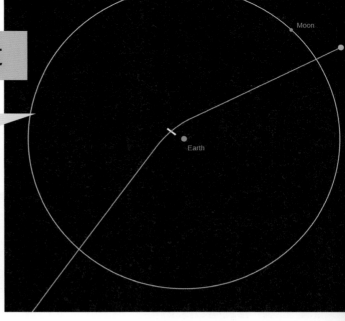

上图：2029 年 4 月 13 日，99942 号小行星毁神星与地球和月亮亲密交会的相对位置和轨迹。

下图：预测中的毁神星与地球近距离交会的局部放大图，白色线段表示最近位置的不确定度。

主带小行星（约公元前 45 亿年），谷神星（1801年），灶神星（1807 年），木星的特洛伊小行星（1906 年），地球同步卫星（1945 年），阿雷西博射电望远镜（1963 年），杜林危险指数（1999年），近地小行星交会任务在爱神星（2000 年），隼鸟号在系川小行星（2005 年）

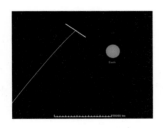

20 世纪 90 年代到 21 世纪初，精细的望远镜巡天观测在太阳系里发现了成百上千颗新小行星。它们中大部分是位于火星和木星轨道之间的**主带小行星**，但也有许多属于其他小行星族，例如**木星的特洛伊小行星族**和三种不同的近地小行星族：阿登型（Atens）小行星比地球更靠近太阳，阿莫尔型（Amors）小行星位于地球轨道之外，阿波罗型（Apollos）小行星穿越地球轨道。所有这三类近地小行星都对地球有潜在的撞击威胁。

最受密切关注的近地小行星成员之一是一个名为 99942 号毁神星（Apophis）的小行星。毁神星最初发现于 2004 年，随后的望远镜观测，包括阿雷西博的射电雷达测量计算了它的轨道参数。之后，像几百颗其他近地小行星一样，它的参数输入到天文学家开发的自动计算机程序中预言未来的轨迹和撞击地球的概率。毁神星迅速引发了警报，因为计算表明它有 1/37 的概率会于 2029 年 4 月 13 日撞击地球。毁神星是有史以来撞击风险最高的小行星，**杜林指数**是满分 10 分中的 4 分。

天文学家迅速组织了更多的观测活动以修正毁神星轨道的预测。新的数据表明，小行星将非常靠近地球，最近时距离地球大约只有 2~3 倍地球直径那么远，位于**地球同步卫星**轨道以内，但不会真的撞上地球。毁神星将于 2036 年再次飞临地球，但是撞击地球的风险已经下降到 1/250 000，杜林指数也下调到 0。

尽管如此，小心谨慎仍是明智之举。直径 300 米，由岩石构成的小行星的撞击不会造成全球性毁灭，但对撞击的局部是一个坏消息（例如产生通古斯大爆炸的撞击）。毁神星以古埃及的毁灭之神命名，让我们寄希望于这颗危险的小行星的名字不会灵验吧。■

2029 年

宇航员登上火星？

上图：美国宇航局的艺术家帕特·罗林斯（Pat Rawlings）的想象图，图中两名宇航员在火星表面利用火星车考察，他们收集和勘测曾经的宜居环境的迹象。

下图：2003 年 8 月 26 日，哈勃空间望远镜拍摄的 6 万年来火星与地球最近距离时的照片。

↳ 火星（约公元前 45 亿年），《火星和它的运河》（1906 年），第一次登月（1969 年），第二次登月（1969 年），毛罗修士构造（1971 年），月球车（1971 年），月球高地（1972 年），最后一次登月（1972 年），第一代火星轨道器（1971 年），维京号在火星（1976 年），火星上的生命？（1996 年），第一辆火星车（1997），火星全球勘探者号（1997 年），勇气号和机遇号在火星（2004 年）

约 2035—2050 年

几十年间，来自望远镜和自动飞越任务、轨道器、着陆器和火星车的高分辨率观测持续地增加着火星探索对人们的吸引。地质学、矿物学和火星大气的证据表明，这个行星历史上有过剧烈的气候变化。今天的火星表面寒冷、干燥，完全不是生命可以生存的环境。但早期的火星，在它形成之后的最初十亿年中，是一颗温暖又湿润的行星。尽管火星过去也并没有像地球这样温暖和湿润，但有证据表明它的过去更像地球也更宜居。

火星的过去或是现在有生命存在吗？自动化任务已经绘制了火星的外貌，记录了火星表面不同地点的条件，但是一系列对火星过去或是现存生命的搜寻要困难得多。如同一场司法调查，这种搜寻要求将支离破碎的证据拼凑完整，从而看到事件的全貌。任务类似于野外地质学家在地球上所做的工作。经过几天有条不紊的野外和实验室工作之后，结合在其他地点的经验，通常还要抛弃直觉，去重建一个区域的历史。这将要求更加细致的地质绘图，以及深度钻探和挖取岩心。简单地说，人们，不仅是机器人，需要真正地理解这个地方。

人类何时前往火星？没有人知道答案，但是我们的先遣机器探测做出的发现点燃了人们越来越迫切的希望。可能 21 世纪 30 年代中期会有所突破，因为我们需要建造新型火箭和生命支持基础设施以便于人类可以超越地球低空轨道进入深空。这一切需要花费大量时间。

五十多年以前，肯尼迪总统激励美国人敢于梦想和冒着巨大风险尝试在 20 世纪 70 年代之前将宇航员送上月球再回到地球。阿波罗任务鼓舞了一代人的科学和技术创新，这些创新真正改变了世界。将宇航员送上火星并返回将比载人登月的风险更大，也要求人们有更大的胆量。我们能再次迎接挑战吗？ ■

人马座矮星系
与银河系碰撞

2004 年，哈勃空间望远镜拍摄的旋涡星系 NGC 2207（上方）与 IC 2163（下方）的碰撞。星系碰撞中的巨大质量产生巨大的潮汐力。在这场碰撞中，较小的星系被较大的星系拉碎。

银河系（约公元前 133 亿年），球状星团（1665 年），奥尔特云（1932 年），椭圆星系（1936 年），旋涡星系（1959 年）

大行星和小行星都有卫星，星系也可以存在卫星星系。我们的**银河系**可能有超过二十个卫星星系，包括大小麦哲伦云。这些矮星系同伴都比我们的银河系小得多，几亿年到几十亿年围绕银河系运动一圈。它们当中至少有一个矮星系——人马座矮椭球星系——已经与银河系有过一次碰撞，并将在大约一亿年后再次和银河系相撞。

人们直到 1994 年才发现人马座矮椭球星系，因为它隐藏在银河系的核球和盘的背面。它由四个主要的**球状星团**和围绕银河系两极的恒星亮弧组成。天文学家相信这些圆弧是矮星系过去穿越银河系盘面的路径，在每个轨道周期中丢失质量并涂抹出这样的结构。最终，在多次穿越银河系平面之后，人马座矮星系中的恒星将合并入银河系并令银河系的尺寸和质量相应增大。这种星系之间的碰撞、合并和吞食过程是大型旋涡星系能够增长得如此巨大的方式，这个过程会消耗掉更小的、原始的星系和星系团。

一些科学家相信，在银河系和卫星星系发生密近交会与地球上的大范围生物灭绝和气候变化（例如冰期）之间存在联系。这种观点认为，这些密近交会会使太阳和邻近恒星周围遥远的**奥尔特云**中的彗星和小行星被扰动，造成更多的彗星和小行星频繁地冲向地球发生碰撞，产生巨大的效果。但是这种假说还存在争议，而且只能用超级计算机才能检验。当然，这个理论认为地球上的生命不仅受到过往恒星的影响，还受到过往星系的影响，这对于理解气候的巨大变化极为重要，化石记录可以帮助揭示局部星系碰撞的过往历史。但是，我们因此敬畏地意识到我们可以存在于此是多么幸运。■

约一亿年

地球海洋蒸发

艺术家想象的在最初发现的太阳系外行星中常见的热木星。10亿年后，伴随着太阳温度持续升高，地球上的海洋将会蒸发，我们的行星也将变成这样的"热地球"。

太阳的诞生（约公元前46亿年），米拉变星（1596年），主序（1910年），核聚变（1939年），太阳的末日（约50亿~70亿年）

约10亿年

　　像太阳这样的主序星的生命循环是可以预测的。20世纪初的天文学家通过观测无数类似恒星的不同演化阶段，找到了太阳类型恒星的基本演化轨迹。20世纪中叶，科学家们找到了恒星内部机制的理论，核聚变过程使恒星发光发热。通过原始的陨石研究和放射性纪年方法，我们可以知道太阳的年龄大约是46.5亿年，因此我们可以预测太阳生命中的下一个里程碑。

　　氢在太阳核心极高的温度和压力下转变为氦。漫长的时间中，氢燃料的供应慢慢衰减。为了维持向内的引力与向外的辐射压力之间的平衡，为了保持在主序阶段，太阳的核心温度会慢慢升高。核心处核聚变的增加速率，抵消了衰减的氢燃料的供给，并在一段时间里增加了太阳的亮度。天文学家根据氢燃料供给的衰减估计，太阳输出的能量将每10亿年增加大约10%。

　　太阳输出能量如此巨大的变化，将引发地球上气候的重大变化。数千万年到数十亿年后，地球温度将上升到足够高，以至于海洋永久性地蒸发，我们的地球将成为一个桑拿房般的地方。科学家进一步预测，在大约10亿年内，阳光照射下大气层中水系统的崩溃和随后释放出的氢的逃逸，将令地球变成极为干燥的、不适宜生存的沙漠世界。不幸的是，我们的未来太过"明亮"了。

　　这还不是最坏的情况。一些研究气候长期变化的科学家认为，我们的地球将在海洋完全枯竭之前就不能居住了。气候变得越来越热，含碳岩石将束缚更多的二氧化碳，植物用来光合作用的二氧化碳减少。可能在5亿年之内，以植物为基础的食物链将崩溃，使生物圈不能维持可持续发展。这不是一个令人愉快的预测，但也许我们将找到一个新的蓝色水世界移民呢？■

与仙女座星系碰撞

独特的仙女座星系，即 M31，是距离银河系最近的旋涡星系。即使超过 200 万光年远，它还是我们本星系群星系的一部分。仙女座星系和银河系相互靠近，将在未来碰撞。

银河系（约公元前 133 亿年），仙女座大星云（964 年），梅西叶星表（1771 年），造父变星与标准烛光（1908 年），暗物质（1933 年），旋涡星系（1959 年），星系长城（1989 年），人马座矮星系与银河系碰撞（约 1 亿年）

我们的**银河系**可以算是宇宙中的一个岛屿，它是一个有组织的、包含 4 000 亿颗恒星和引力束缚下的气体、尘埃和**暗物质**的独立系统。但是我们的星系也是一个更大的引力束缚系统的一部分，天文学家埃德温·哈勃称这个更大的系统为本星系群。本星系群包含超过 30 个星系，包括银河系和它的卫星星系，诸如大小麦哲伦星云、人马座矮椭球星系、仙女座星系和它的卫星星系等星系。天文学家估计，本星系群跨越大约 1 000 万光年的范围，包括了超过 1 万亿太阳质量的物质。

本星系群的重心位于银河系和仙女座星系之间的某处，因为银河系与仙女座星系包含了本星系群中的大部分质量。天文学家已经发现，这两个大型**旋涡星系**正在彼此靠近，在大约 30 亿 ~50 亿年后的遥远未来，它们将碰撞在一起，碰撞的状况依赖于它们届时的速度和暗物质分布的细节。

"碰撞"不是描述星系之间相互作用的最佳词汇。因为实际上，它们的大部分空间是空旷的，星系之间的碰撞不像恒星的物理撞击那样，星系的碰撞本质上是彼此穿透对方，它们各自恒星和卫星星系之间的引力和潮汐力将撕裂它们美丽的旋涡结构，最终将两个星系合并为一个更大的不规则星系或是椭圆星系。

本星系群是宇宙中一个更大的星系集合的一部分，这个更大的结构叫做室女座超星系团，它包含了超过一百个像本星系群这样的相互作用的星系团，覆盖超过 1.1 亿光年的范围。室女座超星系团是形成可观测宇宙中最大结构"星系长城"的数百万星系团中的一个，我们称这种星系长城结构为宇宙蛛网。■

约 30 亿—50 亿年

太阳的末日

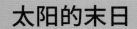

上图：太空艺术家唐·迪克森描绘的 50 亿年后的未来，月亮穿过膨胀中的红巨星太阳的景象。
下图：斯皮策空间望远镜拍摄的螺旋星云，这是一颗太阳质量的恒星死亡时形成的行星状星云。

太阳的诞生（约公元前 46 亿年），行星状星云（1764 年），梅西叶星表（1771 年），白矮星（1862 年），放射性（1896 年），主序（1910 年），核聚变（1939 年），创世纪号捕捉太阳风（2001 年），地球海洋蒸发（约 10 亿年）

约 50 亿—70 亿年

太阳的命运是注定了的，意识到我们光辉的太阳将永远也不会再闪耀可能有一点悲伤。银河系有数十亿与太阳相同类型的**主序恒星**，我们可以研究它们生命周期的不同阶段。恒星的命运由它的初始质量决定，具有太阳质量的恒星的生命周期会经过短暂、剧烈的年轻时期；之后是漫长、稳定，长达 100 亿年的中年期；最后是相对缓和、安静的死亡。

根据原始陨石的放射性同位素计时和创世纪号飞船捕捉的太阳风粒子的分析，我们知道太阳的年龄大约是 46.5 亿年，正处在主序上生命周期的一半的位置上。太阳走入中年，消耗更多的核聚变氢燃料发光，慢慢变热，在十亿年后，太阳的温度足够令地球上的海洋蒸发。在 50 亿年后，太阳的氢将耗尽，核心收缩继续发热，膨胀的太阳外层大气最终变为一颗红巨星。

红巨星太阳的体积是现在的 250 倍，将吞没和摧毁包括地球在内的内行星。太阳的氦和其他重元素进一步消耗，巨大的脉动阵痛将抛出太阳的外层（包括组成我们现在地球和居民的所有原子）到深空中形成行星状星云，这样的星云将循环形成新的恒星。太阳核心的余晖最终成为一颗白矮星然后慢慢冷却，直到隐没在寒冷的太空背景中。

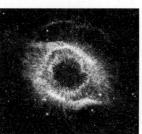

地球将会逝去，但生命可以存活吗？如果我们可以战胜当前的挑战，并成为一个跨行星甚至跨太阳系的物种，那么可能我们遥远的后代子孙——无论变成什么物种——将找到新的适合居住的世界，在另一个年轻的、类似太阳的恒星附近。那里，将是我们新的家园。■

恒星的末日

哈勃空间望远镜拍摄的银河系中古老的白矮星，年龄大约有 120 亿~130 亿年。这张拍摄于 2002 年的照片是天蝎座球状星团 M4 的一部分。

白矮星（1862 年），主序（1910 年），中子星（1933 年），核聚变（1939 年），黑洞（1965 年），太阳的末日（约 50 亿~70 亿年），简并时代（约 10^{17}—10^{37} 年），宇宙将如何终结？（时间的终点）

恒星演化可以认为是宇宙中的大循环过程。气体和尘埃云在引力作用下收缩聚集，最终成长为球形物质——恒星——内部压力和温度足够高，从而点燃核聚变反应。在它们的氢、氦或其他**核聚变**燃料耗尽的时候，恒星死亡，具体的方式依赖于它们的质量，并将大量物质抛到深空中。这些恒星遗迹——气体和尘埃云——之后会在引力的作用下收缩聚集形成新的恒星。这是恒星生命美丽的循环。

但是每次恒星死亡，都会有一定比例的物质不再回到空间参与循环，遗留下缓慢冷却的**白矮星**（对于小质量恒星）或其他恒星遗迹，比如**中子星**或黑洞（对于大质量恒星）。因此，经过足够的时间，宇宙中所有参与恒星形成的物质最终都会落入不再循环的恒星遗迹。由于绝大部分恒星是位于**主序**上的中低质量恒星，因此最终宇宙中的可观测物质都会以白矮星的形式终结。

虽然位于核聚变理论极限附近的更低质量的恒星的寿命可以达到 10 万亿年，但一颗典型的主序恒星的寿命大约是 100 亿年。天文学家估计，宇宙大约达到 100 万亿年老的时候，几乎宇宙中所有的可观测物质都将成为白矮星，还有少量的其他物质成为红矮星和其他遗迹，如中子星和黑洞。恒星形成就此结束，宇宙将进入一个完全不同的演化阶段。

宇宙将缓慢地开始暗淡下去。白矮星冷却之后，它们理论上变为黑矮星，这是温度最终达到绝对零度的恒星遗迹。但没有人真的了解宇宙中最后的恒星会经过多长时间才熄灭。在某些理论中，暗物质或原子核的弱相互作用力有助于让这些曾经闪耀的恒星的最后的余晖再延长 10^{15}—10^{25} 年以上。■

约 10^{14} 年

简并时代

艺术家想象的一颗孤立的中子星。现在的宇宙中只发现了极少数与超新星遗迹的气体和尘埃无关的致密天体，但是孤立的中子星在未来的宇宙中将极为常见。

白矮星（1862 年），主序（1910 年），中子星（1933 年），暗物质（1933 年），核聚变（1939 年），黑洞（1965 年），暗能量（1998 年），恒星的末日（约 10^{14} 年），宇宙如何终结？（时间的终点）

约 10^{17}—10^{37} 年

在很久很久以后的未来，宇宙将成为一个冰冷黑暗的地方。一旦新的恒星不再形成，唯一的光源和热源只有致密的恒星核遗迹：**白矮星**、**中子星**和**黑洞**，加上其他所有缓慢冷却中的红矮星或褐矮星的遗迹，以及恒星死亡后残存的行星、卫星、小行星、彗星和宇宙尘埃。

慢慢地，可能 10^{15}—10^{25} 年之后，白矮星和剩余的行星天体也将冷却到绝对零度。尽管如此，宇宙中还会存在一些偶发的行为。由于漫长的宇宙时间中将充斥着冷却的白矮星、黑矮星和其他应该相互交会的天体，例如中子星和黑洞，有时候与大质量天体的碰撞和并合可以获得足够的质量从而在它们的核心再次点燃核聚变反应，使它们重新闪耀。遥远未来的黑暗宇宙，将会时不时地被一些孤独的火光点亮。

最终，可能大约在 10^{17}—10^{37} 年后的未来，根据一些理论模型，宇宙中的所有质量都聚集为最致密、最大质量的天体：白矮星、中子星和黑洞。天文学家将预言中的宇宙的这个时期称为退化纪元，因为预言中这些致密天体中的物质都处于高密度状态，以至于所有的电子都离开了它们所属的原子，用物理学术语说，原子将被"简并"。

现在还不清楚在简并纪元宇宙将如何演化。致密天体中极高能态和暗物质、暗能量的性质与效果之间的相互作用基本上是未知的，而这一时期宇宙的物质能量密度基本上以暗物质和暗能量为主。一些宇宙学家认为，经历漫长的时间，正常物质（比如质子）将衰变，白矮星将吸收暗物质并继续发光更长时间，最终与其他致密天体并合为黑洞。■

黑洞蒸发

斯蒂芬·霍金（Stephen Hawking, 1942—2017）

艺术家想象的自转中的黑洞，围绕着大质量恒星落入黑洞形成的气体和尘埃的电离盘。黑洞周围的磁场可以进一步加热和电离围绕着的气体盘。

白矮星（1862 年），主序（1910 年），中子星（1933 年），暗物质（1933 年），黑洞（1965 年），霍金的极端物理学（1965 年），伽马射线暴（1973 年），暗能量（1998 年），恒星的末日（约 10^{14} 年），简并时代（约 10^{17}—10^{37} 年），宇宙如何终结（时间的终点）

如果关于宇宙遥远未来的主流观点是正确的，那么宇宙中全部物质和能量（正常物质、**暗物质**和**暗能量**）最终都将落入黑洞，这种致密天体具有巨大的质量，连光也不能逃离它的引力。但是然后呢？有没有什么方式可以了解之后会发生些什么？

答案是有可能。物理学家斯蒂芬·霍金和其他人假设，快速自转的黑洞应该产生和发射粒子（现在称为霍金辐射），随着时间推移，这些粒子应该会减少这样一个黑洞的质量和能量。从概念上说，这个过程被描述为黑洞的蒸发，如果这个过程真的发生，将会对宇宙的终结产生深远的影响。

黑洞蒸发是一个巧妙的概念。它依赖粒子物理学标准模型中粒子存在反粒子的事实，依赖黑洞边缘即视界（视界之内没有光和信息可以逃离黑洞的引力）的特殊物理性质。霍金假定，如果一个粒子和反粒子对，比如电子和正电子，在黑洞视界的边缘上因为某种过程而产生，那么它们中的一个可能落入黑洞，而另一个得以逃脱黑洞。对于一个观测者来说，所观察到的是黑洞发射了一个粒子并且减少了一点点质量。黑洞在这个过程中获得一点能量（加热），如果这个过程持续足够长的时间，霍金预测，黑洞将会以伽马射线暴的形式爆发。

现代伽马射线卫星正在搜索这种预言中的黑洞蒸发信号。如果它们找到了，这就意味着在距离现在极端遥远的未来，可能 10^{37}—10^{100} 年以后，黑洞就不见了。宇宙的长期命运最终归于基本粒子孤独徘徊，质子、电子、正电子和中微子几乎不能再彼此相互作用。■

约 10^{37}—10^{100} 年

哈勃望远镜在 2005—2006 年拍摄的星系团阿贝尔 S0740。这个星系团大约有 4.5 亿光年远，包含不同类型的星系。在遥远的未来，宇宙中的 1 000 亿个星系将发生什么呢？

大爆炸（约公元前 138 亿年），哈勃定律（1929 年），暗物质（1933 年），黑洞（1965 年），暗能量（1998 年），宇宙年龄（2001 年），恒星的末日（约 10^{14} 年），简并时代（约 10^{17}—10^{37} 年），黑洞蒸发（约 10^{37}—10^{100} 年）

时间的终点

天文学和空间探索的漫长历史充满着对一些巨大而深刻问题的回答：天上有什么？万物从何而来？生命如何形成？我们是唯一的吗？我们如此幸运地生活在一个文明的时代，我们可以奢侈地积极寻找这些问题的答案。

结束这场天文学和空间探索的里程碑式旅程的合适的方式是回到我们出发的地方。换句话说，我们的宇宙起源的主流理论是，围绕我们的一切，所有的空间和时间，开始于 137.5 亿年前的一次巨大的瞬间的大爆炸。这就是我们所知道的宇宙的开始。因此，一个胆大妄为的问题是，宇宙有没有终结？如果有，在什么时候？

因为我们观测到星系相对于其他星系彼此远离，我们可以知道宇宙正在膨胀。可能膨胀会简单地持续下去，可能会由于奇怪的排斥和神秘的暗能量的力量使膨胀加速，直到恒星相互远离，甚至黑洞蒸发，使宇宙黑暗、宁静、寒冷，即天文学家所说的宇宙热寂，这一结局可能发生在距现在 10^{100} 年。

一些宇宙学家相信，可能宇宙的未来有着更激烈的命运。如果宇宙中一切物质的质量足够大，以至于暗能量最终不能持续加速空间的膨胀，那么星系团之间的引力最终会缓慢地扭转宇宙膨胀的过程。星系开始彼此靠近，宇宙中全部的质量最终合并到一起成为一个微小的点，一个黑洞奇点。之后会发生什么呢？另一次大爆炸吗？或者是一次大反弹？

宇宙最终的命运是一个未知的课题。现代宇宙学家正在积极地寻找证据证明宇宙究竟是开放的（永远膨胀）、封闭的（归结于合并），还是平坦的（处于完美平衡）。现在的观测和计算机模型有助于我们寻找真相，借用一句现代主义诗人艾略特的诗吧，"这就是世界完结的方式，不是砰的一声垮掉，而是啜泣着消亡。"■

注释与延伸阅读

·

为了本书的写作我进行了大量的资源检索，包括历史和百科全书资料以验证大量真实信息，以及不同的网站以便补充额外的细节和后续故事（特别是对于一些主题来说，当下正处于热门状态，新结果和后续更新层出不穷）。下面是我试图归纳的众多的资源和我的笔记，这些材料可以方便你获取进一步的资源。为了节约篇幅，我使用短网址的格式处理很多网站地址，完整的地址和其他信息可以参考我的主页 jimbell.sese.asu.edu/space-book。互联网是动态的，有可能在本书面世之后个别网站已经失效。

仅仅选择天文学和空间探索的全部历史中的 250 个里程碑是一个艰巨的任务，我的选取自然带有我的个人偏好、知识与经验。我很乐意考虑在未来的版本中用其他主题替换本书的部分内容，我欢迎任何对本书的指正或反馈。可以通过我的电子邮箱 Jim.Bell@asu.edu 或是网站 jimbell.sese.asu.edu/contact，随时与我联系。

一般阅读

Beatty, J. Kelly, Carolyn Collins Petersen, and Andrew Chaikin, eds. *The New Solar System*. Cambridge, UK: Cambridge University Press, 1998.

Levy, David H., ed. *The Scientific American Book of the Cosmos*. New York: St. Martin's Press, 2000.

Mitton, Simon, ed. *The Cambridge Encyclopaedia of Astronomy*. Cambridge, UK: Cambridge University Press, 2001.

Moore, Sir Patrick, ed. *Astronomy Encyclopedia*. Oxford, UK: Oxford University Press, 2002.

Weissman, Paul R., Lucy-Ann McFadden, and Torrance V. Johnson, eds. *Encyclopedia of the Solar System*. San Diego, CA: Academic Press, 1999.

有趣的网站

Curious about Astronomy? Ask an Astronomer: http://*curious.astro.cornell.edu/*

Nine Planets: http://*nineplanets.org/*

Views of the Solar System: http://*www.solarviews.com/*

Bad Astronomy (blog): http://*blogs.discovermagazine.com/badastronomy/*

Wikipedia: http://*www.wikipedia.org*

约公元前 138 亿年，大爆炸

Two outstanding introductory articles about the big bang are "Misconceptions about the Big Bang" by C. Lineweaver and T. Davis (*Scientific American*, February 2005) and "The First Few Microseconds" by M. Riordan and W. Zajc (*Scientific American*, April 2006).

约公元前 138 亿年，再复合时代

Using data from the Wilkinson Microwave

Anisotropy Probe (WMAP) satellite, cosmologists have been able to date the start of the recombination era to the stunningly accurate level of 380,000 years after the big bang. WMAP results were subsequently named *Science* magazine's "breakthrough of the year" for 2003 (see *Science*, December 19, 2003).

约公元前 135 亿年，第一代恒星

Cosmologist Volker Bromm and his colleagues at the University of Texas at Austin host a wonderful website with tutorials, papers, and computer animations about their work on understanding the universe's first stars and galaxies at *tinyurl.com/brdqoxx*.

约公元前 133 亿年，银河系

A very nice series of maps and photographs of the Milky Way can be found online at the Atlas of the Universe website: *tinyurl.com/2fooye*.

约公元前 50 亿年，太阳星云

The generally accepted father of the modern solar nebular disk model is the Soviet astronomer Victor Safronov (1917–1999); his book *Evolution of the Protoplanetary Cloud and the Formation of the Earth and the Planets* (published by Israel Program for Scientific Translations for NASA and the National Science Foundation, NASA Technical Translation F-677, 1972) is a classic text in the field.

约公元前 46 亿年，暴躁的原太阳

The Australia Telescope Outreach and Education website has a great illustrated primer on the formation and evolution of protostars: *tinyurl.com/c4ey6en*.

约公元前 46 亿年，太阳的诞生

Spectacular photos, movies, and other information about the Sun can be found

online at the website for the ESA/NASA Solar and Heliospheric Observatory (SOHO) satellite: *tinyurl.com/thyo*.

约公元前 45 亿年，水星

An enjoyable account of the history and science of the planet Mercury prior to the MESSENGER mission can be found in Mercury: *The Elusive Planet*, by Robert G. Strom (Cambridge, UK: Cambridge University Press, 1987).

约公元前 45 亿年，金星

The Nine Planets website is an outstanding place to start learning more about all the planets, moons, and small bodies in our solar system. Check out their "Venus" page at *http://nineplanets.org/venus.html*.

约公元前 45 亿年，地球

Geologist G. Brent Dalrymple's book *The Age of the Earth* (Stanford, CA: Stanford University Press, 1994) is an outstanding and authoritative source for understanding how we know that our planet is billions of years old.

约公元前 45 亿年，火星

The Planetary Society, the world's largest public space-advocacy organization, hosts an informative set of Web pages devoted to the exploration of Mars: *tinyurl.com/cntykwg*.

约公元前 45 亿年，主小行星带

Details about the discoveries, orbits, and other parameters of more than a half million minor planets in the main asteroid belt, near-Earth space, and elsewhere in the solar system are compiled online by the International Astronomical Union's Minor Planet Center at *tinyurl.com/d2scxfv*.

约公元前 45 亿年，木星

An authoritative recent scientific summary of almost everything we know about Jupiter can be found in *Jupiter: The Planet, Satellites, and Magnetosphere*, edited by Fran Bagenal, Timothy E. Dowling, and William B. McKinnon (New York: Cambridge University Press, 2007).

约公元前 45 亿年，土星

Saturn's atmosphere is less dynamic than Jupiter's, but it still reveals interesting and enigmatic features, such as a bright new storm system that became visible in 2010: *tinyurl.com/24prgxd*.

约公元前 45 亿年，天王星

A wonderful collection of photos of the Uranian atmosphere, rings, and moons can be found on the NASA/Caltech Jet Propulsion Laboratory's Planetary Photojournal site for Uranus, at *tinyurl.com/6pzdykv*.

约公元前 45 亿年，海王星

Understanding the formation of ice giants such as Neptune and Uranus is a hot topic in modern planetary science. The idea that these and other planets have migrated outward since their formation is often known as the Nice model, after the Nice Observatory in France, where many of the model's proponents work (see, for example, "The Chaotic Genesis of Planets," by Douglas N. C. Lin, *Scientific American*, May 2008).

约公元前 45 亿年，冥王星与柯伊伯带

The fun 365 Days of Astronomy podcast site has an interesting entry on the Kuiper (rhymes with "viper") belt online at *tinyurl. com/d6q9ckf*

约公元前 45 亿年，月亮的诞生

The University of Arizona Space Science Series book *The Origin of the Earth and Moon*, edited by Robin M. Canup and Kevin Righter (Tucson: University of Arizona Press, 2000), contains a comprehensive summary of the history and science of the giant impact

model and other hypotheses for the Moon's formation.

约公元前 41 亿年，晚期重轰炸

The giant planets likely played a significant role in causing the late heavy bombardment: see *tinyurl.com/csg6zh4*.

约公元前 38 亿年，地球上的生命

For a great summary of some of the latest research on the beginnings of life on our planet, see "The Origin of Life on Earth," by Alonso Ricardo and Jack W. Szostak, *Scientific American*, September 2009.

约公元前 5.5 亿年，寒武纪大爆发

Douglas H. Erwin's Extinction: *How Life on Earth Nearly Ended 250 Million Years Ago* (Princeton, NJ: Princeton University Press, 2006) gives a comprehensive and entertaining summary of the Permian-Triassic extinction event.

约公元前 6500 万年，杀死恐龙的撞击

For more details and references about the controversy surrounding the impact hypothesis for the extinction of the dinosaurs 65 million years ago, as well as the causes of other extinction events, a great place to start is Wikipedia's K-T extinction event page at *tinyurl.com/mm2dz*.

公元前 20 万年，智人

Seed magazine reporter Holly Capelo wrote an interesting summary of recent evidence that Paleolithic cave art may indeed capture some aspects of ancient astronomical and celestial lore. See *tinyurl.com/cvgtd6q*.

约公元前 5 万年，亚利桑那撞击

Geologist David Rajmon has compiled an online database of the nearly two hundred known and suspected impact-crater sites on the Earth: *tinyurl.com/bqsgdsb*.

约公元前 5000 年，宇宙学的诞生

According to an official NASA definition, *cosmology* is the study of the structure and changes in the present universe, whereas the study of the origin and evolution of the early universe is technically called *cosmogony* (although no one I know uses the word cosmogony).

约公元前 3000 年，古天文台

Cecil A. Newham's *The Astronomical Significance of Stonehenge* (Warminster, UK: Coates & Parker, 1993) provides a fascinating scientific analysis of that ancient and mysterious structure.

约公元前 2500 年，古埃及天文学

I remember reading an early edition of Edwin C. Krupp's *Echoes of the Ancient Skies: The Astronomy of Lost Civilizations* (Mineola, NY: Dover, 2003) when I was young and being fascinated by how much the objects and motions of the sky meant to our distant ancestors.

约公元前 2100 年，中国古代天文学

University of Maine professor Marilyn Shea hosts an excellent illustrated and annotated website highlighting many ancient Chinese astronomers and astronomical instruments: *tinyurl.com/cxqtavp*.

约公元前 500 年，地球是圆的！

In case Pythagoras, Eratosthenes, and the modern space program have not convinced you that you're living on a rotating sphere, you can always stick your head in the sand and join other nonbelievers from the Flat Earth Society by visiting *tinyurl.com/346e6c8*.

约公元前 400 年，希腊地心说

According to Bakersfield College astronomy professor Nick Strobel, who reviews some aspects of Greek cosmology on his website (*tinyurl.com/blcrvgf*), Aristotle "had probably the most significant influence on many fields of studies (science, theology, philosophy, etc.) of any single person in history."

约公元前 400 年，西方占星术

Astronomy professor Andrew Fraknoi, of Foothill College (Los Altos Hills, California) and the Astronomical Society of the Pacific, has an excellent collection of pointers and resources for those who want to skeptically examine or debunk astronomy-related pseudoscience such as astrology. Check it out at *tinyurl.com/yfbp4vy*.

约公元前 280 年，日心说的宇宙

To really dive into the details of the rich history of cosmology, check out Helge S. Kragh's *Conceptions of Cosmos—From Myths to the Accelerating Universe: A History of Cosmology* (New York: Oxford University Press, 2007).

约公元前 250 年，埃拉托色尼测量地球

Since 2000, an international program for teachers and students called Follow the Path of Eratosthenes has enabled students to reproduce Eratosthenes's more than 2,200-year-old experiment on their own. Find out how to join in at tinyurl.com/d7bd2k3.

约公元前 150 年，星等

Still confused about the backward stellar magnitude system used by astronomers? *Sky & Telescope* magazine contributor Alan MacRobert's online article at *tinyurl.com/luxflk*.

约公元前 100 年，最早的计算机

Two excellent review articles provide much more detail on the history and decoding of the Antikythera mechanism: Derek J. de Solla Price's "An Ancient Greek Computer"

(*Scientific American*, June 1959, pp. 60–67) and Tony Freeth's "Decoding an Ancient Computer" (*Scientific American*, December 2009, pp. 76–83).

公元前 45 年，儒略历

A wonderful introduction to the early Roman calendar can be found on the WebExhibits online museum site: *tinyurl. com/58ctv5*.

约 150 年，托勒密《天文学大成》

Physics professor Dennis Duke of Florida State University has put together an educational—and entertaining—set of Web-based animations that graphically display the nature of circular planetary motions according to the Ptolemaic/Almagest model. See "Ancient Planetary Model Animations" (*tinyurl. com/blh7uql*) for his introduction and outline.

185 年，中国古代天文学家观测客星

A recent NASA press release at *tinyurl. com/88sosvy* describes how astronomers, using NASA's Spitzer Space Telescope and the Wide-Field Infrared Survey Explorer satellite (WISE), have been able to piece together the details of the supernova of 185 to explain its progression from the bright flash first observed by Chinese astronomers to the roughly spherical remnants of gas and dust that are visible today.

约 500 年，阿里亚哈塔

Walter E. Clark's 1930 English translation of the *Aryabhatiya* of Aryabhata is available free online, at *tinyurl.com/chbvjet*.

约 700 年，确定复活节

You can check Venerable Bede's calculations of the date of Easter using modern computus methods with the help of the Astronomical Society of South Australia's website: *tinyurl.com/9zsa*.

约 825 年，古代阿拉伯天文学

A useful and educational introductory reference on early Arabic astronomy is Owen Gingerich's "Islamic Astronomy" (*Scientific American*, April 1986).

约 954 年，仙女座大星云

Tenth-century Persian astronomer 'Abd al-Rahmān al-Sūfī's *The Book of the Fixed Stars* is available online at the World Digital Library website: *tinyurl.com/cx7mkdr*.

约 1000 年，实验天体物理学

More details about the lives and work of al-Haytham and al-Bīrūnī can be found in recent online articles by Jim Al-Khalili, professor of theoretical physics at the University of Surrey (*tinyurl.com/8q5k9c*), and author Richard Covington (*tinyurl. com/2wqe7t*).

约 1000 年，玛雅天文学

A high-resolution version of the complete Dresden Codex can be downloaded from *tinyurl.com/5df38vq*. See also Colgate University professor Anthony Aveni's *Conversing with the Planets: How Science and Myth Invented the Cosmos* (New York: Kodansha International, 1994).

1054 年，观测白昼星

An entertaining historical and scientific description of the daytime star of 1054, and its resulting supernova remnant, can be found in Simon Mitton's *The Crab Nebula* (New York: Charles Scribner's Sons, 1979).

约 1230 年，《天球论》

You can learn a lot more about the history, accomplishments, and writings of John of Sacrobosco from Swansea University professor Adam Mosley's websites, starting at *tinyurl.com/cbbvrsd*.

约 1260 年，大型中世纪天文台

NASA maintains an illustrated and informative website on ancient (and modern) astronomical observatories—Ancient Observatories, Timeless Knowledge—at *tinyurl.com/cl4busr*.

约 1500 年，早期微积分

The figure is adapted from K. Ramasubramanian, M. D. Srinivas, and M. S. Sriram, "Modification of the Earlier Indian Planetary Theory by the Kerala Astronomers (c. 1500 ad) and the Implied Heliocentric Picture of Planetary Motion" (*Current Science 66*, no. 4 [May 25, 1994], pp. 784–790).

1543 年，哥白尼《天球运行论》

Al Van Helden from Rice University's Galileo Project wrote an outstanding summary of the history of the Copernican system, which is available online at *tinyurl.com/cebcm*.

1572 年，第谷新星

A great place to start learning more about the fascinating, complex character that was Tycho Brahe is by reading Victor E. Thoren's *The Lord of Uraniborg: A Biography of Tycho Brahe* (New York: Cambridge University Press, 1990).

1582 年，格里高利历

The US Naval Observatory's "Introduction to Calendars" Web page provides an interesting summary of the six principal calendar systems currently in worldwide use: *tinyurl.com/d589vr8*.

1596 年，米拉变星

An article by Dorrit Hoffleit about the discovery of Mira and its variability can be found on the American Association of Variable Star Observers website at *tinyurl.com/ct3mzgy*.

1600 年，布鲁诺《论无限宇宙与世界》

Wikipedia's "Giordano Bruno" page (*tinyurl.com/ayqfd*) provides a comprehensive starting point for a more detailed study of the controversial friar, philosopher, and astronomer.

约 1608 年，第一代天文望远镜

The American Academy of Ophthalmology has an online history of spectacles at *tinyurl.com/bpbbqqn*; also see "The Telescope" Web page from the Rice University Galileo Project: *tinyurl.com/33gat4u*.

1610 年，伽利略《星际信使》

The Italian Museo Galileo: Institute and Museum of the History of Science in Florence has a wonderful online exhibit with information and details about Galileo's telescope at *tinyurl.com/d2n945d*. For fascinating and more personal revelations about Galileo the man, see also Dava Sobel's wonderful *Galileo's Daughter: A Historical Memoir of Science, Faith, and Love* (New York: Walker & Company, 2011).

1610 年，木卫一

The most comprehensive recent scientific summaries of what we now know about Io can be found in *Io After Galileo: A New View of Jupiter's Volcanic Moon*, edited by Rosaly M. C. Lopes and John R. Spencer (Chichester, UK: Springer/Praxis, 2006).

1610 年，木卫二

Spectacular views of Europa from the Voyager and Galileo probes can be found on the NASA Planetary Photojournal search page at *tinyurl.com/cw7pz7w*.

1610 年，木卫三

For more of the history of orbital resonances and celestial dynamics, including a glimpse into some of the daunting math at the cutting edge of that field, see Carl D. Murray and Stanley F. Dermott's *Solar System Dynamics* (New York: Cambridge University Press, 2000).

1610 年，木卫四

Visit Lunar and Planetary Institute planetary scientist Dr. Paul Schenk's *3D House of Satellites blog* at *tinyurl.com/bssr43w* to learn more about what Callisto and the other Galilean moons are like up close.

1610 年，猎户座大星云

To learn more about our distant ancestors' ideas about the Orion Nebula, check out Edward C. Krupp's article "Igniting the Hearth," in the February 1999 issue of *Sky & Telescope* (vol. 97, no. 2).

1619 年，行星运动三定律

Fascinating background and details about Johannes Kepler and his work can be found in Curtis Wilson's "How Did Kepler Discover His First Two Laws?" (*Scientific American*, March 1972) and Owen Gingerich's *The Great Copernicus Chase and Other Adventures in Astronomical History* (Cambridge, MA: Sky Publishing, 1992).

1639 年，金星凌日

A great popular-level account of the history of Venus transit observations is in William Sheehan and John Westfall's *The Transits of Venus* (Amherst, NY: Prometheus, 2004).

1650 年，开阳六合星系统

Noted stellar astronomer James Kaler hosts a website with lots of details about named stars such as Mizar and Alcor at *tinyurl. com/yezwdhv*; see also Leos Ondra's article "A New View of Mizar," originally published in *Sky & Telescope* (July 2004), and available online at the author's website: *tinyurl.com/*

bqjaeh4.

1655 年，土卫六

Huygens's treatise on Saturn, *Systema Saturnium*, is available online from the Smithsonian Institution Libraries at *tinyurl. com/bqwdunv*.

1659 年，土星有光环

An enormous amount of information, including images and movies, can be found on the NASA Planetary Data System's "Saturn's Rings" Web page at *tinyurl.com/d28nu2n*; see also the previous note.

1665 年，大红斑

Check out Andrew P. Ingersoll's review of what we know about the Great Red Spot in "Atmospheres of the Giant Planets," chapter 15 in *The New Solar System*, edited by J. Kelly Beatty, Carolyn Collins Petersen, and Andrew Chaikin (Cambridge, MA: Sky Publishing, 1999).

1665 年，球状星团

The National Optical Astronomy Observatories keeps a wonderful website with photos and other information about globular clusters and other astronomical objects at *tinyurl.com/abjnve*.

1671 年，土卫八

Additional images and details about Iapetus can be found on the Cassini mission's "Iapetus" Web page: *tinyurl.com/7l6yghw*.

1672 年，土卫五

Initial details about the possible halo and ring system around Rhea were published by G. H. Jones, et al., in "The Dust Halo of Saturn's Largest Icy Moon, Rhea" (*Science* 319, no. 5868 [March 7, 2008], pp. 1380–1384).

1676 年，光速

See also Steven Soter and Neil deGrasse Tyson (eds.), *Cosmic Horizons: Astronomy at the Cutting Edge* (New York: New Press, 2001).

1682 年，哈雷彗星

For historical background, see Alan H. Cook's *Edmond Halley: Charting the Heavens and the Seas* (New York: Clarendon Press, 1998). Lists and orbital data for all known periodic comets are compiled by the International Astronomical Union's Minor Planet Center at *tinyurl.com/28y8a5r*.

1684 年，土卫三

An animation of the surface geology of Tethys was generated from Voyager images by Calvin J. Hamilton and can be found online at *tinyurl.com/bms9qbq*.

1684 年，土卫四

Hundreds of images of Dione, alone and with other moons and rings of Saturn, can be found on the NASA Planetary Photojournal's feature search page at *tinyurl.com/c24cvnh*.

1684 年，黄道光

Additional details of the early history of zodiacal light observations can be found in C. E. Brame's "The Zodiacal Light" (*Popular Science Monthly* 11 [July 1877]); it's available online at *tinyurl.com/bstncr3*.

1686 年，潮汐的起源

Excellent introductory physics-level discussions of tides (including common misconceptions about their origin) can be found at "How Tides Work" on Ethan Siegel's blog *Starts with a Bang!* (*tinyurl.com/2axmfaq*) and "Tidal Misconceptions," by Donald Simanek (*lhm5ac*), as well as pages 265–274 in Vernon D. Barger and Martin G. Olsson's *Classical Mechanics: A Modern Perspective* (New York: McGraw-Hill, 1973).

1687 年，牛顿的万有引力和运动定律

A wonderful source for understanding Newton's work in its historical context is *On the Shoulders of Giants: The Great Works of Physics and Astronomy*, edited, with commentary, by Stephen Hawking (Philadelphia: Running Press, 2002).

1718 年，恒星自行

An accessible historical accounting of Halley's "Considerations on the Changes of the Latitudes of Some of the Principal Fixed Stars (1718)" can be found in Robert G. Aitken's "Edmund [sic] Halley and Stellar Proper Motions" (*Astronomical Society of the Pacific Leaflets* 4, no. 164 [October 1942], pp. 103–112); it is available online at tinyurl.com/c8mxavz.

1757 年，天文导航

The bible of seagoing navigation and instrumentation is widely regarded to be Nathaniel Bowditch's *The American Practical Navigator*, first published in 1802 and available online through several sources, including *tinyurl.com/c6pxcpl*.

1764 年，行星状星云

Details on Hubble Space Telescope images of the Cat's Eye and other planetary nebulae can be found online at *tinyurl.com/cuoaxur*.

1771 年，梅西叶星表

Various compilations and links to "Messier marathon" sites can be found via the Paris Observatory at *tinyurl.com/bt5kq46*, and from the Students for the Exploration and Development of Space (SEDS) at *tinyurl.com/cqygeww*. Also, an English translation of Messier's original 1771 catalog of the first 45 objects is online at *tinyurl.com/c99ascl*.

1772 年，拉格朗日点

Astrophysicist and science popularizer Neil deGrasse Tyson has an entertaining and educational essay about the history, physics, and space exploration potential of Lagrange points at *tinyurl.com/bmqhark*.

1781 年，天王星的发现

Author Michael Lemonick's *The Georgian Star: How William and Caroline Herschel Revolutionized Our Understanding of the Cosmos* (New York: W.W. Norton, 2009) provides a detailed summary and tribute to both Herschels' lasting contributions to eighteenth-century astronomy.

1787 年，天卫三

A fascinating first-person account of the discovery of the first two moons of Uranus was published by William Herschel in 1787 as "An Account of the Discovery of Two Satellites Revolving Round the Georgian Planet," in *Philosophical Transactions of the Royal Society 77* (January 1, 1787, pp. 125–129), and is freely available online at *tinyurl.com/dyou62p*. (Just remember that ftar = star, fatellite = satellite, and so on.)

1787 年，天卫四

William Herschel's son, John, wrote a short summary in 1834 of the then-known details of the orbits of Oberon and Titania and the obliquity of Uranus called "On the Satellites of Uranus," published in the *Monthly Notices of the Royal Astronomical Society* (3, no. 5 [March 14, 1834], pp. 35–36), and available online at *tinyurl.com/cy3nb8b*.

1789 年，土卫二

A 2006 press release about the watery plumes of Enceladus, called "Cassini Images of Enceladus Suggest Geysers Erupt Liquid Water at the Moon's South Pole," with links and pointers to more images and other information, can be found online at the Cassini Imaging Central Laboratory for Operations: *tinyurl.com/8k4d6g2*.

1789 年，土卫一

An interesting account of some of the details in the design and fabrication of the mirrors for Herschel's 40-foot (12-meter) telescope can be found in W. H. Steavenson's "Herschel's First 40-foot Speculum," published in *The Observatory* (50 [1927], pp. 114–118) and available online at *tinyurl.com/8dyosha*.

1794 年，来自太空的陨石

A wonderful recent introduction to the history and science of meteorites appears in *Meteorites*, by Caroline Smith, Sara Russell, and Gretchen Benedix (Buffalo, NY: Firefly Books, 2011).

1795 年，恩克彗星

J. Donald Fernie published an entertaining summary of Caroline Herschel's life and achievements, "The Inimitable Caroline," in the November/December 2007 issue of *American Scientist* (vol. 95, no. 6), available online at *http://www.americanscientist.org/issues/pub/the-inimitable-caroline*.

1801 年，谷神星

A nice collection of Hubble Space Telescope photos and links for images of both 1 Ceres and 4 Vesta can be found on astronomy professor Courtney Seligman's website: *tinyurl.com/blemkol*.

1807 年，灶神星

An excellent recent scientific summary of asteroid research appears in the 2002 book *Asteroids III* (Tucson: University of Arizona Press, 2002), edited by William F. Bottke and colleagues; it is available online at *tinyurl.com/blf4765* and includes an entire chapter by University of Hawaii Professor Klaus Keil entitled "Geological History of Asteroid 4 Vesta: The Smallest Terrestrial Planet" (pp.

573–584).

1814 年，光谱学的诞生

The Fraunhofer Society, a group of German research institutes devoted to cutting-edge applied scientific research, has an online biography of Joseph von Fraunhofer's life and achievements at *tinyurl.com/c4bkbcv*.

1838 年，恒星视差

The photo on page 000 is a screen shot from a wonderful Web application by Vladimir Bodurov that lets you view the stars in the Sun's neighborhood from any direction. See *tinyurl.com/9htgzzq*.

1839 年，最早的天文照片

John Draper and his son Henry lived and worked in Hastings-on-Hudson, New York. The Hastings Historical society has some interesting detailed background about the astronomical photography work of the Drapers of Hastings posted online at *tinyurl.com/8fd5pmd* and *tinyurl.com/8hpad5n*.

1846 年，海王星的发现

The prolific and learned British astronomer Sir Patrick Moore has written an entertaining and engaging history of the discovery of Neptune in *The Planet Neptune: An Historical Survey Before Voyager* (New York: Wiley, 1996).

1846 年，海卫一

For a modern summary of Triton's composition, geology, and possible origin, see D. Cruikshank, "Triton, Pluto, Centaurs, and Trans-Neptunian Bodies," in T. Encrenaz, R. Kallenbach, T. Owen, and C. Sotin, *The Outer Planets and Their Moons* (Norwell, MA: Springer, 2005, pp. 421–440).

1847 年，米切尔小姐彗星

More information about Maria Mitchell's life and legacy can be found on the website of the Maria Mitchell Association (*tinyurl.com/9ke5z2y*), "founded in 1902 to preserve the legacy of Nantucket native astronomer, naturalist, librarian, and, above all, educator."

1848 年，光的多普勒位移

UCLA astronomy professor Ned Wright has an excellent online tutorial about Doppler shifts and cosmology at *tinyurl.com/ygjz7t2*.

1848 年，土卫七

More details about the strange landforms and internal structure of Hyperion can be found in P. C. Thomas, et al., "Hyperion's Sponge-like Appearance" (*Nature* 448, no. 7149 [2007], pp. 50–56).

1851 年，傅科摆

For more details and background about the theory and operation of Foucault's pendulum, see the California Academy of Science's excellent online tutorial at *tinyurl.com/yhn3g8*.

1851 年，天卫一和天卫二

A detailed account of the life and history of the skilled and prolific observational astronomer William Lassell can be found in his 1880 obituary, written by Margaret Huggins, in *The Observatory* (vol. 3 [1880], pp. 586–590), available online at *tinyurl.com/9qetb93*.

1857 年，柯克伍德缺口

Interesting additional details about Kirkwood's life and discoveries can be found in J. Donald Fernie, "The American Kepler" (*New Scientist 87,* September/October 1999, p. 398), online at *tinyurl.com/8tmjpyt*.

1859 年，太阳耀发

More details and background about Carrington's 1859 solar flare event is featured in the May 6, 2008, "NASA Science News: A Super Solar Flare" feature posted online at *tinyurl.com/32v6amx*.

1859 年，寻找祝融星

The search is chronicled in detail in Robert Fontenrose's article "In Search of Vulcan" (*Journal for the History of Astronomy* 4 [1973], p. 145), available online at *tinyurl.com/95ua9fn*.

1862 年，白矮星

An outstanding account of the history and legacy of telescope makers Alvan Clark and Sons can be found in Deborah Jean Warner and Robert B. Ariail's *Alvan Clark & Sons: Artists in Optics* (Richmond, VA: Willmann-Bell, 1995).

1866 年，狮子座流星雨的来源

A great source of information and details about the Leonids and other meteor showers can be found at author and amateur astronomer Gary Kronk's website: *tinyurl.com/8zw8e8d*.

1868 年，氦

The Wikipedia entry on helium at *tinyurl.com/n5of7* contains extensive details and references about this cosmically important element.

1877 年，火卫一和火卫二

A personal account of Asaph Hall's discovery of the moons of Mars can be found in "The Discovery of the Satellites of Mars" (*Monthly Notices of the Royal Astronomical Society* 38, [February 8, 1878], pp. 205–209); it's available online at *tinyurl.com/9cy46pc*. Also, details about the Mars rovers' observations of the solar transits of both moons can be found in a scientific article that I and a number of colleagues wrote called "Solar Eclipses of Phobos and Deimos Observed from the Surface of Mars" (*Nature* 436 [July 7, 2005], pp. 55–57).

1887 年，以太的末日

It's fascinating to read Michelson and Morley's original paper describing their experiment and results. It was published in 1887 as "On the Relative Motion of the Earth and the Luminiferous Ether" in the *American Journal of Science* (34, no. 203 [November 1887], pp. 333–345), and is available free from the American Institute of Physics at *tinyurl.com/92vz92u*.

1892 年，木卫五

Barnard's description of his discovery was published in "Discovery and Observations of a Fifth Satellite to Jupiter" (*Astronomical Journal* 12 [1892], pp. 81–85), which can be read online at *tinyurl.com/8bwe3fz*.

1893 年，恒星颜色即恒星温度

Wilhelm Wien won the Nobel Prize in Physics in 1911 for his discoveries in light and energy; for a list of all past winners of the physics prize, see *tinyurl.com/32r8ue*.

1895 年，银河系暗条

A summary of Max Wolf's astronomical career can be found in Joseph S. Tenn's "Max Wolf: The Twenty-Fifth Bruce Medalist" (Mercury 23 [July–August 1994], pp. 27–28); it's available online at *tinyurl.com/9sm5xt8*.

1896 年，温室效应

A detailed modern discussion of the greenhouse effect can be found in the United Nations' *Intergovernmental Panel on Climate Change Fourth Assessment Report*'s Frequently Asked Question 1.3 (pp. 115–116), "What is the Greenhouse Effect?" in chapter 1, "Historical Overview of Climate Change Science," available online at *tinyurl.com/aprync*.

1896 年，放射性

An outstanding and detailed, readable summary of the principles and history of radioactivity and radioactive dating can be found in planetary scientist Matthew Hedman's *The Age of Everything: How Science Explores the Past* (Chicago: University of Chicago Press, 2007).

1898 年，土卫九

Additional images and details about Phoebe can be found on the Cassini mission's "Phoebe" Web page: *tinyurl.com/9nh95kz*.

1900 年，量子力学

A series of introductory to mind-bending articles about quantum mechanics and the quantum world is available online from *New Scientist* magazine, at *tinyurl.com/ca8lnx*.

1901 年，皮克林的"哈佛计算机"

An article by Sue Nelson in the September 4, 2008, issue of Nature magazine provides fascinating additional history and details about the work of Pickering's "Harvard Computers": see *Nature* 455 (September 4, 2008): pp. 36–37.

1904 年，木卫六

Animated orbital views of the irregular satellites of all of the giant planets can be seen with the University of Maryland's online Solar System Visualizer, at *tinyurl.com/2acvd7*.

1905 年，爱因斯坦奇迹年

Wikipedia's exhaustive entry on the life and career of Albert Einstein at *tinyurl.com/e9zvk* is an outstanding place to begin to learn more about the iconic physicist whom Time magazine dubbed "Person of the Century" for 1900–1999.

1906 年，木星的特洛伊小行星

Saturn, Neptune, and Mars (but, curiously, not Uranus) have also been found to have Trojan asteroids at their leading and trailing L4 and L5 points; even the moons Tethys and Dione have been found to have small Trojan satellites in their L4 and L5 points relative to Saturn; for details, see *tinyurl.com/yoklvg*.

1906 年，《火星和它的运河》

Lowell's *Mars and Its Canals*, including good renderings of his original hand-drawn maps and globes of Mars, is available online through Google Books via *http://tinyurl.com/4lr2fql*.

1908 年，通古斯大爆炸

Artist and planetary scientist William K. Hartmann of the Planetary Science Institute in Tucson, Arizona, has put together a fascinating account of eyewitness stories and artistic impressions about the Tunguska event at *tinyurl.com/95pjc2t*.

1908 年，造父变星和标准烛光

A lovely biography of Henrietta Swan Leavitt was written by George Johnson: *Miss Leavitt's Stars: The Untold Story of the Woman Who Discovered How to Measure the Universe* (New York: W. W. Norton, 2005).

1910 年，主序

McGraw-Hill publishers has a fun online applet, "Stellar Evolution and the H-R Diagram," that can be used to track the evolution of stars of different mass along and eventually off the main sequence: *tinyurl.com/b35942*.

1918 年，银河系的尺寸

Interesting reviews and details about the 1920 "Great Debate" between Harlow Shapley and his fellow American astronomer Heber Curtis (1872–1942) about the size of the universe can be found at *tinyurl.com/94fp4fn*.

1920 年，半人马小行星

An up-to-date list of all known Centaurs

and other "scattered-disk objects," as they are sometimes known, is compiled by the International Astronomical Union's Minor Planet Center at *tinyurl.com/99w9mrp*.

1924 年，爱丁顿质光关系

Arthur Eddington's 1926 book, *The Internal Constitution of the Stars* (Cambridge, UK: Cambridge University Press), became an instant astronomy classroom staple as well as an influential inspiration for generations of astrophysicists.

1926 年，液体燃料火箭

Goddard's original 1919 book on rocketry, *A Method to Reach Extreme Altitudes* (Washington, D.C.: Smithsonian Institution Press), can be downloaded for free from *tinyurl.com/9tha5jc*.

1927 年，银河系自转

UCLA astronomer Andrea Ghez's Galactic Center Group hosts a wonderfully illustrated summary of views of the center of our galaxy at different wavelengths at *tinyurl. com/9etp5wj*.

1929 年，哈勃定律

For an illuminating account of the story behind Hubble's law, check out Donald E. Osterbrock, Joel A. Gwinn, and Ronald S. Brashear's article "Edwin Hubble and the Expanding Universe," in *Scientific American* (269 [July 1993], pp. 84–89).

1930 年，冥王星的发现

The backstory and details about Lowell Observatory astronomer Clyde Tombaugh's search for and discovery of Pluto can be found in his article "The Search for the Ninth Planet, Pluto," in the *Astronomical Society of the Pacific Leaflets* 5, no. 209 (*July* 1946), pp. 73–80; it's online at *tinyurl.com/8redhe8*.

1931 年，射电天文学

Karl Jansky's brother Cyril, Jr.'s, 1956 tale of the early history of Karl's discovery of "electrical disturbances apparently of extraterrestrial origin" is posted online as "My Brother Karl Jansky and His Discovery of Radio Waves from Beyond the Earth" at the Ohio State University's Big Ear Radio Observatory website: *tinyurl.com/rrst4*.

1932 年，奥尔特云

Jan Oort's 1950 Bulletin of the Astronomical Institutes of the Netherlands article, from which the Oort Cloud gets its name, expands on Ernst Öpik's original 1932 hypothesis and is freely available online at *tinyurl.com/99tcy9w*.

1933 年，中子星

Details about the Hubble Space Telescope's 1997 visible light identification of a lone neutron star, "Hubble Sees a Neutron Star Alone in Space," can be found at *tinyurl. com/cstllk2*.

1933 年，暗物质

Neil deGrasse Tyson and Steven Soter provide some more details about the brilliant astronomer and "irascible character" Fritz Zwicky in their profile at *tinyurl.com/c45z6l3*, which is excerpted from Cosmic Horizons: Astronomy at the Cutting Edge (New York: New Press, 2001).

1936 年，椭圆星系

Edwin Hubble's 1936 book, *The Realm of the Nebulae* (New Haven, CT: Yale University Press), is based on a series of lectures that he gave at Yale in 1935 describing his observations and interpretations of "island universes" —other galaxies separate from our own. The book is now considered a classic in the history of astronomy.

1939 年，核聚变

In his essay on the history of stellar nuclear fusion, "How the Sun Shines" (published online at *tinyurl.com/bocbkj4*), astronomer John Bahcall wrote of Hans Bethe's 1939 paper *Energy Production in Stars*, "If you are a physicist and only have time to read one paper in the subject, this is the paper to read."

1945 年，地球同步卫星

Arthur C. Clarke's 1945 prophetic *Wireless World* magazine article about the future of communications satellites, as well as many other influential early articles and documents about the early space program, can be found in a volume edited by space historian John Logsdon called *Exploring the Unknown: Selected Documents in the History of the U.S. Civil Space Program*. It's available online at *tinyurl.com/bruoxsd*.

1948 年，天卫五

My planetary science colleague Paul Schenk from the Lunar and Planetary Institute has created some spectacular movies and views of the dramatic and weird topography on tiny Miranda, posted online at *tinyurl.com/cr9cm3g*.

1955 年，木星磁场

For more details about the 1955 discovery of Jupiter's magnetic field, see Dr. Leonard Garcia's article on the Radio Jove website: *tinyurl.com/csy4rch*.

1956 年，中微子天文学

A great recent review and summary of neutrino astronomy can be found in Graciela B. Gelmini, Alexander Kusenko, and Thomas J. Weile's "Through Neutrino Eyes: Ghostly Particles Become Astronomical Tools," in the May 2010 issue of *Scientific American*.

1957 年，伴侣 1 号

For an entertaining and illuminating glimpse of the America that was shocked by *Sputnik* and then spurred on to reach the Moon, check out Homer Hickam's 1998 book, *Rocket Boys* (New York: Delacorte Press), and the related 1999 film *October Sky* (Universal Pictures).

1958 年，地球辐射带

A summary and links to more details about the phenomenally successful Explorer small satellite program (with 93 launches between 1958 and 2012) can be found on Wikipedia at *tinyurl.com/qp34s*.

1958 年，美国宇航局和深空网络

The DSN's official website is tinyurl.com/5ucc4c. For a list of current (as well as past and future) NASA space science missions being tracked by the DSN, see *tinyurl.com/7ebsjx3*.

1959 年，月亮的背面

The *far side* of the Moon is not (usually) the same as the *dark side*. The Moon goes through a cycle of day and night, so, just as they do on Earth, the lit side and the dark side are constantly changing. Only at full Moon is the far side also the dark side; at new Moon, the near side becomes the dark side. Confused? Check out Phil Plait's explanation and details at his wonderful Bad Astronomy website: *tinyurl.com/ya4vf3w*.

1959 年，旋涡星系

Spiral galaxy and dark matter researcher Vera Rubin, from the Carnegie Institution of Washington, is one of the key women in the history of astronomy who is profiled in the Astronomical Society of the Pacific's online Women in Astronomy website: *tinyurl.com/6e8r54*.

1960 年，探索地外文明

A modern perspective on 50 years of SETI can be found in the essay called "An Alien Concept," by Slate columnist Fred Kaplan in the September 17, 2009, issue of *Nature* (461, pp. 345–346).

1961 年，第一批宇航员

In honor of Yuri Gagarin's status as the first person to travel into space, every April 12 since 2001 has been celebrated as "Yuri's Night" at space-related parties and events around the world. Find out more about the next Yuri's Night at *http://yurisnight.net/*.

1963 年，阿雷西博射电望远镜

More information and details about the Arecibo telescope, including a full list of its scientific accomplishments, can be found online at *tinyurl.com/9roxj3j*.

1963 年，类星体

An introduction to Hubble Space Telescope imaging and spectroscopy of quasars and their host galaxies can be found in the online article "Hubble Surveys the 'Homes' of Quasars" at *tinyurl.com/8qtve6j*.

1964 年，宇宙微波背景

Since its founding in 1925, Bell Laboratories has been a great example of private industry promoting scientific and technological advancement. In addition to the discovery of the cosmic microwave background radiation and the invention of radio astronomy, Bell Labs also pioneered the transistor, the laser, solar cells, and the first telecommunications satellite.

1965 年，黑洞

An entertaining and educational account of the science and mystery of black holes can be found in astrophysicist Neil deGrasse Tyson's book *Death by Black Hole: And Other Cosmic Quandaries* (New York: W. W. Norton, 2007).

1965 年，霍金的极端物理学

Hawking's best-selling *A Brief History of Time: From the Big Bang to Black Holes* (1988) and *The Universe in a Nutshell* (2001), both published by Bantam Books, are excellent general-audience introductions to modern cosmology and the exotic, nonintuitive world of black holes, singularities, wormholes, and other extreme physics.

1965 年，微波天文学

Stanford University's Gravity Probe B mission website provides some good additional technical detail and links about astrophysical masers at *tinyurl.com/97fq5pe*.

1966 年，金星 3 号抵达金星

Space history researcher Donald P. Mitchell has created an excellent online summary of the Soviet Union's 1961–1985 Venera Venus exploration program at *tinyurl.com/3nud9*.

1967 年，脉冲星

A cartoon animation of a rotating pulsar can be found at the Max Planck Institute for Gravitational Physics Einstein Online website's "Neutron Stars and Pulsars" page: *tinyurl.com/8rqoc6u*.

1967 年，研究嗜极生物

Thomas Brock's call for expanding the search for habitable environments on the Earth was published in "Life at High Temperatures" (*Science* 158, no. 3804 [November 1967], pp. 1012–1019).

1969 年，第一次登月

An authoritative and entertaining source of moment-by-moment details of Apollo 11 and the other human missions to the Moon is the Apollo Lunar Surface Journal website, edited by Eric M. Jones and Ken Glover, and posted online at *tinyurl.com/2bmqcq*.

1969 年，第二次登月

Huge numbers of books, movies, and websites have been created to chronicle the history of the Apollo program, but much less has been published about the Soviet Union's failed human lunar exploration program. An excellent general-level summary of the Soviet efforts, "The Soviet Manned Lunar Program," is available from the Finnish space-history researcher Marcus Lindroos at *tinyurl.com/8j2nj4q*.

1969 年，天文学走向数字化

Willard Boyle and George Smith shared a part of the 2009 Nobel Prize in Physics for their invention of the CCD. You can see and hear more details about their pioneering work in their Nobel award lectures, posted online at *tinyurl.com/ydlehwe*.

1970 年，默奇森陨石中的有机分子

A good article with more details about the amino acids discovered in the Murchison meteorite was written by Anne M. Rosenthal for the February 12, 2003, online issue of *Astrobiology* magazine. "Murchison's Amino Acids: Tainted Evidence?" is posted at *tinyurl.com/9ha432o*.

1970 年，金星 7 号着陆金星

The National Space Science Data Center maintains a chronological list of Venus space exploration missions, with links to photographs and descriptions of the spacecraft and instruments, at *tinyurl.com/8taqj9x*.

1970 年，月球自动采样返回

The NASA Lunar Reconnaissance Orbiter Camera team, based at Arizona State University in Tempe, has made a priority of taking photos of "anthropogenic targets" such as the *Luna, Surveyor*, and *Apollo* landers; the images and details are posted online at *tinyurl.com/8gotnwy*.

1971 年，毛罗修士构造

For fascinating stories and details about all of the Apollo missions, science journalist and space historian Andy Chaiken's book *A Man on the Moon: The Voyages of the Apollo Astronauts* (New York: Penguin, 1998) is an outstanding read.

1971 年，第一代火星轨道器

Planetary scientists William K. Hartmann and Odell Raper's book *The New Mars: The Discoveries of* Mariner 9 (NASA Special Publication 337 [Washington, D.C.: NASA Scientific and Technical Information Office, 1974]) is a great way to check out the highlights from the mission of the first Mars orbiter.

1971 年，月球车

Detailed historical documents and technical schematics about the Apollo lunar roving vehicles can be found in *A Brief History of the Lunar Roving Vehicle* from the NASA Marshall Space Flight Center's space history website (*tinyurl.com/8nxezlh*), and in "The Lunar Roving Vehicle—Historical Perspective," at *tinyurl.com/997dad8*.

1972 年，月球高地

A spectacular series of virtual-reality animated panoramas of all the Apollo landing sites can be explored online at *http://moonpans.com/vr/*.

1972 年，最后一次登月

An excellent place to start to learn more about the six Apollo moon landings, and other missions in the Apollo program, is Wikipedia's

"Apollo program" Web page at *tinyurl.com/ynrjsz*.

1973 年，伽马射线暴

The original 1973 *Astrophysical Journal* (vol. 182) paper announcing the discovery of GRBs, "Observations of Gamma-Ray Bursts of Cosmic Origin" by Ray W. Klebesadel, Ian B. Strong, and Roy A. Olson, is available online at *tinyurl.com/9dhw9ot*.

1973 年，先驱者 10 号在木星

More details about the plaque carried by the *Pioneer 10 and 11* spacecraft, as well as the Golden Record carried by the follow-on *Voyager 1* and *2* spacecraft, can be found in the book *Murmurs of Earth: The Voyager Interstellar Record*, by Carl Sagan and colleagues (New York: Ballantine, 1978).

1976 年，维京号在火星

The first edition of Mike Carr's beautifully illustrated book *The Surface of Mars* (New Haven, CT: Yale University Press, 1981) was a definitive summary of our knowledge of Martian geology from the Viking and Mariner missions up until the mid-1990s.

1977 年，旅行者号旅程开始

University of Hawaii professor David Swift's engaging book *Voyager Tales: Personal Views of the Grand Tour* (Reston, VA: American Institute of Aeronautics and Astronautics, 1997) is full of amazing firsthand stories by the men and women who designed and conducted Voyager's Grand Tour of the outer solar system.

1977 年，发现天王星光环

An exciting personal account of the discovery of the Uranian rings was described in a book by my late planetary science colleague Jim Elliot (their codiscoverer) and Richard Kerr in *Rings: Discoveries from Galileo to Voyager* (Cambridge, MA: MIT Press, 1987).

1978 年，冥卫一

Charon was the last major (nonirregular) satellite of a classical planet to be discovered by telescope; for a chronological list of all of the satellites that have been discovered in our solar system (by telescope or spacecraft), see *tinyurl.com/3uuj6t*.

1978 年，紫外天文学

In case you forget, NASA's Imagine the Universe! website, hosted by the Goddard Space Flight Center, has a helpful, illustrated primer on the definitions of the types of electromagnetic radiation: ultraviolet, visible, infrared, radio, gamma-ray, and more. Check it out at *tinyurl.com/ux7i*.

1979 年，木卫一上的活火山

Rosaly Lopes and Michael Carroll's beautiful book *Alien Volcanoes* (Baltimore: Johns Hopkins University Press, 2008) contains spectacular images and other information about Io's volcanoes as well as volcanoes on other planets.

1979 年，木星光环

NASA's Planetary Data System has a Planetary Rings Node website (*http://pds-rings.seti.org/*) that provides access to all kinds of information and data about Jupiter's rings, as well as the rings around Saturn, Uranus, and Neptune.

1979 年，木卫二上的海洋？

Richard J. Greenberg's *Europa: The Ocean Moon* (New York: Springer, 2005) is a well-written and entertaining summary of both historical and recent observations of Europa, including the evidence for its subsurface ocean.

1979 年，引力透镜

Wikipedia's "Gravitational lens" page

at *tinyurl.com/ola3h* contains a number of excellent visualizations and animations that help further explain the concept.

1979 年，先驱者 11 号在土星

NASA Special Publication 349 (Washington, D.C.: NASA Scientific and Technical Information Office, 1977), called *Pioneer Odyssey*, is a richly illustrated history of the *Pioneer 10* and *11* projects—and it's available online at *tinyurl.com/9lnp9ex*.

1980 年，《宇宙：一次个人旅行》

Joining the Planetary Society (*http://www.planetary.org*), a nonprofit, public space-advocacy and education organization founded by Carl Sagan, Bruce Murray, and Louis Friedman in 1980, is a great way to stay current with and directly participate in planetary and space exploration.

1980 年，1981 年，旅行者号交会土星

Arizona State University history professor Stephen Pyne describes the Voyager missions in the context of past missions of exploration to discover new lands (on Earth) in his recent book *Voyager: Seeking New Worlds in the Third Great Age of Discovery* (New York: Viking, 2010).

1981 年，航天飞机

With the retirement of the space shuttle fleet in 2011, what comes next for US human spaceflight? A presidential commission in 2009 recommended that NASA take a "flexible path" to future destinations, enabling missions to the Moon, Mars, or asteroids (see *tinyurl.com/ygcz243*). No specific missions have yet been formulated, however.

1982 年，海王星光环

The current scholarly bible for the latest information on ring science, at Neptune and the other giant planets, is Larry Esposito's *Planetary Rings* (New York: Cambridge University Press, 2006).

1983 年，先驱者 10 号飞越海王星

You can monitor information on the five NASA spacecraft that are on their way out of our solar system at *http://www.heavens-above.com/SolarEscape.aspx*.

1984 年，星周盘

University of California at Berkeley astronomer Paul Kalas maintains a Circumstellar Disk Learning Site (*tinyurl.com/94879ma*) where you can find images, links, and more information about these important indicators of planetary formation.

1989 年，旅行者 2 号在天王星

Voyager 2 is as yet the only spacecraft to visit Uranus. However, in 2011, NASA's Planetary Decadal Survey for 2013–2022 called for a possible Uranus orbiter mission to follow up *Voyager 2*'s discoveries at Uranus, much as Galileo and Cassini did previously at Jupiter and Saturn. Download the survey's report from *tinyurl.com/3j8qcjb* for details.

1987 年，超新星 1987A

A French research team has assembled a spectacular time-lapse movie of so-called light echoes (light waves reflected off of other sources—analogous to sound echoes) from Supernova 1987A between 1996 and 2002. The movie is posted online at *tinyurl.com/9x8zuu6*.

1988 年，光污染

You can learn more about the important work of the International Dark-Sky Association (and join!) at *http://www.darksky.org/*.

1989 年，旅行者 2 号在海王星

The 1995 University of Arizona Space Science Series book *Neptune and Triton* (Dale P. Cruikshank, ed.) will likely remain an authoritative source of scientific information on the Neptune system for a long time, as no new missions to the eighth planet are being planned for the near future.

1989 年，星系长城

Astronomer Stephen D. Landy wrote a nice introduction to the concept of large-scale cosmic structures (including walls of galaxies) in "Mapping the Universe," in the June 1999 issue of *Scientific American*.

1990 年，哈勃空间望远镜

The Hubble Site (*http://hubblesite.org/*) is a one-stop Internet shop for an amazing collection of information, stories, and glorious pictures of the cosmos taken by the Hubble Space Telescope.

1990 年，麦哲伦号绘制金星地图

My planetary science colleague David Grinspoon worked closely with *Magellan* Venus mission data, and his book *Venus Revealed: A New Look Below the Clouds of Our Mysterious Twin Planet* (New York: Basic Books, 1998) is a fun and personal look at the history and science of Earth's "twin" planet.

1991 年，伽马射线天文学

NASA's Imagine the Universe! website offers a great online "History of Gamma-Ray Astronomy" at *tinyurl.com/ceoaa83*.

1992 年，绘制宇宙微波背景

Two leading COBE scientists, John Mather and George Smoot, received the 2006 Nobel Prize in Physics for their work on helping to create a new era of precision observational cosmology using space-based missions such as COBE.

1992 年，第一批太阳系外行星

Twelve more candidate planets have now been detected around eleven other pulsars besides those around PSR B1257+12. See the Extrasolar Planet Encyclopaedia at *tinyurl.*

com/39qusq for updates and details.

1992 年，柯伊伯带天体

The International Astronomical Union's Minor Planet Center is now tracking more than 1,250 trans-Neptunian objects in the Kuiper belt, and the population continues to grow (see the list at *tinyurl.com/9zxhsbz*).

1992 年，小行星可以有卫星

Finding a moon around an asteroid is more than just cool: it allows astronomers to determine the mass of the asteroid (using Kepler's laws) and, knowing or estimating the shape and size, its density as well. Density gives clues about composition (ice, rock, metal) and interior structure (coherent rock or rubble pile).

1993 年，大望远镜

Wikipedia hosts a list of the world's largest optical telescopes, both in historical and modern times, at *tinyurl.com/cnfuo4p*.

1994 年，舒梅克 - 列维 9 号彗星撞击木星

A beautiful collection of photos and stories from an amazing two weeks in the summer of 1994 has been compiled by planetary science colleagues John Spencer and Jacqueline Mitton in *The Great Comet Crash: The Collision of Comet Shoemaker-Levy 9 and Jupiter* (New York: Cambridge University Press, 1995).

1994 年，褐矮星

Weather patterns on brown dwarfs could be quite wild—rain made of liquid iron falling through an atmosphere made of vaporized rock, for example. Check out the interview with some brown dwarf researchers in Jeanna Bryner's article "Wild Weather: Iron Rain on Failed Stars," at *tinyurl.com/bn2q4jg* for more details.

1995 年，围绕其他太阳的行星

The Extrasolar Planets Encyclopaedia's "Interactive Extra-solar Planets Catalog," hosted online by the Paris Observatory, keeps an up-to-date list of extrasolar planets discovered by all the different methods used by astronomers. The catalog can be found at *tinyurl.com/32bozw*.

1995 年，伽利略号环绕木星

For all the insider details about the Galileo mission, see NASA Special Publication 4231, *Mission to Jupiter: A History of the Galileo Project* (2007), by Michael Meltzer, available online at *tinyurl.com/3gfnqge*.

1996 年，火星上的生命？

The National Space Science Data Center has a dedicated Web page with information and links about the ALH84001 controversy ("Evidence of Ancient Martian Life in Meteorite ALH84001?"), online at *tinyurl.com/6gjhsug*.

1997 年，海尔 - 波普大彗星

Noted amateur astronomer and comet researcher Gary W. Kronk has compiled a great collection of information and links about comet Hale-Bopp on his "Cometography" Web page about the comet at *tinyurl.com/8q6scg5*.

1997 年，小行星梅西尔德

Since Mathilde is jet black and likely contains a significant amount of carbon, the naming theme chosen for craters and other features on its surface was coal fields and coal basins on the Earth. See *tinyurl.com/3menrp* for a list of the naming themes used on all the solar system bodies studied so far.

1997 年，第一辆火星车

To get a feel for the *Sojourner* rover in action, check out the time-lapse rover "movies" created by NASA/Jet Propulsion Laboratory planetary scientist Justin Maki and the Mars Pathfinder team, online at *tinyurl.com/976hyys*.

1997 年，火星全球勘探者号

The MGS Mars Orbiter Camera (MOC) was the highest-resolution camera sent to Mars at the time. The team from Malin Space Science Systems, Inc., that built and operated the camera created a spectacular collection of greatest-hits photos (many with scientific annotation) from MOC and their other Mars cameras online at *tinyurl.com/8ezruqa*.

1998 年，国际空间站

A fascinating animation showing the assembly sequence for the ISS between 1998 and 2011 can be found at *tinyurl.com/d4plha*.

1998 年，暗能量

The website at *tinyurl.com/yv7q7d* and the April 2009 *Scientific American* article "Does Dark Energy Really Exist?" (by Timothy Clifton and Pedro G. Ferreira) are great resources for more information about the strange and puzzling force known as dark energy.

1999 年，地球加速旋转

Wikipedia's "Leap second" page at *tinyurl.com/b4oar* provides a fascinating and detailed account of the history, implementation, and controversy surrounding this curious feature of modern timekeeping.

1999 年，杜林危险指数

More details about the Torino Impact Hazard Scale as well as the more recent Palermo Technical Impact Hazard Scale now used among many professional astronomers can be found online at *tinyurl.com/kwt3tg* and *tinyurl.com/94lg6dx, respectively*.

1999 年，钱德拉 X 射线天文观测站

The place to go to learn more about

Chandra and X-ray astronomy, and to see spectacular examples of images, is the Chandra X-ray Observatory Center website, at *tinyurl.com/j84ul*.

2000 年，木卫三上的海洋？

To me, Ganymede is really a planet—larger than Mercury; differentiated into core, mantle, and crust; deep ocean; its own magnetic field ... it's a planet that just happens to be in orbit around Jupiter. It's no wonder that the European Space Agency has decided to launch a dedicated Ganymede orbiter mission in 2022 called the Jupiter Icy Moons Explorer to focus on the exploration of this fascinating world. See *tinyurl.com/7nbred7* for more details.

2000 年，近地小行星交会任务在爱神星

The National Space Science Data Center hosts a variety of time-lapse animations (and other data) of Eros from the NEAR mission, at *tinyurl.com/cpvjrkv*.

2001 年，太阳中微子问题

An interesting history of neutrinos and the 1970–2002 astronomical detective story known as the "solar neutrino problem" can be found in Arthur B. McDonald, Joshua R. Klein, and David L. Wark's "Solving the Solar Neutrino Problem" (*Scientific American* 288, no. 4 [April 2003], pp. 40–49).

2001 年，宇宙年龄

Besides WMAP and HST, other methods of estimating the age of the universe come from estimating ages of the oldest stars in globular clusters, the oldest white dwarfs, and radioactive dating of meteorites combined with modeling of the time for heavy elements to form in supernova explosions. All the methods give results in the range of 10 to 20 billion years. See "How Old Is the Universe," by John Carl Villanueva, at *tinyurl.*

com/97qw7mu for more details.

2001 年，创世纪号捕捉太阳风

The technical details of the Genesis mission results have been published by D. Burnett and the Genesis Science Team in "Solar Composition from the Genesis Discovery mission," *Proceedings of the National Academy of Sciences* of the United States, May 9, 2011, (online at *tinyurl. com/8lck3ra*).

2003 年，斯皮策空间望远镜

Spitzer's home page (*tinyurl.com/44ys3*) has a fantastic collection of astronomical images and features about the science of infrared astronomy.

2004 年，勇气号与机遇号在火星

If you like space-related picture books, you might be interested my large-format coffee table book called *Postcards from Mars* (New York: Dutton, 2006), or my fun stereo-viewer book called *Mars 3-D* (New York: Sterling, 2008), showcasing the stories and photographic highlights from the *Spirit* and *Opportunity* rover missions.

2004 年，卡西尼号探索土星

Saturn from Cassini-Huygens (Michele K. Dougherty, Larry W. Esposito, and Stamatios M. Krimigis, eds.), published by Springer (2009), is a comprehensive, scholarly summary of the latest results from the incredibly successful Cassini-Huygens mission at the solar system's most famous ringed planet and its moon Titan.

2004 年，星尘号交会怀尔德 2 号彗星

The December 15, 2006, issue of *Science* magazine contains a variety of papers presenting the first detailed analysis of the chemistry and mineralogy of the *Stardust* samples.

2005 年，深度撞击：坦普尔 1 号彗星

A collection of cool animations of the *Deep Impact* projectile's crash into Tempel-1 is posted at *tinyurl.com/8fsh7qx*.

2005 年，惠更斯号登陆土卫六

A nice summary of our current knowledge of Titan appeared in "The Moon That Would Be a Planet," by Ralph Lorenz and Christophe Sotin, in the *March 2010* issue of *Scientific American*.

2005 年，隼鸟号在系川小行星

The February 2011 online issue of Planetary Science Research Discoveries (published by the University of Hawaii Institute of Geophysics and Planetology) contains details and links to more information about the tiny samples of Itokawa returned by Hayabusa: *tinyurl.com/8wxxq3x*.

2005 年，牧羊犬卫星

The Cassini Imaging Central Library for Operations (CICLOPS) website at http://www.ciclops.org/ contains spectacular examples of ring and shepherd moon images, as well as great descriptions from team members about the work being done with *Cassini* images.

2006 年，冥王星降级

The new IAU definition of "planet" is described in detail at *tinyurl.com/qfrdxc*, along with a discussion of the ensuing debate and controversy.

2007 年，宜居的超级地球？

Excitement continues to mount about the potential habitability of Gliese 581 d in particular, based on new computer models of its possible climate. For details, see "First Habitable Exoplanet? Climate Simulation Reveals New Candidate That Could Support Earth-Like Life," at *tinyurl.com/424vjmk*.

2007 年，哈尼天体

Check out—or join in with—Galaxy Zoo at *tinyurl.com/2v3fjk* and the Stardust@Home project at *tinyurl.com/8636s*.

2009 年，开普勒任务

Visit the Kepler mission's home page at *http://kepler.nasa.gov/* for details on the mission and the latest science results.

2010 年，平流层红外天文台

Photos and other information about the airborne observatory's goals, its instruments, and the airplane itself can be browsed online at the SOFIA Science Center site: *http://www.sofia.usra.edu/*.

2010 年，罗塞塔号飞越司琴星

Blogger and planetary scientist Emily Lakdawalla from the Planetary Society describes the details of her mosaic comparing Lutetia with the other asteroids and comets visited by spacecraft in this blog entry: *tinyurl.com/csjulym*.

2010 年，哈特雷 2 号彗星

Details and references regarding analysis of *Deep Impact* and telescopic observations of Hartley-2 are continually updated at *tinyurl.com/2ebtgxm*.

2011 年，信使号在水星

The MESSENGER mission's Internet home page at *http://messenger.jhuapl.edu/* is the place to go for the latest photos and other results from the ongoing orbital mission at Mercury.

2011 年，曙光号在灶神星

My articles "Dawn's Early Light: A Vesta Fiesta!" and "Protoplanet Closeup" in the November 2011 and September 2012 issues of *Sky & Telescope* magazine provide additional details and images from the Dawn mission's orbital encounter with Vesta. See also *http://*

dawn.jpl.nasa.gov for the latest images.

2012 年，火星科学实验室好奇号火星车

Photos and movies of the *Curiosity* rover being built and tested, and a computer-animated simulation of the rover's "sky crane" landing on Mars in August 2012 can all be viewed from the mission's main website at *tinyurl.com/8h94w65*.

2015 年，揭开冥王星的面纱！

Keep up with the latest information leading up to the summer 2015 flyby of Pluto at the New Horizons team website: *http://pluto.jhuapl.edu/*.

2017 年，北美日食

NASA Goddard Space Flight Center's eclipse guru Fred Espenak keeps a detailed, updated set of Web pages on upcoming solar and lunar eclipses and planetary transits at *tinyurl.com/6cqw2c*.

2018 年，詹姆斯·韦伯空间望远镜

If you're interested in learning more of the nitty-gritty scientific and technical details about JWST, then you'll love the article by deputy project scientist Jonathan P. Gardner and his colleagues in *Space Science Reviews* (123 [2006], pp. 485–606, available online at *tinyurl.com/d7elwth*).

2029 年，毁神星擦肩而过

The details of Apophis's 2036 close approach to Earth depend on exactly where it passes the Earth and Moon in 2029 and how its trajectory responds to subtle variations in the Earth's and Moon's gravity fields that cannot be perfectly modeled in the computer. But better orbit measurements in 2013 using the Arecibo radio telescope should help reduce the uncertainties further.

约 2035 年到 2050 年，宇航员登上火星？

There are no insurmountable technical or engineering challenges to starting a human mission to Mars. Sadly, the major obstacles appear to be the lack of sufficient government funding to develop a reliable deep space (beyond low-Earth orbit) rocket, capsule, landing, and return system, and the lack of national will to see such an adventure occur. The latter will be required to surmount the former.

约 1 亿年，人马座矮星系与银河系碰撞

For more background and details on galaxy collisions and mergers, see "How Does Your Galaxy Grow?" by Eugenie Samuel Reich in the July 17, 2009, issue of *New Scientist* magazine.

约 10 亿年，地球海洋蒸发

Penn State University climate scientist Jim Kasting and colleagues have contributed to the climate modeling work that predicts the oceans' evaporation in about a billion years; see "Earth's Oceans Destined to Leave in Billion Years" at *tinyurl.com/8t28g6x*.

约 30 亿~50 亿年，与仙女座星系碰撞

A spectacular computer-animated simulation of the collision and merger of the Milky Way and Andromeda-like galaxies is posted on the Hubble Space Telescope's website at *tinyurl.com/2mfudk*.

约 50 亿~70 亿年，太阳的末日

The fate of the Sun is described in great detail in stellar astronomer James B. Kaler's *Stars* (New York: Scientific American Library, 1992).

约 10^{14} 年，恒星的末日

Ideas about the end of the so-called stelliferous era of star formation vary; I think that the nice video and text description in "The Decay of Heaven" by amateur astronomer Tony Darnell, at the Deep Astronomy website (*tinyurl.com/8r4na6n*), does a great job of capturing the essentials of what is likely to occur in the far future.

约 $10^{17} \sim 10^{37}$ 年，简并时代

For more details on this and other likely major milestones in the life of the universe, I recommend Fred C. Adams and Greg Laughlin's *The Five Ages of the Universe: Inside the Physics of Eternity* (New York: Free Press, 1999).

约 $10^{37} \sim 10^{100}$ 年，黑洞蒸发

For some mind-bending ideas about possibly creating evaporating black holes in the laboratory, check out "Quantum Black Holes" by astrophysicists Bernard J. Carr and Steven B. Giddings in the May 2005 issue of *Scientific American*.

时间的终点，宇宙如何终结？

If you've never contemplated the end of time as a potential tourist destination, I highly recommend Douglas Adams's *The Restaurant at the End of the Universe*, originally published in 1980—after, of course, reviewing *The Hitchhiker's Guide to the Galaxy*, first published in 1979.

译后记

当重庆大学出版社的王思楠女士决定由我作为此书的中译本译者的时候，我感到这正是我迫切需要的帮助。最近几年以来，我一直想对天文学和人类探索宇宙的历史进行一个系统的梳理，尝试新的科学史实的记述方式。恰逢此书的翻译工作，让我得以有机会最近距离地学习天文学史，学习作者的用心良苦。在本书的翻译工作中，我经常是下班吃过晚饭后，在家人看电视的时候独自坐在电脑前阅读和翻译文本，我不舍得将其中的任何一篇委托他人，不舍得漏掉任何一句话。

吉姆·贝尔此书，在时间上引领读者进行了一场穿越之旅。吉姆·贝尔此人，在书中不止一次诚恳地坦白，此书内容的选取带有强烈的作者个人偏好。初听之下，很容易误以为时间断章的叙述方式老套、刻板，个人偏见的内容组织难登大雅。但是，我在通读全书后认为，此书中文版的推出正当其时，而且没有别的同类作品能出其右。

作者承认其"偏爱有关太阳系"，是因为作者本人是太阳系自动化探索的专家。作者在对太阳系的行星、卫星、彗星和小行星的探索工作中有着多年的研究经历和丰富的科学成果。这就意味着，作者在讲述这部分内容时，是在叙说自己最为熟悉的内容。术业有专攻，哪怕是天文学这样一个相对小众的学科，其内部也有着丰富的门类分支。我们乐于读到由专业人士写就的最严谨的内容，正如同本书中关于太阳系天体的讲述也每每让译者本人获益良多。作者在序言中这样解释什么样的事件可以入选此书的 250 个里程碑事件："当一个光点被分辨为一个真正独特的世界，当我们首次拜访这些世界，当我们通过机器的眼睛窥探，或是亲眼所见，我认为，这些时刻是最值得称为太空探索里程碑的事件。随着逐步了解我们周遭的世界，我们已经把脚尖踩进了宇宙的大洋，让我们时刻准备着，总有一天将挥师远航。"的确，那些最前沿的天体物理学模型和假设，尚且处在学术争论阶段的各种数学解释，如何能清晰无误地传达给一般读者呢？又如何能让读者感受到遥远的天际存在着与自己有关的感动呢？译者坚持认为，科学传播的核心，绝不是将科学理论罗列成成果清单让公众记忆，而是用勇气、感动、好奇、探索等这些我们本身就具有的精神，再次点燃读者的内心。作者清楚无误地按照自己的规则选取了250个里程碑事件，这些事件无一不让读者好奇，无一不让读者心存想要身临其境的愿望，无一不给读者带来宇宙与自己存在关联的提示。

按照时间的顺序记述，确实是传统的史书体例。这一系列的书籍采用类似中国古代编年体通史的形式，将科学的历程以卷轴画的方式展开。需要提及的是，读者在沿着时间的轨迹游历的同时，必须谨慎对待空间的转换。本书作者极为优秀地让不同空间的文化在历史舞台上登场。从古埃及到波斯，从古代中国到印度，从古代欧洲中世纪到美洲的玛雅文化……通过一系列的时空转移，读者感受到的是不同民族、不同文化、不同地域的祖先们对科学发展共同的关注和贡献。他们的语言不同、习俗不同、侧重不一，却有着一样的勇气、感动、好奇、探索的科学支柱精神。历史上不同时期不同地域的先贤们，或失于精密，或失于短见，他们犯了各式各样的错误，却让我们丝毫不觉得他们跌了身份，那些有名的和无名的人物，正因此而可爱、可接近。在作者笔下，望远镜发明之前的最后一位大师第谷有着另类的个性，发现火星卫星的霍尔有着传奇的故事，爱因斯坦的1905年令人赞叹，霍金的经历令人悲伤……

书中精彩和细腻之处，还需要读者亲自品味。作为译者，我最大的任务是尽可能在科学标准和读者的阅读习惯之间做出平衡。我的任务完成得如何，唯一的评价标准就是读者对本书的理解是否方便。我十分乐意接受每一位读者的意见与建议，直接指出我的错误或是给出改善的建议将是我完成这一任务最好的回报。

偏好、编年体、个性、无名者、民族、勇气、感动、好奇……所有这些看似与科学相距较远的概念，是作者呈现给读者的良苦用心。作者在正文之前引用阿姆斯特朗在月球上发表的言论暗示了自己的态度，"这个突然击中我内心的小小的、美丽的、蔚蓝色的豌豆，是我们的地球。我伸出一根手指挡在眼前，就可以挡住整个地球。但我并不觉得自己像一个巨人，相反，我感觉自己非常，非常，渺小。"作者在正文的最后一篇中给出了更清晰的表述："……我们如此幸运地生活在一个文明的时代，我们可以奢侈地积极寻找这些问题的答案。"

不久的将来，从 138 亿年前，到未来的时空终点，漫长的宇宙与人类探索的共同的大历史——流血与凯歌同在，智慧与坚韧共存的历史——一下子页页相叠，装订成册，握在你的手中。作为本书的译者，我建议你，亲爱的读者，将这本书举过头顶，指向不知其终的天空，以此向人类致敬。

高　爽

2014 年 11 月 11 日于北京

献给我的众多老师们，为了他们的耐心、智慧和坚持从前人的奋斗中学习；献给我的孩子和学生们，为了他们仁慈地忍受我一直以来的授课。

©2013 by Jim Bell

The Space Book

This edition has been published by arrangement with Sterling Publishing Co., Inc., 387 Park Ave. South, New York, NY 10016

版贸核渝字（2014）第 200 号

图书在版编目（ＣＩＰ）数据

天文之书 /（美）贝尔（Bell，J.）著；高爽译 . —
重庆：重庆大学出版社，2015.8（2024.5 重印）
（里程碑书系）
书名原文：The Space Book
ISBN 978-7-5624-9236-8
Ⅰ.①天… Ⅱ.①贝… ②高… Ⅲ.①天文学—普及
读物 Ⅳ.① P1-49
中国版本图书馆 CIP 数据核字（2015）第 141934 号

天文之书

tianwen zhi shu

［美］吉姆·贝尔 著

高爽 译

责任编辑 王思楠
责任校对 邹 忌
装帧设计 鲁明静
责任印制 张 策

重庆大学出版社出版发行
出版人：陈晓阳
社址：（401331）重庆市沙坪坝区大学城西路 21 号
网址：http://www.cqup.com.cn
印刷：北京利丰雅高长城印刷有限公司

开本：787mm×1092mm 1/16 印张：19 字数：280 千
2015 年 9 月第 1 版 2024 年 5 月第 11 次印刷
ISBN 978-7-5624-9236-8 定价：88.00 元